과학정책
− 연구체제의 역사적 접근 −

과학정책

- 연구체제의 역사적 접근 -

오진곤 편저

전파과학사

과학정책
- 연구체제의 역사적 접근 -

편저자 오진곤

찍은날 1998년 6월 20일
펴낸날 1998년 6월 30일

펴낸이 손영일
펴낸곳 전파과학사
서울·서대문구 연희 2동 92-18
등록 1956. 7. 23. 제10-89호
전화 333-8877·8855
팩시밀리 334-8092

＊잘못된 책은 바꿔 드립니다.

ISBN 89-7044-195-6   03400

머리말

최근 과학은 매우 빠른 속도로 발전하고 있다. 지금 '제3의 물결'이 거세게 출렁이고, 그 물결은 우리들 생활 깊숙이 밀려오고 있다. 그래서 우리의 의식이나 가치관 및 신념에 갈등을 불러일으키고, 사회 전체의 구조는 물론, 문화구조까지도 뿌리부터 흔들리고 있다. 이제 현대 문명의 운명은 과학에 맡겨져 있을 정도이다.

그러므로 오늘날 대부분의 국가는 긍정적이든 부정적이든 과학의 가치를 인식하고, 직접 또는 간접적으로 과학의 발전에 깊이 개입하고 있다. 다시 말해서 인류의 현재와 미래를 위해서 과학을 어떻게 제어해야 하며, 어떻게 하면 유익하게 유도할 수 있을 것인가에 대해서 국가는 깊은 관심을 가지고 있다.

그래서 국가는 일반행정 분야와 마찬가지로 과학을 관장하고 지도할 필요가 생겼고, 과학의 발전을 위한 국가 차원의 과학정책을 수립하여 이를 확고하게 자리매김해 가고 있다. 또한 국가는 이를 정책과학 위에 올려놓고 명확한 현실의 정책 결정에 활용하기 위해서 전문적, 실천적 과학분야로서 그 방법과 내용을 충실히 다져가고 있다.

과학정책은 오늘날 국가적으로나 사회적으로 너무나 당연하고 절실히 요구되는 연구과제라고 생각한다.

과학정책이란 개념은 매우 애매하다. 일반적으로 과학연구를 진흥시키고, 이를 실용으로 연결시키기 위하여 정부가 하는 시책의 체계를 가리킨다. 흔히 '과학기술정책' 또는 '연구개발(R&D)정책'이란 말과 뜻을 같이한다. 과학정책이 실시되는 전제로서, 과학연구의 진흥이 국가의 정책체계에 있어 매우 중요한 위치를 반드시 차지하지 않으면 안되며, 또한 국가의 이익을 위하여 과학연구의 진흥을 조직적, 계획적으로 추진해야 한다는 공리주의적 과학관이 앞서 있지 않으면 안 된다.

하지만 과학정책은 아직까지 하나의 독립된 학문 분야로 확실하게 정립되지 못하고 있다. 첫째 이유로는 과학정책이 실시된 역사가 매우 짧다는 점이다. 과학정책이 적극적으로 실시된 것은 제2차 세계대전 전후, 특히 1950년대 말기 이후부터였다. 19세기 이후 과학의 진흥을 위한 여러 가지 시책이 각국에서 추진되었지만, 그것은 앞에서 지적한 여러 요건을 만족시키지 못하였다. 과학정책의 기본인 제도화는 제2차 세계대전 당시 과학동원을 계기로 이룩되었고, 그 현저한 성과를 거울삼아 각국 정부는 과학정책을 시행해야 한다는 뜻을 강하게 인식하기에 이르렀다.

하지만 1950년대 말기 과학정책 자체를 전문적으로 담당한 국가기관은 거의 없었고, 행정기관에서 개별적으로 과학기술의 진흥을 각각 시도하는 데 그쳤다. 또한 관심이 높은 정책 분야라 할지라도 국방 및 그와 밀접하게 관련된 분야(원자력 등)에 한정되어 있었다.

과학정책을 전담하는 국가기관이 탄생하고 또한 경제성장과 과학의 관계가 적극적으로 논의된 것은 50년대 말기 이후였다. 그래서 효과적인 '과학정책의 입안을 위한 연구'(science policy studies)가 대두한 것도 거의 같은 무렵이라 생각한다.

또 다른 한 가지 이유는 과학정책이 다양한 분야의 전문적인 지식을 필요로 하는 간학문적(間學問的) 성격이 매우 강하다는 특성 때문이다. 과학과 기술에 관한 전문적인 지식은 물론이고, 정책학, 행정학, 경제학, 경영학, 재정학, 정치학, 외교학, 교육학, 철학 등을 망라하는 많은 전문적 지식이 필요하다. 그러므로 이러한 다양한 접근을 과학 정책학이라는 하나의 이름으로 통합하고, 이에 합당한 개념 및 정의를 마련하며 이들을 체계화하는 작업을 서둘러야 한다고 생각한다.

지금 여러 선진국가는 20세기 초기의 과학정책의 발아기를 시작으로 형성기, 전개기, 반성기를 거쳐 새로운 과학정책의 모색기에 접어들고 있다. 더욱이 과학정책에 관련하고 있는 OECD에 가입한 우리로서는 하루 속히 과학정책의 조직적 연구와 그 실현이 절실히 요구되고 있다.

이러한 점을 감안하여 편저자는, 미국의 국립과학아카데미(NAS)가 발행한 국립연구협의회(NRC)의 문서 『*Out Look for Science and Technology, THE NEXT FIVE YEARS*』(1982)의 제Ⅳ부를 번역하여 『과학기술과 연구시스템』(전파과학사, 1984)이란 이름으로 출판한 바 있고, 또 『과학과 사회』(전파과학사, 1993) 제Ⅱ부(10장 ~13장)와 『과학사총설』(전파과학사, 1996) 제Ⅴ부(12장)에서 각각 과학의 연구체제를 다룬 바 있다. 특히 편저자는 과학정책의 기초인 『과학사회학 입문』(전파과학사, 1997)에서 과학의 연구체제와 관련된 여러 과제를 전반적으로 다룬 바 있다.

편저자는 이런 것들을 바탕으로 이 책을 엮었다. 이 책을 '과학정책'이라 이름붙였지만 정통성 있고 전문적인 과학정책의 연구는 결코 아니다. 편저자는 과학사, 특히 외적 과학사(external history of science)를 연구하는 과정에서 과학의 연구체제나 과학의 사회적 과제와 접할 기회가 많았으므로, 다만 이를 역사적으로 조명하는 데 그쳤다. 이 책의 부제를 '연구체제의 역사적 접근'이라 붙인 까닭이 바로 여기에 있다.

이를 역사적으로 조명하는 데 있어서도 1) 각 시대에 있어서 정치 지도자(정당)의 과학관 및 이념, 2) 이들에 기초한 과학정책을 수립하고 실시하는 기관이나 재단, 3) 기초과학을 연구하거나 이를 산업화하는 대표적인 국가연구소나 민간연구소, 4) 과학정책을 연구하고 수립하는 집단 등 네 분야에 국한하였다.

매우 아쉬운 것은 과학정책의 핵심분야인 인적 자원과 교육문제, 과학예산과 배분문제는 지면상 다루지 못했고, 또 한 가지 아쉬운 것은, 과학정책과 기술정책을 떼어놓을 수 없는데도 과학정책에만 편중한 점이다. 다음 기회에 다루기로 한다. 이 책은 다만 과학정책 연구의 입문적인 시안에 불과하다는 점을 분명히 밝혀두고 싶다.

이번 출판에도 항상 변함없이 적극적으로 나서 준 전파과학사 손영일 사장, 그리고 주변의 동료 여러분, 입력과 출력과 교정을 도맡아 준 과학학과 학생 여러분에게 진심으로 감사한다.

1998년 5월
편저자 오진곤

차례

III. 유럽3국의 과학정책과 연구체제

VIII. 과학정책에 있어서 주요 과제들

I. 과학정책의 의미

1. 과학정책의 정의

과학정책의 정의와 유형

현대 사회에서 과학은 절대적인 위치에 놓여 있다. 그래서 모든 국가는 과학의 발전과 그 응용에 관심을 쏟고 이를 뒷받침하는 과학정책을 실시하고 있다. 그러나 과학정책의 학문적 연구는 그것의 강한 간학문적(interdisciplinary) 성격 때문에 지금까지 학문으로서 정착되지 못하고 있다.

과학정책(Science Policy)이란 용어는 오래 전부터 부분적으로 사용되어 왔지만, 선진국가들이 공통적으로 사용하기 시작한 것은 1963년 제네바에서 개최된 저개발지역을 위한 '과학의 적용에 관한 유엔회의'(UNCAST) 이후부터였다.

과학정책의 개념은 매우 애매하다. UNESCO는 과학정책을 가리켜 "한 나라의 종합적 발전 목표를 수립하며, 국제적 지위를 높이기 위하여 국가가 과학의 잠재력을 강화하고 조직화하면서 이를 활용하기 위한 제도적 장치 및 집행 방법에 관한 총체"라고 정의하고 있다. 또한 각국의 과학정책백서에서는 과학정책이란 "국가가 과학을 발전시키기 위하여 어떤 목표와 계획을 세우고 그것을 실행하며 동시에 정부와 민간 기관이 인적·물적 자원을 활용하여 과학 연구를 추진하며, 환경과의 조화를 유의하면서 과학의 기반을 도모하기 위하여 행하는 계획적이고 조직적인 과학에 대한 행동방침 및 그 실행을 위한 행동체계"라고 공통적으로 기술하고 있다. 다시 말해서 과학정책이란 과학의 부정적이고 부차적인 영향에 유의하면서, 기술을 제외한 기초과학과 응용과학의 연구를 추진하기 위한 계획적이고 조직적인 행동방침 및 행동체계라고 말할 수 있다.

과학정책은 대략 다음 세 가지 유형으로 나눌 수 있다.

첫째, 의무적이고 다분히 고전적인 정책으로 지배자가 학자를 예우하는 성격을 지닌 유형이다. 17세기 말까지 과학 연구활동은 특정 왕가나 재력가들의 재정적 후원에 의존하였다. 지금도 순수과학 분야에 대한 지원은 이러한 식의 후원 범주에 속한다. 이러한 유형은 과학의 발전 자체가 정책의 궁극적 목적이 되는 것으로 '과학을 위한 정책'(policy for science)이라 말할 수 있다.

둘째, 과학의 발전을 통하여 국가 위신과 공명심 또는 인류의 자부심을 높이려는 취지를 지닌 유형이다. 비경제적인 우주개발 계획이나 고에너지 물리학 등에 대한 국가의 지원이 이의 대표적인 예이다. 이것은 과학의 발전을 목표로 한다는 점에서 위에서 말한 '과학을 위한 정책'과 비슷하나, 그러한 목적과 함께 수단으로서의 성격이 가미된다는 점에서 다르다. 즉 과학의 증진에다 사회적 또는 정치적인 목적과 수단으로서의 성격이 동시에 포함된 과학정책으로, '과학에 기초한 정책'(policy based on science)이라 말할 수 있다.

셋째, 비교적 최근(제2차 세계대전 이후)에 등장한 유형으로, 이것은 국가가 자국의 과학 활동에 보다 적극적으로 개입하여 과학을 사회발전이나 경제 개발과 같은 국가 발전의 종합적인 수단으로 응용하려는 정책이다. 이것은 과학과 기술을 목적이 아닌 개발과 성장의 수단으로 간주하는 과학정책으로 '과학에 기초한 개발정책'(policy of development based on science)이라 말할 수 있다.

요컨대 과학의 발전을 목적으로 보느냐 아니면 수단으로 보느냐에 따라 세 가지 유형의 과학정책이 존재한다. '과학을 위한 정책'은 과학기술의 발전을 궁극의 목적으로 여기는 반면에, '과학에 기초한 개발정책'은 그것을 철저한 수단으로 여긴다. 그리고 '과학에 기초한 정책'은 과학의 발전에 목적과 수단의 성격을 함께 부여한 것으로, 앞에서 말한 두 정책의 중간형태라 할 수 있다.

이와 같은 세 가지 과학정책 유형에서 과학정책이 추구해 온 목적을 다음과 같이 정리할 수 있다. 그것은 과학의 진흥, 이것을 통한 인류의 자부심의 고양 및 국익의 선양, 그리고 국가의 개발 및 번영이다.

그러나 최근에 한 국가의 과학정책은 국가 발전을 최종 목표로 규정하고 과학에 기초한 개발정책에 치중하며, 자율의 과학 발전이 아닌 목표 지향의 과학 발전을 옹호하고 있다. 그러므로 자유로운 학문 활동으로서의 과학 연구는 물론 과학과 자연, 과학과 인간, 그리고 과학과 사회의 관계가 충분히 고려되고 있지 않다. 그러나 과학정책 역시 국가 구성원인 국민 개개인에 의한 선택의 연장이며, 과학정책의 궁극적인 주체도 역시 인간이기 때문에 인간에 의한, 인간을 위한 선택의 가치 판단의 기준은 당연히 인간이어야 할 것이다.

과학정책 출현의 역사적 배경

과학정책 수립의 역사적 배경은 19세기에 접어들면서 두드러지게 나타난 과학의 전문직업화(professionalization)와 제도화(Institutionalization)에서 찾아볼 수 있다. 이 무렵 과학자들은 고등교육기관에 속해 있으면서 교육을 통하여 연구자로 인정받고 연구를 생계 수단으로 삼았다. 또한 이 무렵 산업의 발달과 더불어 과학자에 대한 사회적 수요가 증가하고 과학의 성과가 사회에 환원되자 과학의 가치를 인정한 국가들은 과학을 직접 또는 간접적으로 지원하기 시작하였다. 그러므로 과학의 전문직업화와 제도화, 그리고 산업화는 과학정책의 모체가 되는 것은 당연한 일이다.

특히 제1·2차 세계대전을 통하여 뿌리 내린 국가의 과학동원체제

는 정부·산업·대학의 연결을 강화하였고, 국가는 이러한 틀을 계속
유지하면서 연구개발을 위한 조직적인 과학정책 수립의 필요성을 절
실히 느꼈다. 이러한 경험은 전후에도 계속되어, 선진국은 의식적으로
과학정책을 수립하기 시작하였다. 그러나 그 당시 모든 국가들은 과
학정책을 전담하는 국가기관이 거의 없었으므로, 행정부 안에서 개별
적인 과학의 진흥이 시도된 데 불과하였다. 더욱이 정책적 관심을 모
은 분야는 국방과학에 관련된 분야에 한정되어 있었다.

　전후 각 국가가 과학정책을 수립한 현실적인 배경으로 다음과 같은
사실들을 말할 수 있다.

　　1) 과학이 국가의 위신을 보장하고, 특히 국방 관련 분야에서 과학
　　　의 역할이 증가하면서 체계적인 과학정책이 요청되었다.
　　2) 거대과학의 출현으로 정부의 과학 발전에 대한 투자가 현저히
　　　증가하고, 과학이 급속도로 발전함으로써 이것을 조직적으로 계
　　　획하고 조정하기 위해 과학정책이 요청되었다.
　　3) 과학을 통한 기술혁신이 경제 발전의 원동력이 됨에 따라 경제
　　　발전을 위하여 적절한 과학정책이 요청되었다.
　　4) 산업·정부·대학이 상호 협력하는 공동 연구개발 프로젝트가
　　　많아짐으로써 이를 조정하는 차원에서 과학정책이 요청되었다.
　　5) 과학의 발달과 그로 인한 경제 성장으로 환경문제가 발생함으로써
　　　과학과 환경의 조화를 시도하기 위하여 과학정책이 요청되었다.

과학정책의 학문적 접근

　과학정책을 향한 학문적 접근은 다음과 같은 세 가지 방향에서 이
루어지고 있다고 한다. 첫째, 동원 가능한 인적, 물적 자원을 활용하
여 주어진 과학적 연구 과제를 보다 효율적으로 성취할 수 있는 방법

을 연구해야 한다. 이를 위하여 시스템 분석법(methods of system analysis) 또는 가치효용분석법(methods of cost effective analysis) 등이 응용되고 있다.

둘째, 과학정책은 과학이 사회에 미치는 다양한 영향을 고려하여 과학의 증진과 보급, 그리고 교육에 관한 사회적 가치관을 설정하고, 과학과 사회, 과학과 인간의 조화를 위한 본질적인 문제들을 연구해야 한다. 또 이를 위하여 STS(science, technology, and society) 관점의 접근 방법이 응용되고 있다. STS는 최근에 등장한 간학문적(interdisciplinary) 성격이 매우 강한 연구과제로 과학, 기술, 그리고 사회와 관련된 여러 문제를 연구하는 과학이다. 그리고 그 성과를 과학의 증진과 교육, 보급에 적용할 수 있는 원칙을 정립하는 데 목적이 있다.

셋째, 과학정책은 국가의 종합적인 개발 계획 속에서 과학을 어떻게 발전시켜 나가야 할 것인가에 대하여 연구해야 한다. 다시 말해서 여러 국가정책들 즉 경제, 교육, 국방, 정보통신, 의학 및 보건, 교통, 주택 등에 관한 정책들을 효율적으로 수행하고 달성하기 위하여 과학을 어떻게 육성하고 응용하느냐에 관한 연구이다. 이 연구는 국가의 실무 행정 차원에서 국가의 인적·물적·과학기술적 역량을 총동원한 종합적인 국가 개발정책이므로, 주로 국가에서 필요한 과학의 우선순위를 결정하고 이에 알맞게 예산을 편성하고 지원하는 문제를 연구한다.

과학연구와 개발연구

국가정책의 하나인 과학정책은 궁극적으로 과학의 증진을 통하여 국가와 국민, 나아가 세계와 인류의 안전과 번영을 추구하는 데 그 목적을 두고 있다. 즉 과학정책은 개인의 삶의 질과 사회의 질의 향상을 목적으로 한다. 그러므로 오늘날 대부분의 국가들은 경제 성장을 국가의 최우선 과제로 선정하고 이를 위한 과학의 증진에 박차를 가하고 있다. 그러나 경제 성장은 앞서 강조한 인류의 안전과 번영을 이룩하기 위한 본질적인 수단에 불과하므로, 물질의 풍요가 과학정책의 궁극적 목적이 되어서는 안 된다. 그러나 이러한 원칙은 불행하게도 현실의 손익에 따라 흔히 무시되고 있다.

또한 앞서 말한 과학정책의 유형에서 '과학을 위한 정책'과 '과학에 기초한 개발정책' 사이에는 형식적으로 양립할 수 없는 모순이 잠재해 있다. 이 사실에 주목할 필요가 있다. 그것은 전자가 과학의 발전을 궁극의 목적으로 여기는 반면, 후자는 그것을 단순한 수단으로 여기고 있기 때문이다. 극단적으로 말하자면 과학을 위한 정책은, 과학이 국가의 역량을 증진시키는 유일한 수단이라고 생각하고 있는 반면, 과학에 기초한 개발정책은 과학을 단지 새로운 힘을 제공하는 수단으로 생각하기 때문이다. 전자는 순수한 지적 능력개발에만 목적을 둘 경우 현실을 외면하는 과학으로 발전할 수 있으며, 후자는 국가의 공공정책과는 거리가 먼 과학 연구활동을 부인하는 상황을 낳을 수 있다. 또한 과학에 기초한 개발정책을 이루기 위하여 과학활동에 관한 강제적인 조정이 불가피하게 된다. 따라서 그것은 자율적인 과학발전을 저해하는 요인으로 작용할 수 있다.

지금까지의 개발은 경제 성장을 지나치게 강조하여 왔기 때문에, 이 두 가지 개념 사이의 갈등이 점차 첨예하게 드러나고 있다. 우리나라만 보더라도 국가 목표에 부응하는 응용연구 분야만을 중점적으로 지원했기 때문에 순수 과학활동이 상대적으로 위축되어 있다. 중요한 것은 과학을 위한 정책과 과학에 기초한 개발정책, 이 둘 중 어느 하나만을 선택해야 하느냐 하는 양자택일의 문제가 아니라는 점이다. 문제는 본질적으로 상호 배타적인 이 두 개념을 어떻게 적절하게 배합하여 충족시키느냐 하는 것이다. 그러므로 이 둘 사이의 관계를 좀 더 자세히 살펴볼 필요가 있다.

정부의 개입과 과학자의 위상

역사적으로 과학정책은 과학진흥을 위한 정책으로 출발하였다. 그러나 제2차 세계대전이 끝난 후, 몇몇 강대국들은 과학에 기초한 개발정책의 개념을 본격적으로 정립하기 시작하였다. 분명한 것은 오늘날 과학에 기초한 개발정책에 따라서 연구활동하고 있는 과학자들이 과거 과학을 위한 정책에서는 상상할 수 없었던 많은 지원과 권한을 부여받고 있다.

과학의 연구활동에는 자유로운 분위기, 연구주제와 방법의 자유로운 선택, 자유로운 연구 결과의 발표가 필수적이다. 과학은 자기개발 능력을 보유하고 있는 매우 합리적인 학문으로, 정부나 기업은 과학 연구의 활동 방향을 조정할 수 있지만 과학자들의 본질적인 철학을 제어하는 것은 불가능하다. 국가나 기업이 과학자들의 철학적인 영역에까지 적극적으로 개입한다면, 과학활동은 후퇴할 것이며 과학과 사회 발전의 조화도 유지될 수 없다. 역사적으로 보면 국가 권위가 과학의 자유에 개입하게 된 동기는 주로 사상적 갈등에서 비롯되었다. 물론 과학적 연구활동의 목표를 사상이나 이념에 따라 제한하는 것은 용납될 수 없다.

오늘날 과학정책은 거의 과학예산의 편성 및 집행에 반영되고 있다. 정부의 정책 입안자는 주로 대규모의 비용이 지출되는 프로젝트를 계획하고 실행하는 과정에서, 선택 가능한 다양한 과학활동 중에서 특정한 몇 가지 활동만을 선택하여 지원해야 하는 상황에 직면하고 있다. 이러한 정부의 선택과 지원은 과학활동에 막대한 영향을 미친다.

특히 정부의 선택과 지원이 여러 과학활동의 궁극적 가치를 판단하는 기준으로 오인될 경우, 이것은 매우 심각한 사태를 빚어낸다. 그 오인은 과학활동의 균형적인 발전에 전반적인 장애가 될 수 있을 뿐만 아니라, 과학계 자체에 심각한 분란의 원인을 제공할 수도 있다. 물론 당면한 정책에 대한 기여도에 따라 지원의 우선 순위를 결정하고, 이에 따라 지원의 규모를 차등하는 것은 현실적으로 불가피하다.

그러나 모든 분야의 과학활동에는 반드시 최소한의 지원이 필요하다. 자국의 과학 연구활동의 범위가 넓고 규모가 큰 경우 이러한 최소의 지원에도 엄청난 재원이 필요하다. 그럼에도 불구하고 이러한 지원은 과학정책의 차원을 훨씬 넘어 중대한 의미를 가진다. 과학정책 수행과정에서 성공을 거두려면 자유로운 과학자들의 연구활동을 보장하고 이를 지원할 필요가 있다. 정책 입안자는 연구활동에 자금을 적절히 분배하는 역할에 머물러야 하며, 결코 연구의 가치나 정당성을 판정해서는 안 된다.

물론 결점 없는 과학정책은 존재할 수 없다. 따라서 정책 수행과정 중에도 정책 방향을 급격히 조정해야 하는 경우가 종종 있으므로, 변화에 능동적으로 대처하여 급격한 정책 수정이 가능하기 위하여 선택되지 않았던 주제에 관한 연구활동들에도 지속적으로 관심을 가져야한다.

오늘날 과학정책은 다른 설명이 필요 없을 정도로 중요하다. 정책 입안자는 연구과제가 현실의 이익에 무관하거나 과학적 가설의 가능성이 희박하다고 해서 결코 이를 소홀히 해서는 안 된다. 그것은 현재에는 쓸모가 없어 보이는 조그만 발견이 새로운 세계로의 위대한 안내자가 될 수 있기 때문이며, 또한 역사가 그렇게 이루어져 왔다는 사실을 우리는 너무나 잘 알고 있기 때문이다.

과학의 이상과 현실

현대의 모든 국가는 경제적 성장을 최우선 목표로 삼고 있다. 따라서 과학정책 역시 국가의 다른 일반정책 분야와 마찬가지로 일반적으로 종합적인 국가 경제개발 정책에 발맞추어 마련된다. 이것은 과학 연구활동이 궁극적인 목적에서 벗어나 어느 정도 개발의 수단으로 이용되는 것을 피할 수 없음을 의미한다. 또한 본질적으로 목적이 아닌 수단으로서의 과학은 필요에 따라 희생될 수 있는 존재로 전락됨을 뜻한다. 하지만 현실적인 이해 관계와 무관한 과학 연구활동을 포함하는 모든 순수한 학문활동은 어떠한 대가와도 교환될 수 없는 충분한 존재가치를 지니고 있다.

이러한 관점에서 과학정책은 정부의 일상적인 정치 또는 경제적 목적을 떠나 또 하나의 중요한 목적을 가지고 있어야 한다. 그것은 과학의 발전을 통하여 인간의 품위를 드높일 수 있는 진취적이며 위대한 계획이 포함되어 있기 때문이다. 국가가 순수 지식만을 추구하는 학문활동을 적극 지원하고 권장해야 하는 이유가 바로 여기에 있다. 국가예산이 보잘 것 없었던 고대 왕정 시대부터, 이러한 전통이 이어져 내려온 것은 매우 다행스러운 일이었다. 오늘날 우리는 과학의 위용을 너무나 잘 알고 있다. 우리가 살고 있는 우주에 관한 지식을 효용 가치만으로 판단하였다면, 과학의 위용은 이미 명맥을 상실했을 수도 있었다. 과학의 위용은 순수한 학문활동의 결과라는 것을 결코 잊어서는 안될 것이다.

물론 실용에 목적을 두는 과학을 과소 평가할 수 없다. 오늘날 응용은 충분히 하나의 목적이 되고 있으며, 진리의 탐구 및 지식의 진보를 위하여 과학 못지 않게 강력한 동기를 부여하고 있다. 응용이 과학의 궁극적 목표를 발견해 주고 성취해 주며 정당화해 주고 있다는 주장도 나름대로 충분한 설득력이 있다. 실용을 위한 과학은 공리적이든 아니든 관계없이 보다 높은 능률을 얻기 위하여 많은 지식을 필요로 한다. 그것은 응용하려는 의지가 많은 지식의 추구로 이어지기 때문이다.

한편 과학의 눈부신 발전으로 초래되기 쉬운 부작용 또는 역효과를 방지하기 위하여 과학 연구의 자유를 일부 적극적으로 제한해야 한다는 의견이 있다. 이것은 이미 앞에서 언급한 STS 운동이 추구하는 중요한 주제이다. 과학 연구의 자유는 인류의 모든 노력과 함께 유용한 결실을 맺을 수 있도록 안전하게 유도되어야 한다. 물론 과학이 사회에 바람직하지 못한 변화의 원인을 제공하거나, 사회에서 새로운 혼란의 원인이 될 수 있는 기회는 마땅히 제거되어야 한다.

그러므로 개인의 삶과 사회의 질의 향상을 궁극적인 목적으로 하는 과학정책의 핵심 주제로 다음과 같은 사항을 떠올려야 한다.

1) 전인류의 지적 능력 및 자부심을 드높이는 다양한 과학 연구활동을 증진하고 그것의 자율적인 발전을 보장한다.
2) 종합적인 국가 개발정책에 입각하여 과학을 지원하고 연구를 확충하며, 국가의 과학적 역량을 증진하기 위하여 조직화 및 체계화를 통하여 제반 계획을 세우고 실행한다.
3) 과학, 기술, 사회, 인간, 자연이 조화를 이루는 사회를 건설한다.

위에서 첫째는 과학정책의 유형 중 '과학을 위한 정책'과 '과학에 기초한 정책'의 입장과 주제가 반영된 것이며, 둘째는 '과학에 기초한 개발정책'에 대한 정의로 간주될 수 있고, 셋째는 STS 운동의 취지를 대변하는 것으로, 급변하는 과학 시대에 과학의 발전이 인류 공영에 이바지하는 바람직한 방향으로 이루어져야 함을 나타낸다.

하지만 위의 세 가지 주제들이 상호 배타적인 요소를 포함하고 있다는 사실에 주목할 필요가 있다. 그러나 세 가지가 모두 동등하게 중요성을 가지고 있기 때문에, 우리는 이들 중 어느 하나만을 선택해서는 절대로 안되며 상호 조합시켜야 한다.

2. 과학정책의 형성과정

과학정책의 전개 형태

과학정책을 수립하는 데는 반드시 국외적 요인과 국내적 요인이 있다. 국외적 요인으로 국방의 필요성에서 군사과학의 개발, 국위 선양을 위한 과학(아폴로계획 등), 세계 시장에서의 몫을 늘리기 위한 국제 경쟁력의 증강, 그리고 국제협조 등이 있다. 또한 국내적 요인으로 경제력의 증강, 산업구조의 체질 개선, 공공서비스의 향상, 빈곤의 추방, 공중위생의 개선 등이 있다.

그러므로 과학연구는 1) 국가의 필요에 바탕을 둔 프로젝트에 의하여 추진되고, 2) 정부나 지방 공공단체의 주도에 의하여 각 부문이 협력하여 추진되고, 3) 정부의 지원을 받아 민간기업에 의하여 추진되고 있다. 이와 같은 국가적, 사회적 필요에 바탕을 둔 과학정책의 주요 과제를 해결하기 위하여 국민적 합의를 구하고, 과학의 효과적인 동원태세를 갖추고 있다.

과학정책 과제의 전개 형태는 각 분야의 과학 수준이나 능력에 따라 다음 세 가지로 나눌 수 있다. 첫째, 공격형(offensive type)으로 지금까지 없었던 새로운 과학을 창조하여 해당 분야의 지도권을 장악하는 형이다. 둘째, 방어형(defensive type)으로 선취권을 뒤쫓으면서 스스로 개발한 특색 있는 과학을 무기로 삼아 해당 분야에 편승하는 형이다. 셋째, 섭취형(absorptive type)으로 첨단과학의 개념을 취하면서 그것을 개량하고 연구하여 해당 분야에 편승하는 형이다. 그러나 어느 것을 취하느냐 하는 것은 그렇게 간단하지 않다. 그것은 과학이 국책적으로 중요하면 중요할수록 선택하는 데 어려움이 따르기 때문이다.

과학 연구의 추진 방법은 정부 주도형, 민간 주도형, 정부·민간 혼합형으로 분류된다. 첫째, 정부 주도형의 극단적 형태는 민간 연구개발의 잠재력이 매우 적은 개발도상국가에서 볼 수 있다. 이러한 국가는 대개 연구개발비의 규모가 적으며 정부자금의 투입을 중심으로 과학의 연구개발을 전개하고 있다.

둘째, 민간 주도형은 높은 수준의 경제 발전에 의하여 민간의 과학 개발능력이 축적된 것으로, 기업은 자기 자본에 의하여 연구개발을 추진하며, 정부는 기업이 연구개발을 쉽게 할 수 있도록 환경을 조성해 준다. 이 형태는 강력한 공업 생산력을 바탕으로 과학의 실용화라는 면에서 큰 효과를 올리고 있다(예로 일본, 스웨덴 등).

셋째, 정부·민간 혼합형은 정부와 민간 양자가 서로 협력하여 과학을 연구개발한다. 정부·민간 주도형 중 주로 정부가 주도하는 국가(예로 미국, 영국, 프랑스 등)는 연구비의 공공 부담액 중 국방 연구비의 비율이 큰 것이 특징이다. 또한 정부·민간 혼합형 중 주로 민간이 주도하는 국가(예로 독일, 이탈리아, 캐나다 등)는 연구비의 공공 부담액 중 국방 연구비의 비율이 전자에 비하여 적다.

정책 결정의 일반적인 여러 단계

정책을 결정하는 각국의 입지환경에 따라 다르지만, 일반적인 과정은 다음과 같다.

1) 정부의 자문, 과학정책 결정기관의 건의에 의한 과학정책 목표의 검토
2) 관련 정보의 수집, 정리, 분석
3) 정책 목표의 확정
4) 시책에 관한 기본적인 사고의 선택, 결정
5) 대체안을 포함한 가능한 시책의 조사, 검토
6) 기본적 사고에 바탕을 둔 시책의 확정
7) 정부에 대한 답신, 권고, 건의
8) 관계 부처에 대한 실시계획의 결정과 이것에 바탕을 둔 시나리오의 요구
9) 실시계획(프로젝트)의 수행
10) 전체 정책의 평가, 수정(피드백)

정책 결정에 있어서 첫째, 자문에 바탕을 둔 답신에 의한 것이든, 혹은 스스로의 발의에 바탕을 둔 권고나 건의에 의한 것이든, 어떤 과학정책을 표출해 내는 경우에 가장 중요한 일은 필요성의 문제이다. 즉 해당 과제에 대하여 어떤 국가적, 공공적, 시장적 필요가 있는가 하는 것이다. 국가의 필요와 공공의 필요는 흔히 중복되며, 또한 시장의 필요라 할지라도 국가의 필요가 있는 경우도 예상된다. 그러므로 이에 관한 내외의 정보를 수집하고 정리하며 분석해야 한다. 외국의 여러 국가들은 해당 과제가 어떻게 맞서고 있으며, 그 경우 당면하는 문제는 무엇이며, 또 자신들의 국가의 경우 해당 문제 및 그 주변 과제는 어떻게 취급되어 왔으며, 그 경우에 무엇이 문제가 되었는가 등

을 분석해야 한다.

둘째, 과학정책과 다른 정책, 예를 들면 경제정책, 산업정책, 사회정책, 교육정책 등과 관련된 문제이다. 과학정책은 단독으로 기능할 수 없다. 국가의 사회·경제 발전계획 중에 과학정책을 자리매김하고, 그것과의 전체적인 조정을 할 필요가 있다. 이에 대하여 OECD의 『과학·성장·사회』라는 보고서는 사회정책, 경제정책, 과학정책의 종합화를 강조하고, "각국 및 국제 기관의 경제부처는 정책의 실시에 즈음해서 과학의 요인을 보다 중시하도록 요청한다."라는 내용을 권고하였다. 그 좋은 예로, 프랑스의 과학정책은 사회·경제 발전계획에서 명확히 자리잡고 있다.

셋째, 과학정책의 목표는 이러한 작업을 거친 뒤에 설정되는데 특히 해당 과제에 관한 과학정책의 목표의 중점을 어디에 두느냐가 문제이다. 흔히 국가안보의 확보냐, 공업제품의 국제 경쟁력의 증가냐, 국민생활의 질의 향상이냐, 지식 집약적 산업에 대한 구조 전환이냐, 환경과의 조화인가라는 것이 기본 목표로 설정되어야 한다. 그러나 문제는 어떤 정책 목표를 설정하는 경우에 국민의 합의를 어떻게 얻어내느냐 하는 것이다. 이 때문에 국민여론이나 여러 외국의 추세 등을 충분히 고려하면서 이를 취사선택하는 형태로 과학정책의 목표를 설정해야 한다. 국가는 국민여론의 형성에 있어 새로운 과학정책의 목표를 국민 앞에 명확하게 제시하여 여론을 형성할 수도 있다. 또한 과학정책의 목표를 설정하는 단계에 있어 일반 시민의 대표의 의견을 어떤 형태로든지 적절하게 반영시키는 일도 매우 중요하다. 과학의 전문지식을 지니고 있지 않은 일반 시민이 구체적인 과학의 중점 분야를 선정하여 참여하는 것은, 실질적으로 곤란하지만, 매우 효과가 있다.

요컨대 이런 점에 주의하여 과학정책의 목표가 설정되면 이에 따라 가능한 기본적인 시책에 대하여 조사나 검토를 하고, 확정된 시책의 기본에 바탕하여 여러 관점에서 심의와 검토를 거친 후, 가장 적절하다고 생각되는 시책을 선택하여 결정하게 된다. 특히 이 경우 몇 가지 대체안을 준비하고 그것이 가져오는 손익을 평가(policy assesment)해야 한다.

한편 프로젝트가 구체적으로 진행될 즈음에 도중 또는 사후에 적절한 평가를 하고 필요에 따라서 계획 전체를 수정한다. 이 경우 시책 자체를 수정할 필요성도 생긴다. 이러한 피드백의 기능 여하는 과학정책의 올바르고 효율적인 수행을 하는 데 있어 매우 중요하다.

'연구에 관한 연구'

과학 연구의 활동 실태를 충분히 파악하고 그의 활동 기구를 알아내어 무엇을 대상으로 언제, 어떤 정책을 전개하면 좋은가를 밝히는 일은 과학정책을 전개하는 데 있어서 중요하다. 이와 같이 과학 연구 자체를 연구하려는 움직임은 1950년 무렵에 미국에서 일어났는데, 미국은 '연구에 관한 연구'(research on research)에 종사하는 연구자의 수가 1968년 당시 이미 700명을 넘어섰다.

'과학학'(Science Studies), '과학의 과학'(Science of Science)이란 용어가 최근 우리 주변에서 맴돌고 있는데, 이는 '연구에 관한 연구'라는 말과 맥락을 같이 한다. 이 '과학학', '과학의 과학', '연구에 대한 연구'라는 말은 1963년 예일대학의 프라이스(D. K. Price)가 쓴 『왜소과학, 거대과학』속에서 처음으로 사용되었다. 그는 그 책에서 과학의 과학이란 '과학, 기술, 의학 등에 관한 역사, 철학, 사회학, 심리학, 경제학, 정치학, OR'이라고 정의하였다. 이 '과학학', '과학의 과학'이나 '연구에 관한 연구'는 기존의 학문 분야를 통합하는 간학문적인 학문체계로, 그 중에는 과학사, 과학철학, 과학사회학, 과학경제학, 과학정보학, 과학심리학(천재의 병리학적 분석을 포함), 연구관리, 과학정책 등이 포함되어 있다.

영국의 서섹스대학에는 이미 '과학정책연구유니트'(SPRU)가 설치되어 있어 과학 연구의 활동에 관한 실증적인 연구가 진행되고 있다. 이곳에서는 과학정책을 연구하기 위하여 '과학의 과학'이나 '연구에 관한 연구'를 한층 활발하게 연구할 필요가 있다. 그것은 '과학의 과학'이나 '연구에 관한 연구'가 과학적인 과학정책을 전개하는 데 전제조건이 되기 때문이다.

그러므로 첫째, 적절한 대학에 '연구에 관한 연구' 등의 실증적 연구를 포함한 과학정책에 관한 연구를 위하여, '과학정책연구센터'(SPRC)와 같은 기구를 설치할 필요가 있다. 그것은 최근 선진 산업국가가 치열한 기술혁신 경쟁을 전개하고, 과학을 둘러싼 냉혹한 국제환경 속에서 과학기술 입국을 노리고 있기 때문이다. 또한 그것은 과학정책에 관한 연구조사를 추진하고, 과학정책에 관한 내외의 각종 문헌자료를 수집·정리·보존하면서 과학정책의 과학적 전개와 쇄신, 그리고 개선을 시도하는 것이 매우 절실하고 중요하기 때문이다.

둘째, SPRC는 전국 공동 이용의 센터 형태로 설치되어야 하고, 과학정책 연구조사 관련 부문과 과학정책 문헌자료 관련 부문으로 나누어 편성하고 조직하는 것이 이상적이다. SPRC의 임무는 주로 조사연구로 다음과 같다.

1) 과학정책의 제도 및 기구에 관한 연구 조사
2) 산업 경제정책 등에 관련된 과학정책의 전개방법에 관한 연구
   조사

3) 과학정책의 중점목표 및 우선영역 선정 등 정책결정 과정에 관한 연구 조사

4) 과학정책의 관리과학적 수법(시스템분석 등)의 도입에 관한 연구 조사

5) 기술교육을 포함한 과학기술자의 양성에 관한 연구 조사

6) 과학기술의 창조성 개발에 관한 연구 조사

7) '연구에 관한 연구'를 위한 연구 조사

8) 정책과학으로서의 과학정책의 전문성 확립에 관한 연구 조사

또 이 연구소가 수집하는 문헌자료의 범위는 다음과 같다.

1) 과학기술정책 일반에 관한 내외 문헌자료

2) 과학기술자의 양성에 관한 내외 문헌자료(기술교육, 공학교육에 관한 것을 포함)

3) 과학기술사에 관한 내외 문헌자료

4) 과학기술에 관련하는 산업 경제정책 등에 관한 내외 문헌자료 (특히 기술혁신에 관한 것)

5) 과학기술의 창조성 개발에 관한 내외 문헌자료

6) '연구에 관한 연구'에 관한 내외 문헌자료

7) 과학기술에 관계하는 정책과학에 관한 내외 문헌자료

8) 기타 과학정책의 추진에 관한 내외 문헌자료

요컨대 정부가 시행하는 과학정책의 기획과 입안에 즈음하여 문헌자료를 바탕으로 연구·조사하고 이것을 언제든지 제공할 수 있도록 그 체제가 마련되어야 한다. 이로써 과학정책은 과학적 근거를 지니고 점차 학문적 체계를 갖추게 될 것이다.

II. 과학 연구체제의 역사적 배경

1. 연구체제의 기원

헬레니즘 시대 – 무제이온

알렉산더 대왕은 마케도니아의 저항 세력을 무너뜨리고 그리스 연합군을 결성하여 페르시아 원정에 나섰다. 그는 그 때마다 공학자, 지리학자, 측량기사를 거느렸으며, 정복자들은 정복지의 지도를 만들고 자원을 기록하는 등 박물학이나 지리학에 대한 방대한 양의 관찰 결과를 모았다. 한편 알렉산더 대왕이 열병에 걸려 기원전 324년 33세로 세상을 떠나자 제국의 통치권을 둘러싸고 계속하여 치열한 갈등과 분쟁이 일어났다. 결국 가장 유력한 세 왕실만이 남았다.

당시 정치적 · 경제적 · 문화적 변화들은 여러 가지 형태로 과학의 발전에 영향을 미쳤다. 특히 과학은 그리스 과학의 테두리를 벗어나 헬레니즘 세계의 과학으로 변신하였다. 그리고 이집트의 프톨레마이오스 왕조는 개인적으로 과학과 예술, 그리고 문학을 적극 후원하였다.

프톨레마이오스 1세는 국립학술원의 성격을 띤 무제이온(Museion -museum의 어원, 인간의 모든 지적 활동을 관장하는 여신 뮤즈에서 유래)을 알렉산드리아 시에 세우고 학문을 장려하였다. 무제이온은 세 가지 이념에 의하여 설립되었다.

첫째, 지식의 보존이다. 이를 위하여 알렉산드리아 시에 대도서관을 건설하였다. 이 도서관은 전성기에 75만 권의 장서를 보존하고 있었다고 한다. 장서 중 오리엔트 관련 문헌으로 종교와 역사서가 많았고, 고전 그리스 문헌으로 서사시, 서정시, 희곡, 법률, 철학, 역사, 웅변술, 의학, 수학, 천문학을 비롯한 자연과학 분야의 서적이 특히 많았다.

둘째, 지식의 증가이다. 이를 위하여 수학, 천문학, 의학, 문학 분과를 두었고, 100여 명의 능력 있는 학자들이 모여 연구하였다. 또 식물원, 동물원, 천문대, 일종의 화학실험실, 해부실 등을 설치하고, 부대 시설로 토론 및 강의를 위한 강의실(exedra-회랑), 제단, 공동식당, 나무를 심어 놓은 산책로(peripatos), 연구생을 위한 숙소를 두었다.

셋째, 지식의 전파이다. 이를 위하여 연구생을 각 지방으로 분산시켜 지식의 보급을 꾀하였다.

무제이온은 프톨레마이오스 왕조의 보호와 지원으로 짧은 기간 안에 국제적인 지위를 확립할 수 있었다. 국왕은 공동신탁기금을 두고 필요한 경비를 지출하였다. 관리직으로 국왕이 임명한 소장격의 신성관과 그 아래에 출납관과 회계관을 두었다. 이곳에 머물고 있는 학자에게는 침식이 제공되었고 세금이 면제되었으며, 학술 연구의 자유가 고도로 인정되었다. 또한 강의나 심포지엄 형태의 학술대회가 국왕이 직접 참가한 가운데 열리기도 하였다. 물론 무제이온은 궁극적으로 국왕 폐하에게 봉사하는 존재였으므로 연구비와 연금의 지급은 국왕의 의지에 달려 있었다.

프톨레마이오스 왕조 이후에도 로마의 여러 통치자는 무제이온을 지원하고 학자들을 양성하였다. 프톨레마이오스 왕조 때 이곳에서 규칙적인 교육이 실시되었다는 기록은 없지만, 로마 시대로 접어들면서 점차 교육기관의 성격이 강화되었다.

무제이온은 세계 최초로 과학을 제도화하고 국가가 의도적으로 과학연구를 지원하였다는 데에 설립 의의가 있다. 무제이온은 고대 세계에서 형성된 지적 결정체로 처음 200년 동안 독보적인 존재였으며 600년 동안 운영되었다.

이슬람 시대 — 지혜의 집

이슬람 세계는 이슬람교를 주축으로 한 종교사회였으므로, 과학 분야는 기독교 세계와 본질적으로 다른 모습을 보였다. 칼리프(Kaliph)는 정치와 종교의 지배자이자 마호메트(Mahomet)의 후계자로 이교도에게 처음에는 도전적이었다. 그러나 점차 안정기를 맞이하면서 종교적, 민족적인 차별을 두지 않고 여러 곳에서 저명한 학자와 기술자를 초빙하고 우대하면서 고대 그리스 문헌의 번역과 연구에 힘을 기울였다. 그 결과 이슬람 세계는 중세 서유럽에서 볼 수 없었던 큰 성과를 남겼다.

예언자 마호메트는 신도들이 무덤에 들어갈 때까지 지식을 탐구할 것을 희망하였고, 이슬람교도들은 이것의 영향으로 중국처럼 먼 곳까지 가서 지식을 구하려 하였다. 또한 이슬람교도들은 지식의 탐구를 위한 여행은 천국의 길에 이르는 여행이라 생각하였다. 이와 같은 강력한 종교적 사상으로 과학과 교육에 대한 강한 관심이 유발되었다.

그 후 역대 칼리프들 역시 현명한 통치자였으며, 학문의 옹호자로서 자신의 궁정을 학문 연구의 중심지로 삼았다. 그들은 유명한 학자를 궁정에 초빙하고 인도와 그리스의 많은 저작을 이슬람어로 번역하도록 하였다. 이것들은 완벽하게 보존되어 중세 서유럽 학자들이 다시 라틴어로 번역하여 르네상스 시대의 학문 발전에 영향을 미쳤다.

역대 칼리프 중 4대 칼리프인 알 마문(Al-Mamun)은 철학자이자 신학자로 합리적 정신의 소유자였다. 그는 828년에 도서관과 번역기관의 결합체인 '지혜의 집'(Bait al-Hikma)을 설립하였다. 이 기관은 기원전 3세기 전반 알렉산드리아의 무제이온 설립 이래 가장 훌륭한 것이었다. 그는 비잔틴 제국의 허가를 받아 그리스 원전을 구하기 위하여 여러 지역에 대상을 파견하여, 원전을 구하고 이들 원전을 모두 이슬람어로 번역하는 일을 학자들에게 위임하였다.

이슬람 왕실은 기독교, 유태교, 조로아스터교 출신의 학자들을 차별하지 않고 등용하였다. 그들은 종교적으로나 인종적으로 모두 달랐지만, 공통적으로 원전을 이슬람어로 번역하였다. 알 마문 시대의 대표적인 번역가 후나인 이븐 이샤크는 많은 협력자와 함께 갈레노스, 히포크라테스, 프톨레마이오스, 유클리드, 아리스토텔레스를 비롯한 여러 사람이 쓴 100여 권 이상의 그리스 과학 원전을 이슬람어로 번역하였다.

2. 근대 영국의 과학 연구체제

그레섬 칼리지

영국은 근대 기술과 산업이 가장 발달하였던 나라로 현존하는 가장 오래된 아카데미가 조직된 곳이다. 그레섬 칼리지(Gresham College)는 1599년에 설립된 영국 최초의 근대 과학교육의 중심이었다. 그레섬 칼리지의 설립자인 토마스 그레섬(T. Gresham) 경은 부유한 상인이자 엘리자베스 여왕의 재정고문으로 왕립거래소의 설립자였다. 그는 죽기 4년 전에 왕립거래소와 자신의 저택을 포함한 토지와 건물의 관리를 런던 시와 직물상조합에 위탁하면서 7명의 교수를 임명하여 공개 강의를 하도록 유언하였다. 그가 죽은 뒤 위임된 교수들은 그레섬의 저택에서 살면서 법률, 수사학, 신학, 음악, 생리학, 기하학, 천문학을 매주 두 번 왕립거래소에서 라틴어와 영어로 공개 강의하였다.

천문학과 기하학 강의는 당시 옥스퍼드나 케임브리지 대학에도 없는 새로운 강좌였다. 그레섬은 천문학 교수의 임무를 다음과 같이 규정하였다. "천문학 교수는 그의 엄숙한 강의에서 천문의 원리, 행성과 천구의 이론 이외에 항해자를 위한 여러 기기의 용법을 강의해야 한다. 그리고 이 강좌는 반드시 공개해야 한다. 또 매년 한 학기 정도 지구학 및 항해법을 강의하고 기구를 사용할 수 있도록 강의해야 한다." 천문학 교수는 분명히 항해술을 목표로 강의하였는데, 그것은 16세기 후반 상업자본의 필요에 따라 실용을 위한 과학이 영국에서 싹트기 시작하였기 때문이었다.

그레셤 칼리지에 모인 과학자, 기술자, 상인 등은 공개 강의 뒤에 과학에 관한 정보 교환, 토론, 실험을 위하여 정기적인 회합을 가졌다. 이처럼 과학자들의 모임이 점차 모습을 갖추면서 봉건적 특권에 저항하는 상업 자본이나 제조업 자본의 세력이 점차 확대되었고, 이들은 과학기술에 깊은 관심을 가졌다.

왕립학회

17세기 중엽 과학자들은 대부분 청교도인으로 반봉건 세력에 속해 있었고, 공화제 시대에는 과학에 흥미를 지닌 사람들이 현저히 늘어났다. 그러나 1660년에 왕정이 복고되자 옥스퍼드대학에 자리잡고 있던 과학자들은 대학을 그만두거나 대학에서 쫓겨나 런던으로 돌아왔다. 그러나 그들은 명확한 조직이 없었으므로 1660년 11월 그레셤 칼리지에 모여서 '물리·수학·실험 과학을 추진하기 위한 칼리지'의 설립을 토의하고 41명의 회원 명부를 작성하였다. 그 후 국왕이 이 모임을 승인하였고, 2년 후인 1662년에 '자연의 지식을 증진하기 위한 왕립학회'로 조직되었다.

왕립학회의 회원들은 직업적인 과학자가 아니었다. 대부분이 귀족, 의사, 목사, 대상인 등이었고, 그 밖에 직인, 무역상, 농민, 과학 애호가들이었다. 왕립학회의 '왕립'은 형식적인 것일 뿐 학회 예산의 대부분은 입회금과 회비에 의존하고 있었다. 그러므로 이 학회는 자연과학의 발전에 뜻을 같이하는 민주적인 민간자치단체의 성격이 뚜렷하였다. 이 학회의 간사이자 실험 담당자인 혹(R. Hooke)은 1662년 11월에 1663년의 학회 사업계획의 초안을 작성하였다.

화학자 보일(R. Boyle), 물리학자 혹, 뉴튼(I. Newton), 천문학자 핼리(E. Halley) 등은 왕립학회의 회원으로 화학, 공기역학, 현미경, 광학, 역학, 미적분학, 천문학 등에서 잇달아 현저한 성과를 내놓았다. 그러나 설립 후 30년 정도가 지나자 왕립학회는 현저하게 후퇴하기 시작하였다. 왕립학회의 회원은 1662년의 96명에서 10년 후에 약 200명으로 증가하였으나, 1700년에 125명으로 줄고, 연구와 전혀 관계없는 명예회원의 비율만 늘어났다.

한편 독일 사람 올덴버그(H. Oldenburg)는 1665년 3월 현존하는 가장 오래된 과학잡지인 『과학보고』(*Philosophical Transaction*)를 발간하여 당시의 과학기술에 관한 정보의 교환, 지식의 공개 및 비판, 그리고 상호 자극을 도모하였다.

루너협회

왕립학회는 화학자 캐번디시(H. Cavendish)와 같은 많은 뛰어난 과학자들을 영입하여 활동해 왔지만, 그것은 영국 과학자의 통일된 연구 조직이 아니었다. 새로운 시대의 대표적인 과학연구조직은 버밍엄의 루너협회(Lunar Society)와 같은 과학자와 산업자본가의 모임이었다. 루너협회는 최초의 근대적 공장 소호(Soho)의 주인 볼턴(M. Boulton)에 의하여 1766년에 설립되었다. 볼턴은 와트(J. Watt), 화학자 프리스틀리(J. Priestley), 찰스 다윈의 조부인 에라스무스 다윈

(E. Darwin), 소호 공장의 기사 머독(W. Murdock) 등의 산업자본 가를 영입하였고, 그들은 보름달이 뜨는 밤마다 회합을 열고 과학과 기술, 그리고 산업에 대하여 진지하게 논의하였다.

한편 특권적이 아닌 스코틀랜드의 글래스고대학과 에딘버러대학은 케임브리지나 옥스퍼드 대학과는 달리 대륙의 과학연구의 성과를 도 입하였다. 글래스고대학에서 에딘버러대학으로 옮긴 과학자 블랙(J. Black)과 그의 제자들은 1760년대부터 그곳 대학에서 자연과학을 가 르쳤다. 글래스고대학의 토머스 톰슨(T. Thomson)은 1817년부터 영국 최초로 실험실에서 화학교육을 실시하였고, 같은 대학의 윌리엄 톰슨(W. Thomson)은 1846년부터 물리교육 실험실을 열었다. 잉글 랜드의 비전문 과학자들이 과학연구나 박물학적인 과학을 연구한 데 반하여 스코틀랜드대학의 과학자들은 이론에만 치우친 전통에서 벗어 나 새로운 산업과 접촉하여 과학을 연구하고 교육하였다.

왕립연구소

과학자 톰슨(B. Thompson, 럼퍼드 백작)은 1799년 왕립연구소 (Royal Institute)를 런던에 설립하였는데, 이로 인하여 영국의 과학 연구 중심지는 런던으로 옮겨졌다. 럼퍼드 백작은 본래 미국의 교사 로 독립전쟁 당시 영국군에 협조한 인연으로 영국으로 건너갔다. 그 후 오스트리아군에 입대하여 군인이 되었다가 오스트리아 정부에 기 용되면서 장관까지 되었다. 그리고 당시의 정치 정세를 안정시키기 위하여 빈민구제에 나섰으며, 그것의 성공으로 백작이 되었다.

럼퍼드 백작은 영국에서 '공업을 진흥하고 가난한 사람을 부자가 되게 하는 협회'를 조직하고, 1799년 이 협회의 사업으로 공중교육기 관의 설립을 주장하였다. 이 협회의 설립이념은 기계에 관한 새롭고

유용한 발명의 지식을 보급하고, 일반 사람들을 이 길로 유도하는 데
있었다. 또한 그 이념은 과학을 일상생활에서 유용하게 사용하기 위
하여 과학 강의와 실험 교육에 목적을 두었다. 그는 이를 위하여 일반
기부금을 모았으며, 국왕이 1800년 '왕립연구소'라는 이름으로 선포
하여 정식으로 발족하였다.

처음 30년 동안 겨우 왕립연구소에는 두 사람의 과학자와 조수가
활동한 데 불과하였지만, 그들은 매우 적극적이었다. 당시 개업의인
영(T. Young)은 여기에 최초로 참여한 교수이다. 그는 3년 동안 활
동하다가 그만두었고, 이듬해 화학자 데이비(H. Davy)가 초빙되어
활동하였다. 그는 우선 기부받은 재산과 연구소의 조직을 확립하고,
프랑스 혁명으로 생긴 수입 식량의 부족에 대한 대책으로 농예화학을
강의하였다. 또한 갱도폭발 방지연구회의 요구에 따라 안전등을 발명
하기도 하였다. 공개 강연에 참석한 소년 제본사 패러데이(M. Fara-
day)를 조수로 채용하여 뛰어난 후계자로 양성한 것은 그의 가장 큰
성과라 할 수 있다.

당시 잉글랜드의 여러 대학이 과학자를 양성하지 못한 데 반하여
왕립연구소가 뛰어난 인재를 찾아낼 수 있었던 것은 영국 시민의 과
학에 대한 관심이 일반적으로 높았기 때문이었다. 역사학자 카드웰은
18세기 영국의 지도적인 과학자 106명 중 40~50명이 비전문 과학
자이고 나머지도 비전문적 요소가 강한 과학자였다고 주장한다. 원자
론자 돌턴(J. Dalton), 지질학자 라이엘(C. Lyell), 열역학자 줄(J.
P. Joule), 진화론자 다윈(C. Darwin) 등 제1급 과학자들은 19세기
에 접어들어서도 자택의 실험실에서 자비로 연구를 수행하는 실정이
었다. 당시 과학의 연구체제와 교육제도가 한층 진보하였다면 뛰어난
과학자가 보다 많이 배출되었을 것이다.

영국과학진흥협회

영국의 수학자 배비지(C. Babbage)는 1830년 『영국 과학의 쇠퇴와 그 원인에 대한 고찰』이라는 보고서에서 당시 영국 과학의 후퇴를 신랄하게 비판하였는데, 과학계와 사회는 이것에 큰 충격을 받았다. 그 후 국내 과학자들 사이에서도 영국 과학을 진흥시키기 위한 연구기관의 설립 운동이 거세게 일어났다. 규모가 가장 큰 요크 주의 과학단체가 주최하여 1831년 9월 전국의 과학애호가가 한자리에 모였는데, 이것을 계기로 영국과학진흥협회(BAAS)가 창립되었다.

이 협회의 설립 목적은 1) 과학연구에 보다 강력한 자극을 주고 보다 깊은 국가적 관심을 불러일으키며, 그 진보를 가로막고 있는 여러 장애를 배제하고, 2) 국내 또는 국외의 과학 연구자 상호 간의 교류를 촉진하는 일이었다. 이 협회의 회합은 매년 영국의 주요 도시나 자치령에서 열렸는데 평균 2,000명이 참석하였다. 과학의 전문기관과 지방의 과학학회 회원들은 이러한 집회를 통하여 빈번히 접촉하였다. 이렇게 하여 과학연구의 내부적인 발전이나 과학교육의 연장 및 과학연구의 재정문제, 그 밖의 외부적 문제에 관하여 광범위한 의견이 수렴되었다.

기계공협회

영국의 과학자와 기계노동자는 새로운 과학기술 교육운동을 일으켰다. 이것이 기계공협회(Mechanics Institute), 다른 말로 표현하면 기계공강습소 운동이다. 이것은 단순한 공업학교나 강습협회가 아니라 과학기술의 강습을 중심으로 뭉친 노동자와 과학자들의 자주적인 조직으로 1823년부터 폭발적인 세력으로 영국 전역에 걸쳐 설립되고 보급되었다.

이 운동은 18세기 말부터 각지에서 자연적으로 일어난 노동자에 대한 각종 과학교육의 시도였다. 1799년 글래스고에 신설된 앤더슨 연구소의 버크벡 교수는 기계장치류의 제작을 통하여 글래스고의 노동자와 친해졌다. 그는 그들의 열성에 보답하고자 노동자들에게 제조기술의 과학적인 원리를 가르치기 위하여 기계에 관한 실험 강의를 시작하였다. 버크벡의 이 시도는 성공하였다.

이러한 경험은 에딘버러의 자선적인 재벌들에 의하여 거론되었고, 1821년 4월 에딘버러공예학교가 설립되었다. 이 학교는 화학, 물리 및 응용화학, 응용역학 수업을 실시하고 영국 최초의 정식 공업학교로 변신하였다. 글래스고의 노동자들은 이 학교의 설립 소식을 전해 듣고 곧 앤더슨 연구소와는 별도로 그들 자신들의 과학강습협회를 조직하였다. 이 소식은 곧바로 런던에 전해져 버크벡은 같은 해 12월 '기계공업지' 회원들의 협력으로 런던기계공협회를 설립하였다. 이 협회의 최초의 강습 과목은 화학, 수학, 정역학, 응용화학, 천문학 및 전기학으로 급진 당원들의 지원을 받아 매우 풍부한 자금으로 운영되었다(이 협회는 후에 버크벡칼리지가 되었으며 현존한다).

기계공협회는 서민교육의 추진자였던 정치가 프르엄의 효과적인 선전에 힘입어 폭발적으로 파급되었고, 3년 후 수십 개의 기계공협회가 전국에 설립되었다. 그 중 회원이 수백 명에서 1,000명이 넘는 곳도 있었다. 기계공협회의 선도자는 때론 인정 많은 재벌이나 노동자 자신이었으며, 협회의 설립은 국가나 지방 정부의 힘을 빌리지 않은 시민 자신의 자발적인 일종의 권리운동이었다. 운동의 선두자는 일반적으로 정부나 대학에서 배제되었던 비국교파 사람들과 국교회를 따르지 않았던 목사들이었다.

하지만 협회는 실패로 돌아갔다. 그 이유는 첫째, 기계공들은 과학교육을 받을 정도의 기초 소양도 없는 형편이었다. 더욱 중요한 것은 천문학이나 원자론을 가르치면서 기계공들에게 매우 절실했던 경제나 정치문제를 교과과정에서 제외시킨 과학 지상주의 사상에 지나치게 치중하였기 때문이었다. 둘째, 수업료가 비쌌기 때문이었다. 졸업장은 효과가 없었으므로 많은 사람들에게 계속하여 과학을 교육하는 것은 분명히 곤란하였다. 더욱이 중산층 사람들이 협회에 가입하여 공원들은 협회에서 쫓겨났고, 협회는 공립도서관이라기보다 레크레이션의 장이 되어 버렸다.

이러한 결함이나 실패에도 불구하고 과학교육은 자본가나 정부의 힘에 의해서가 아닌 노동자와 과학자의 협력에 의하여 운영되었다. 특히 기계공협회의 물리교육은 옥스퍼드대학이나 케임브리지대학보다 수준이 높았다.

왕립화학전문학교

영국의 대학들은 오래 전부터 수학, 역학에 치중하여 교육하였으므로 새로운 직업에 취직할 담당자를 국내에서 찾을 수 있었지만, 실험시설이 필요한 화학은 사정이 달랐다. 그러므로 화학에 뜻을 둔 영국 사람들은 대학을 졸업하고 독일의 대학에서 공부하는 것이 통례였다. 신흥 독일은 복잡하고 뒤얽힌 실험시설을 체계적으로 정리하고 발전시켰고, 직업적인 과학자가 이를 맡고 있었다. 결국 영국도 화학을 계통적으로 연구하고 교육하는 기관을 설치하지 않으면 안 되었다.

영국의 조직적인 화학교육은 독일의 대화학자 리비히(J. von Liebig)가 두 번에 걸쳐 영국을 방문하면서 이룩되었다. 그는 1837년 리버풀에서 열린 영국과학진흥협회 대회에 참석하여 '화학 및 농업과 생리학에 대한 그 응용'이라는 제목으로 강의하였다. 영국의 지주들은 이 강의를 듣고 농예화학에 대단한 관심을 가졌다. 영국과학진흥협회는 영국의 화학연구와 화학교육체제에 대하여 리비히와 상담하기 위하여 1842년 그를 다시 초청하였고, 그는 수상을 비롯한 많은 대지주들과 토론하였다. 때마침 흉년으로 곡물이 부족하였기 때문에 화학을 응용하여 농업생산물을 증대할 수 있다는 가능성에 모두가 관심을 보였다. 그 결과 여왕의 부군 알버트 공이 중심이 되어 1845년 화학교육을 추진하였다.

독일의 호프만(A. Hofmann)은 리비히의 추천을 받아 왕립화학전문학교의 초대 교수가 되었다. 그는 독일 대학의 '학문의 자유'라는 정신을 이 학교에 도입하고, 리비히가 시작했던 실험실 교수법을 채택하여 직업적인 화학교육을 시작하였다. 이 학교는 애초 목표인 농예화학 분야에서는 성과를 거의 올리지 못하였지만, 염료공업 분야에서 기대하지 않았던 큰 성과를 올렸다. 그것은 호프만이 처음부터 농예화학의 연구보다 화학공업의 연구에 관심을 집중하였기 때문이었다. 그는 일찍이 석탄가스의 화학공업에 관심을 갖고 콜타르 성분의 연구로 방향을 바꾸었다. 특히 콜타르에서 약품을 인공적으로 제조하려는 연구가 바탕이 되어 결국 염료의 합성화학이 탄생하였다. 그리고 이를 바탕으로 뛰어난 화학자 퍼킨(W. H. Perkin), 프랑크랜드(E. Flankland), 니콜슨(W. Nicolson)을 배출하여 영국의 화학을 발전시키는 데 성공하였다.

광산전문학교와 과학기술국

이 무렵에도 영국은 여전히 식민지 무역과 농업에 힘을 기울였기 때문에 과학기술은 더디게 발전하였다. 프랑스나 독일 등 대륙의 여러 국가들은 자본의 측면에서 영국을 따라잡지 못하였지만, 과학기술

46

자나 숙련노동자의 양성에 힘을 쏟고 있었다. 영국은 이것의 영향으로 과학기술 교육을 위한 진흥책을 실시하였다.

우선 대박람회가 개최된 1851년에 국립광산응용과학전문학교(Government School of Mines and Science Applied to the Arts, 이하 광산전문학교)를 창립하고, 이듬해 무역성 아래 실용기예부(Department of Practical Art)를 두었다. 실용기예부는 1856년에 신설된 교육청에 편입되어 과학기술국(Department of Science and Art)으로 개칭되었다. 과학기술국은 의회의 보조금을 얻어 전국의 과학기술 교육을 관리하고 장학 활동을 전개하였는데, 여기에서 국가는 처음으로 과학기술 교육을 중심으로 교육에 개입하기 시작하였다.

염료화학에 있어서 연구체제의 결여

영국은 일찍이 염료화학공업이 발달한 나라였다. 염료화학공업은 사실상 과학을 이용하여 부를 얻으려고 설립된 왕립화학전문학교의 산물로 화학연구에서 탄생한 산업이었다. 젊은 화학자 퍼킨은 그의 실험실에서 화학연구의 성과를 기업화하는 데 성공하였고, 거부가 된 얼마 후 산업계에서 물러났다. 퍼킨이 물러난 무렵 염료화학공업의 중심은 영국에서 독일로 옮겨졌다. 당시 영국의 직물산업은 수입염료에 의존하고 있었기 때문에 값싼 콜타르를 이용하여 염료를 만들 수 있다면 큰 이익을 얻을 수 있었다. 영국에서 만든 아닐린염료는 1862년 런던에서 열린 국제박람회에서 매우 높은 평가를 받았지만, 염료화학공업을 유지하고 발전시킬 마땅한 과학연구체제와 교육체제가 없었다.

이와 같은 상황에서 헉슬리(Huxley) 등에 의하여 과학기술의 연구와 교육체제의 개혁을 위한 운동이 19세기 말부터 20세기 초기에 걸처 계속되었으나 국가적 과학기술체제를 확립하는 데는 분명히 뒤늦었다. 그 까닭은 무엇인가. 한마디로 식민지 무역으로 거액의 이윤을 얻은 영국의 지배계층에게 과학이나 기술은 절실하지 않았으며, 따라서 그들은 과학이나 기술에 대한 국가의 개입을 꺼렸다. 국가의 지원이 과학연구와 교육에 꼭 필요했던 시대에 오히려 그들은 그것을 거역하였다. 따라서 선진국 영국의 과학기술 체제는 당연히 후진국 수준을 면치 못하였으며, 겨우 프랑스와 독일의 뒤만 쫓았던 것이다. 화학자에 관한 1902년의 한 조사에 의하면 독일에서 4,000명의 화학자가 활동하고 있었고, 그 중 대학 졸업자는 84% 정도였다. 이에 비하여 영국은 1,500명으로 그 중 대학 졸업자는 34%에 불과하였으며, 이 34% 중 국내 대학에서 교육받은 사람은 반에 불과하였다.

더욱이 이러한 상황에서 실시된 과학기술 교육 또한 많은 결함을 지니고 있었다. 영국은 자유주의 국가임에도 불구하고 상류, 중류, 하류 층이 분명하게 나뉘어 있었고, 각자 별도의 교육 계통을 이어왔다. 특히 자연과학은 초등학교에서 대학까지 암기위주인 시험제도에 의하여 교육되고 있었다.

고어의 과학입국론

영국의 화학자 고어(Gore, 1826~1908)는 거의 알려져 있지 않다. 과학자 인명사전으로 가장 정평 있는 『과학자사전』(*Dictionary of Scientific Biography*)은 현대의 과학책이나 교과서에서 언급되는 횟수(지명도라 말해도 좋음)를 기준으로 과학자에 대하여 기술하고 있다. 이 사전에서 고어에 대한 것은 1쪽도 채 못 된다. 사실 우리 주변에서도 고어에 대하여 아는 바가 별로 없다. 그러나 고어가 1882년에 저술한 『국가발전의 과학적 기초』(*The Scientific Basis of Natio-*

nal Progress)는 과학입국론에 관하여 철저히 기술하고 있으며, 1880 년대의 과학입국론 계보에 있어서 파스퇴르와 함께 직접 연결된다.

고어는 25세 때 고향인 브리스톨을 떠나 버밍엄으로 이사하여 그곳에 있는 공장에서 화학연구자, 교육자로서 평생을 지냈다. 그는 주로 전기화학을 연구하고 그 성과를 저명한 과학잡지에 발표하였다. 그는 패러데이의 추천을 받아 1865년 왕립학회의 회원으로 선출되었고 1870~80년 사이에 킹 에드워드학교에서 물리학, 화학을 가르쳤다. 1880년 이후에는 사재를 털어 설립한 과학연구소(Institution of Scientific Research)를 이끌어 갔다. 『국가발전의 과학적 기초』를 집필하고 간행한 것은 이 무렵이었다.

고어는 현재의 지식은 현재 상태를 유지할 뿐이며, 국가의 발전은 새로운 아이디어의 소산이라 강조하였다. 그리고 새로운 아이디어의 주된 원천은 독창적인 연구라고 생각하였다. 즉 고어의 과학입국론은 독창적인 과학연구에 의한 기술 개발로 국가발전의 길을 찾아야 한다는 것이다. 그런데도 국가나 기업은 과학연구와 그 발견에 대하여 관심이 없었으므로, 발견자는 지식을 무상으로 국가에 제공해 왔다고 주장하였다. 나아가 여러 외국은 독창적인 연구를 장려하고 있다고 전제하고, 그 예로 수년 동안 독창적인 연구건수는 영국의 127건에 대하여 프랑스가 245건, 독일이 777건이므로 영국의 산업적 지위가 흔들리기 시작하였다고 주장하였다.

고어는 영국에서 과학이 무시되고 있는 네 가지 원인을 들었다. 첫째, 과학의 의의나 가치가 거의 알려져 있지 않고, 둘째, 인간은 이기적이어서 직접적인 이해에는 민감하지만, 진리의 탐구 등에는 관심이 없어서 과학연구소가 소홀히 취급되고, 셋째, 영국의 국민성인 편협한 공리주의가 있고, 넷째, 과학연구자는 자신의 존재 의의를 정연하게 주장해 오지 않았는 점 등을 들었다.

고어는 이러한 상황을 조금이나마 개선하고 과학연구를 장려하기 위하여 다음의 아홉 가지 조건을 들었다. 1) 국립과학연구소를 설치한다. 2) 대학은 과학연구자를 위한 자리를 증설한다. 3) 산업진흥지역에 과학기술을 위한 전문대학을 설립한다. 4) 대학은 과학연구자에게 연구비를 지급한다. 5) 정부는 과학연구비를 확충한다. 6) 대학은 학생에게 과학연구를 장려한다. 7) 지방 정부와 민간은 연구기금을 모금한다. 8) 지방에 과학연구소를 설치한다. 9) 지방 공공단체나 개인이 지방의 과학연구소를 지원한다.

고어는 두 가지 면, 즉 정부에 과학연구 예산의 증액이나 국립연구소의 설립을 호소하는 동시에, 기업가나 일반 사람들에게 과학연구의 의의와 이해, 그리고 경제적인 지원을 널리 호소하였다.

3. 근대 프랑스의 과학 연구체제

왕립과학아카데미

프랑스의 왕립과학아카데미(Académie Royal de Science)는 1666년에 설립되었다. 당시 과학자들은 사상가 파스칼(B. Pascal)을 중심으로 몽몰가에서 자주 만났는데, 그들은 공적인 과학 연구기관을 만들고자 하였다. 이러한 움직임은 영국의 왕립학회의 활동과, 과학연구가 한 개인의 지원으로 지속될 수 없고, 그리고 과학연구 자체가 사회성을 띠기 시작했기 때문에 일어났다고 할 수 있다. 과학자들은 당시의 재상 꼴베르에게 협력을 구하였다. 꼴베르는 과학연구 자체가 산업발전에 크게 기여할 것이라 확신하고 왕립 연구기관의 설립을 결심하였다.

왕립과학아카데미는 순수한 국립연구소였다. 이 아카데미는 대부분 왕실의 출자로 운영되었고, 20명 정도의 회원은 모두 국가의 급료를 받는 직업적인 과학자였다. 영국 왕립학회의 연구는 대부분이 개인 연구였으나, 이 아카데미는 완전히 공동연구 중심이었다. 그러나 왕립 과학아카데미는 국가정책에 의해 크게 좌우되었기 때문에 연구과제는 자연과학과 기술개발, 그리고 국가 이익에 일치하는 문제에 한정되었다. 또한 이 아카데미는 국내 학자뿐 아니라 외국 학자와도 끊임없이 연락하고 경우에 따라서는 세계 각 지역의 저명한 과학자들을 초빙하기도 하였다.

프랑스 혁명은 정치적으로나 사회적으로 중요한 의의를 지니지만 실험과학과 기술발달에도 큰 영향을 미쳤다. 마지막 전제군주 시대의 프랑스 과학자들은 계몽학자들의 개혁정신에 깊은 감명을 받아 새로운 면에서 과학을 연구하였고, 혁명정부는 과학의 중요성을 공식적으로 인정하고 과학의 발전을 위하여 최선을 다하였다. 동시에 과학에 대한 기대도 적지 않아 실제 그들은 과학기술 분야에서 매우 과감한 과학정책을 실시하였다.

1792년에서 1794년까지의 자코뱅파의 지배로 두 과학 조직은 서로 다른 운명에 놓였다. 왕립과학아카데미는 1793년 8월 8일 폐쇄되고 1795년 국립학사원(Institut National)의 일부로 재편성되었다. 이에 반하여 자연사 연구기관이었던 왕립식물원은 자연사박물관으로 이름을 바꾸어 보다 커다란 조직으로 성장하였다. 과학아카데미의 폐쇄로 활동의 터전을 잃은 엘리트 과학자들은 직인적이며 실용성을 중요시하는 학술애호가모임에서 활동하였는데, 이것은 기술발전을 중요하게 생각하는 디드로적 과학조직이었다.

프랑스 혁명과 과학의 전문직업화

자연과학이 18세기를 지나 점점 전문화되어 가면서, 과학연구는 성직자나 의사와 같은 비전문가 집단에서 점점 떨어져 나갔고, 19세기에 이르러 과학연구로 생계를 유지하려는 '직업인'으로서의 과학자가 등장하였다. 이것이 곧 과학의 전문직업화(professionalization)이다.

전문직업화는 일반적으로 다음과 같은 조건을 만족해야 한다. 1) 노동시간의 대부분을 그의 직업을 위해 소비하고 그 대가로 보수를 받아야 한다. 2) 전문가는 그 직업을 위하여 특수훈련을 받고, 객관적인 시험에 의해 그 성과를 인정받아야 한다. 3) 그 직업이 사회에서 전문직업으로 평가받기 위하여 직업의 수준이 경쟁적으로 높게 유지되어야 한다.

프랑스 혁명은 과학을 직업으로 확립시키는 데 큰 역할을 하였다. 과학의 전문직업화는 혁명 후 프랑스의 교육구조에 의하여 가능하였다. 과학아카데미의 회원이었던 과학자들은 혁명 후 교단에서 강의하기 시작하였다. 그들은 폐쇄적인 엘리트주의의 조직 속에서 동료들 간에 토론을 할 수 없는데다가 아카데미가 일시적으로 급료를 중단하였기 때문에 교단에 설 수밖에 없었다. 각 학교는 상당수의 교수나 학자가 필요하였기 때문에 학사원은 과학자들에게 충분한 보수를 지급하였다. 20세기 미국의 과학사가 길리스피(C. C. Gillispi)는 "과학자는 교수가 되었다."라고 말하였는데, 이 말의 의미는 의외로 중요하다. 수학자 몽주(G. Mongue)나 라그랑주(J. L. C. Lagrange)는 과학자이자 교수였다. 과학은 프랑스 혁명 후 전문직업화되었다.

1830년대에 과학을 전공하는 학생들의 목표는 박사학위 취득이었다. 전문직업화를 위한 한 가지 요인은 과학자에게 사회적으로 명예 있는 지위를 부여하는 일이었다. 또 유명한 대학의 교수가 되는 것만으로도 과학자에게는 사회적인 명예였다. 그것은 과학이 프랑스의 산업과 군사에 매우 중요하다는 실용주의적 입장 때문이었다.

한편 과학자는 행정부의 중심부에 자리잡기 시작하였다. 화학자인 샤프탈(J. A. Chapthal)은 산업 추진의 지표를 밝힌 정부고관이었고, 혁명정부는 과학자인 몽주나 카르노(S. Carnot)와 같은 열렬한 공화주의자들이 과학정책을 수립하고 그 운영에 직접 참여하도록 하였다. 그들은 과학기술정책을 과감히 실시하였는데, 그 예로 도량형 제도를 수립하고 학교교육을 개혁하였다.

한편 루이 16세를 처형한 과격파 로베스피에르(M. Robespierre)가 몰락한 시기에 근대과학은 제도화되었고, 내용도 많이 새로워졌다. 그것은 프랑스 공화국이 부르주아적 안정을 열망하였고, 과학 역시 공화국의 안정과 건설을 지향하는 쪽으로 흘러갔기 때문이었다.

더욱이 프랑스는 유럽 각국의 반혁명 세력의 간섭으로 1792년 전쟁이 시작되자 화약, 총포, 식량이 절대적으로 부족하였다. 과학의 제도화는 혁명정부가 이것들을 급히 대량생산하기 위하여 과학자들을 동원하면서 더욱 추진되었다. 이처럼 근대과학의 제도화는 이러한 정세변화에 의하여 이룩되었다.

프랑스 혁명과 새로운 교육체제

17·18세기에 프랑스 대학은 학문연구의 장으로서의 생기를 잃고 있었다. 이 생기를 되찾기 위하여 여러 곳에 군 관계의 학교나 기술학교가 설립되었는데, 무엇보다도 이공대학(École Polytechnique)의 설립은 최초의 성과였다. 자코뱅파나 대부르주아의 공화국 건설 목표는 전문기술자의 양성이었고, 이것은 민주주의와 실용주의의 관점에서 볼 때 긴급한 과제였다. 물론 구 체제도 기술자를 양성하기 위하여

1747년 파리 교량제방학교, 1748년 메젤 공병학교 등을 설립하였지만, 프랑스 과학기술교육은 이공대학의 설립으로 더욱 새로워졌다.

고등사범학교(École Normale)의 설립과 역할 또한 무시할 수 없는데, 이공대학의 졸업생이 행정부나 산업계에서 영예를 얻었다면, 고등사범학교는 연구자의 양성이라는 점에서 그 역할이 매우 컸다. 19세기 프랑스를 대표하는 과학자 파스퇴르(L. Pasteur)의 경력은 이 학교의 발전을 잘 말해 주는데, 그것은 파스퇴르가 택한 학교가 이공대학이 아니라 고등사범학교이기 때문이었다.

나폴레옹과 과학정책

나폴레옹 체제에서 과학자들은 매우 주체적인 역할을 하였다. 그것은 과학이 국가적 이념이라고 말할 정도의 기능을 갖게 되었기 때문이다. 나폴레옹의 최초의 정치적 승리는 학사원에서 일어났다. 나폴레옹은 과학자들에 의하여 피선되어 하원 제1분야의 회원이 되었다. 국민의 영웅 나폴레옹이 과학자에게 필요하였듯이 과학자 역시 나폴레옹에게 필요하였다.

나폴레옹은 1799년 쿠데타로 독재체제를 무너뜨리고 자신의 체제 유지를 위한 이념의 도구로서 과학을 더욱 이용하려 하였다. 대다수의 의원은 나폴레옹처럼 생각하지 않았음에도 불구하고, 그는 1807년 창설한 레지옹 도뇌르(Légion d'honneur)를 무공을 세운 군인 뿐만 아니라 산업진흥에 힘을 쓴 사람이나 과학자에게도 수여할 계획을 세웠다. 천문학자 라플라스(P. S. M. de Laplace)도 훈장을 받았다. 나폴레옹에게 있어서 과학은 가장 존경할 가치가 있는 것으로 문학 위에 있다고 말할 정도였다. 과학자는 나폴레옹 덕분에 안정을 찾았다.

프랑스 혁명은 나폴레옹의 등장으로 성격이 크게 바뀌었다. 그는 군사 문제에 대하여 천재였으며, 행정 문제에도 폭넓은 관심을 가지고 있었다. 이공대학에도 많은 관심을 표명하고 간섭하여 창립 당시의 성격을 잃어 갔다. 물론 우수하고 극빈한 학생은 장학금을 받았지만 학생으로부터 수업료를 받았다. 또한 나폴레옹은 1808년 대담한 교육개혁을 단행하였다. 그 결과 프랑스 각지의 이학, 문학, 의학, 법학의 각 고등교육기관과 중등교육기관이 '유니베르시떼'(Universite)라는 단일 조직으로 일원화되어 관리되었다.

이와 같이 과학의 전문직업화와 제도화는 프랑스 혁명에서 보불전쟁에 이르는 혁명이나 전쟁과 같은 사회적, 정치적 격동기를 계기로 진행되었다. 이것은 과학과 기술이 근대 국가의 형성과 발전에 불가결한 요소였음을 잘 말해 준다.

프랑스 혁명과 과학의 관계를 논하는 데 있어 프랑스 혁명의 격동기를 몸소 체험한 라플라스를 빼놓을 수 없다. 그는 새로 설립된 학사원과 나폴레옹 체제를 상징하는 과학자이자 정치가였다. 라플라스는 두 개의 조직에 힘을 쏟았는데, 그것은 1795년 8월 22일 과학아카데미의 폐허 위에 건설된 국립학사원과 나폴레옹의 재정적 원조로 조직된 실험과학자 그룹인 아르구이유(Societe d'Arcuel)이다.

이 중 국립학사원은 과학아카데미 이상의 것이 되었으며, 사람들은 학사원을 가리켜 '유럽 제일의 학문기관'이라 평가하였다. 국립학사원은 단지 근대 과학만을 위한 조직이 아니라 프랑스 학문기관 전체의 정점이었다. 학사원은 144명으로 구성되었지만, 그 중 60명의 과학자와 제2부류에 소속된 지리학자 6명을 합치면 전체의 46%가 근대 과학과 관계된 사람들이었다.

파스퇴르와 '과학입국론'

프랑스는 보불전쟁에서 패배하였다. 이것은 자존심 강한 프랑스 과학자들에게 큰 충격이었다. 그것은 프랑스 과학계의 거성 파스퇴르에게도 마찬가지였다. 그는 1871년 『프랑스 과학의 성찰』(*Quelque reflexion sur las science en France*, 흔히 『성찰』이라 부른다)이라는 소책자를 발간하여 프랑스 과학의 쇠퇴를 우려하고 프랑스 과학계에 경종을 울렸다. 이 책에 수록된 최초 논문은 1868년 1월에 집필된 것으로 처음에 「과학의 예산」이라 이름붙였다가, 후에 「실험실」이라 고쳤다.

파스퇴르는 이 논문에서 당시 프랑스의 과학연구가 얼마나 빈약한 조건과 설비에서 이루어지고 있는가를 폭로하고 상황의 개선을 호소하였다. 동시에 과학자들이 열악한 조건에서 때때로 건강을 해쳐가면서 뛰어난 연구성과를 올리고 있다고 칭찬하였다. 또한 그는 이 논문에서 프랑스 과학정책과 문교정책의 빈약함에 대하여 일종의 내부 고발을 하였다. 그는 교육상인 뒤링과 당시 최고의 권력자 나폴레옹 3세의 과학정책에 대한 적극적인 개입을 기대하면서 이러한 발언을 하였다. 이 무렵 나폴레옹 3세는 고등사범학교나 소르본의 과학실험실을 방문하고 과학연구에 대한 지원을 표명하였다. 파스퇴르는 이러한 움직임에 강한 기대를 걸고 있었던 것이다.

나폴레옹 3세는 1868년 3월 파스퇴르를 포함한 몇몇 유력한 과학자들을 불러 고등교육 정책에 관하여 의견을 나누었다. 이 회합에서 파스퇴르가 발언한 것을 문장화한 것이 『성찰』에 수록된 제2의 논문 「자연과학 교육의 겸직 금지」이다. 그는 여기에서 19세기 전반에 프랑스 과학의 영광의 자리를 차지하였던 이공대학과 자연사박물관이 점차 그 빛을 잃어가고 있으며, 특히 두 기관의 젊은 연구자의 육성이 뒤떨어지고 있음을 지적하였다.

한편 파스퇴르는 겸직의 금지를 호소하였다. 겸직이란 말할 것도 없이 한 사람이 몇 개의 자리를 차지하는 것인데, 그 결과 다른 많은 연구자, 특히 젊은 연구자들이 마땅한 자리에서 일할 수 없었다. 그는 당시 습관처럼 굳어진 겸직을 삼가해 줄 것을 호소한 것이다. 그가 교사로서 또한 행정관으로서 가장 마음 아파했던 문제는 젊은 연구자의 육성이었다.

파스퇴르는 학생을 엄격히 지도하였다. 그는 학생이 면학하도록 지도하는 것은 학위(licence)시험이나 교원자격(agregation)시험 등과 같은 시험이라고 생각하였다. 그는 비정한 교육관이나 인간관을 지니고 있었지만, 몇 번이고 시련을 이겨낸 우수한 젊은 연구자들에게 자유로운 연구의 장을 확보해 주기 위하여 노력을 아끼지 않았다. 또한 그는 경력을 위하여 교원자격 조수제도를 확충해야 하고, 젊은 연구자를 육성해야 한다고 주장하였다.

당시 프랑스에는 유니베르시떼를 바탕으로 각지에 문학, 이학, 법학, 의학 등의 학교가 있었지만, 지방의 연구와 교육조건은 파리의 연구와 교육기관의 그것에 비하여 매우 열악하였다. 그 때문에 연구자들은 파리를 떠나지 않으려 하였다. 그러나 파스퇴르는 이러한 상황이야말로 지방문화의 진흥은 물론 프랑스 전체의 적정한 자원 분배라는 점에서 우려할 사태라고 생각하였다. 그는 자신의 교수로서의 경험을 살려 각 지방학교와 도시의 관계를 깊게 하면서 상황을 개선할 것이라고 논하였다. 지방학교의 발전은 19세기를 통하여 프랑스의 전반적인 과학의 제도화를 생각할 경우 중요한 요소였다. 파스퇴르가 경고한 것은 이 점에서 높이 평가된다.

이공대학이나 자연사박물관과 같은 유력한 과학연구기관은 연구진이나 졸업생의 연구성과를 발표하기 위하여 독자적인 연구잡지를 발간하고 있었다. 그러나 고등사범학교가 연구잡지를 발간하지 않고 있음을 개탄한 파스퇴르는 『고등사범학교연보』(*Annale Scientifique de École Normale*)의 창간을 제안하고 이를 실현하였다. 특히 그는 7년 동안 이 잡지의 편집에 직접 참여하였다.

한편 사태의 개선을 희망하고 있었던 파스퇴르에게 불행이 닥쳤다. 그는 1868년 10월 돌연히 마비에 걸려 평생 반신불구로 지냈고, 보불전쟁과 사랑하는 그의 조국 프랑스의 패배를 맛보았다. 더욱이 파스퇴르가 과학진흥에 전력해 줄 것으로 기대했던 나폴레옹 3세가 실각되었다. 이 불행의 충격 속에서 파스퇴르는 『성찰』에 수록된 제3의 논문 「프랑스는 위기에 처해 있는데 어찌하여 위대한 인물이 나오지 않는가」를 집필하였다.

파스퇴르는 적국 프러시아를 미워하면서도 프러시아의 승리의 원인이 우수한 과학기술의 연구체제, 특히 대학의 우수함에 있다고 강조하였다. 그는 프랑스 과학이 혁명 당시 얼마나 조국에 공헌하였는가를 프랑스 국민에게 상기시켰다. 그는 나폴레옹 3세가 실각한 후에도 바쁘게 지냈으며, 지도적 지식인이 참여하는 고등교육협회에 동참하여 프랑스 고등교육의 발전과 과학의 제도화에 끊임없는 집념을 불태웠다.

파스퇴르 연구소

프랑스 과학아카데미는 1886년 3월 광견병 예방접종법의 완성을 기념하고, 일생 동안 조국을 위하여 노력한 파스퇴르에게 감사하는 마음에서 파스퇴르 연구소를 설립한다고 발의하였다. 프랑스 하원이 이에 20만 프랑의 기부를 결의하자 멀리 러시아와 브라질, 그리고 터키 황제의 기부금이 모여들었다. 뿐만 아니라 부자나 가난한 사람들도 앞을 다투어 기부하여 기부금은 250만 프랑을 넘었다. 그 후 150만 프랑이 연구소의 건설에 사용되고 나머지 100만 프랑은 연구소 기금으로 충당되었다.

대통령이 참석한 가운데, 1888년 11월에 개소식이 거행되었다. 이 식전에 참가하기 위하여 세계 곳곳에서 많은 사람들이 몰려왔다. 이 무렵 파스퇴르의 몸은 이미 쇠약해 있었으며, 이따금 가벼운 뇌출혈이 있었으므로 그가 쓴 연설문을 그의 아들이 대신 읽었다.

파스퇴르 연구소는 파리 교외와 리용, 그리고 리스에 실험동물을 위한 지소를 두고 있으며, 또한 구 식민지에 네 곳, 루마니아 등 동구 여러 나라를 포함하여 수십 곳에 파스퇴르 연구소의 지소가 세워졌다.

이 연구소는 기초 및 응용미생물 전 분야를 연구하고 있다. 분자생물학, 방사선치료, 물리화학, 생화학 등의 연구기관 이외에 의학자와 약학자의 양성기관과 병원도 운영하고 있다. 생물과학 특히 분자생물학 분야는 국제적으로 지도적인 연구소로 국가의 후원을 받고 있으나, 제2차 세계대전 이후 재정적인 어려움을 겪고 있다.

4. 근대 독일의 과학 연구체제

베를린 과학아카데미

베를린 과학아카데미(Akademie der Wissenschaften zu Berlin)는 철학자이자 과학자인 라이프니치가 중심이 되어 1700년 7월 11일에 설립되었다. 그러나 당시 봉건국가로 분열되어 있던 독일의 과학은 아직 근대적인 수준에 이르지 못하고 있었으며, 정치적으로도 안정되지 않아서 다른 나라에 비하여 학회 설립이 늦었다. 또한 영국과 프랑스의 학회에 비하여 별다른 성과를 내놓지 못하였다.

1805년에서 1807년에 걸친 나폴레옹 전쟁에서 독일이 패하자 독일 국내에서 강력한 진보적 개혁운동이 일어났다. 이 운동으로 봉건제도를 몰아내고 각종 산업을 건설하면서 통일을 달성하려는 움직임이 급격히 몰아쳤다. 특히 프러시아는 귀족들의 반대를 물리치고 1807년 세습농노제도를 폐지하고, 1808년 영업의 자유를 선언하여 제조업과 기계 공업의 길을 열었다. 물론 이 개혁은 정치적으로 매우 불완전하여 봉건적 신분제도가 그대로 남아 있었지만, 경제 분야는 크게 변하여 자본주의가 등장하였다.

훔볼트와 과학교육의 개혁

프러시아는 정치, 경제, 문화에 걸친 진보적 개혁운동 과정에서 독특한 과학기술 교육기관을 창설하였다. 그 저변에는 '학문의 자유'를 병행한 '자주 독립의 연구정신'이 흐르고 있었고 봉건세력에 대항하는 진보적 정신이 가득하였다.

훔볼트(W. von Humboldt)는 프러시아의 교육제도를 개혁하였다. 그는 교육을 쇄신하기 위하여 애국심의 고취를 꾀하고, 페스탈로찌의 사상을 거울삼아 초등학교의 교육제도와 김나지움과 실과학교(Real-school) 제도를 정비하였다. 또한 1809년 베를린대학을 창설하고 총장에 피히테를 임명하였으며 대학을 정비하였다. 또한 프랑스의 이공대학을 본받아 1821년에 베를린실업학교(Gewerbe Akademie)를 설립하였다.

이와 같은 교육제도의 재조직은 독일 전국에서 추진되었는데 지방에 따라 많은 차이가 있었다. 실과학교는 몇 가지 이름(Gewerbe

School, Ingenieur School, Bergschool)으로 설립되었다. 처음에는
15세 정도의 학생을 대상으로 일반 노동자를 직접 지휘하는 하급 관
리를 양성하였다. 그러나 그 정도로는 독일 산업자본의 요청에 응할
수 없었으므로 얼마 후인 1830년대에 폴리테크닉쿰(Polytechnikum)
으로 이름을 바꾸는 일이 잇달아 일어났다. 그리고 독일 자본주의가
1860년대와 1870년대에 걸쳐 놀라운 성장을 지속하고 통일이 실현되
자, 폴리테크닉쿰은 다시 공업고등학교(Technische Hochschule), 즉
공과대학으로 승격하였다.

한편 각 주는 경쟁적으로 공과대학을 설립하였고, 공과대학은 대학
(Universität)과 마찬가지로 학문의 자유가 보장되었다. 특히 교수는
국가 관리의 신분이 보장되었지만, 자치적으로 학장을 선거하여 학교
를 운영할 수 있었다. 이러한 움직임은 당시 영국에서는 볼 수 없었던
독특한 국가적 기술교육이었다. 독일의 공과대학은 학생들에게 처음
2년 동안은 과학을, 다음 2년 동안은 전문기술을 교육하였다. 졸업생
은 거의 산업계나 공과대학 교수로 진출하였다. 그러므로 독일의 이
공대학은 프랑스의 그것이 관료의 양성을 주목적으로 삼은 것과 크게
달랐다. 독일의 관료는 일반 대학에서 양성되었다.

독일자연과학자회의

독일은 나폴레옹 전쟁에서 패하자 교육개혁과 자유주의 운동이 일
어났다. 그것은 민족주의 운동이며 산업자본의 요구와도 일치하는 운
동이었는데 정부가 주도하는 운동과 쉽게 연결되었다. 독일의 박물학
자 오켄(Z. Oken)은 1822년 이후에 독일자연과학자회의를 조직하였
는데, 그것은 '과학과 조국의 복지와 명예 때문에' 설립되었다. 오켄
은 이 회의를 '독일 국민의 통일적 상징'이라고 단언하였다.

독일 여러 봉건국가의 지배자들은 이 자연과학자회의가 자유주의적이고 민족주의적 성격을 띠자, 처음에는 이것을 의심스럽게 생각하였다. 라이프니치에서 열린 제1회 회의에 출석한 의원들은 정부의 추궁을 두려워하여 성명의 기록을 거부할 정도였으며, 오스트리아의 메테르니히는 여권을 신청한 빈의 과학자들에게 회의에 출석할 경우 불이익을 받을 것이라고 암시하여, 과학자들은 1832년에 빈에서 연회가 열릴 때까지 출석을 망설였다.

한편 프러시아 정부는 이 회의가 독일 통일의 추진력이 될 수 있다고 보고 1828년부터 이 회의를 보호하기 시작하자, 그 후 독일의 여러 봉건국가는 회의에 협조하기 시작하였다. 정부는 매년 회의장과 회합을 조직하고 운영하는 서기를 선임하는 특별년회를 맡았다. 독일 민족주의는 아래에서부터의 진보적 운동과 위에서부터 정부의 보호와 지도를 연결하는 고리였다. 독일 과학은 자주독립의 연구정신과 과학기술 교육기관의 확립, 그리고 연구에 대한 정부의 원조로 강력하고 조직적으로 발전하였다.

리비히와 기센대학

과학을 정규 대학 과정에 집어넣는 데 큰 역할을 한 것도 독일의 대학이었다. 1830년 이후 독일 여러 봉건국가의 대학들은 게팅겐대학을 선두로 경쟁적으로 과학 강좌를 개설하였다. 모범이 되었던 최초의 실험실은 말할 것도 없이 기센대학의 리비히 화학실험실이었다 (1824년). 이곳의 지도정신은 학생 스스로가 배우는 일이었다.

리비히는 다음과 같이 말하였다. "이곳의 학생들은 스스로 연구하면서 배우고 익힌다. 나는 문제를 주고 연구의 경과를 감독하는 데 그치며, 결코 간섭하지 않는다. 나는 학기마다 한 사람, 한 사람의 학생에게서 각자가 전날에 연구한 결과를 듣거나, 이제부터 할 일에 대하여 의견을 듣는다. 그리고 나는 그것에 찬성하거나 반대하거나 하였다. 각자는 스스로 연구를 해 나갈 의무가 있다." 자주 독립 정신의 고취를 최대의 특징으로 삼은 리비히가 주장하고 실행한 것이야말로 그의 교육목표였다. 이러한 정신 즉 아카데미의 자유 정신이야말로 독일 대학의 특징이었다. 때로는 국가의 간섭을 받기도 하였지만, 대학은 한결같이 가르치는 자유와 배우는 자유를 누렸다.

보이드와 알트호프의 교육정책

대학인만이 나폴레옹 전쟁의 패배로 드러난 독일의 낙후에서 벗어나려고 노력한 것은 아니었다. 당시 프러시아의 보이드와 같은 진보적 관료들은 공업을 육성하여 독일의 근대화를 실현하려 하였고, 그것의 기반으로 기술교육의 정비에 적극 노력하였다. 나폴레옹 전쟁후 영국을 방문한 보이드는 산업혁명의 소용돌이에 있던 영국의 근대적 공장이나 산업기계에 감탄한 나머지 이러한 설비나 기계를 독일에 도입해야 하고, 기계를 사용하고 독일의 공업화를 담당할 기술자를 양성해야 한다는 필요성을 절실히 느꼈다.

18세기 말 독일에는 이미 후라이베르크나 베를린에 광산학교가 세워져 광산기술자를 양성하고 있었으나 전문성과 규모가 한정되어 있었다. 그래서 보이드는 기술학교를 재편하여 베를린에 새로운 기술학교를 설립하였으며, 이와 동시에 파리의 이공대학에 유학경험이 있는 기술관료들을 참여시켜 1825년 카를스루에 이공대학을, 1827년 뮌헨에 중앙공과학교를 설립하였다.

독일은 이와 같은 기술학교 설립 과정에서 프랑스의 이공대학을 본보기로 삼았다. 이공대학이 프랑스의 최고 과학기술 교육기관이었지만, 독일의 기술학교는 대학보다 하급인 교육기관으로 출발하였다. 본래 독일에서는 학문이념을 표방하는 대학이 고도의 이론적인 과학연구와 교육을 맡았고, 기술학교는 실제 교육을 하는 일종의 분업체제가 확립되었다.

기술학교가 19세기 중반에 이르러 서서히 정비되면서 그 규모가 커지고, 입학생의 연령과 자격이 높아져 대학과 나란히 고등교육기관으로서의 면모를 갖추기 시작하였다. 기술학교는 특히 독일 공업화의 진전에 따라 일정한 사회 세력을 장악하게 된 기술자 계층의 지위 향상으로 발전이 가능하였다. 그 후 기술학교에 공과대학이라는 명칭이 붙기 시작하였다. 19세기 말 한 통계에 의하면 독일의 9개 공과대학에서 모두 1만여 명의 학생이 교육을 받았다.

당시 베를린의 문무성 고문이었던 알트호프는 화학자 피셔(E. Fischer)를 베를린대학에 초청하는 데 큰 역할을 하였다. 그는 갑자기 피셔를 방문하고 베를린대학의 화학교실과 화학교육에 대한 이야기를 꺼냈다. 그리고 화학자 호프만 선생의 후계자가 되어 교실의 신축을 맡아달라고 부탁하였다. 물론 훌륭한 교수님이 있지만 모두 나이가 많으므로 그를 초청한다는 내용이었다. 어쨌든 피셔는 베를린대학으로 옮겼고, 역사적인 화학교실 신축에 참여하여 결국에는 세계적인 화학연구의 거점을 만들었다.

또 알트호프가 살아 있을 때부터 편집이 시작된 『베를린대학 100년사』는 이렇게 말하고 있다. "우리 대학은 1880년대에 접어들어 참된 의미에서 세계 대학으로 발전하는 단계를 맞이하였다. 이러한 발전이 누구의 덕택으로 가능하였는가는 너무나 명백하다. 그것은 조직의 천재, 지칠 줄 모르는 사람, 풍부한 정보의 소유자인 알트호프와 그의 동료들 덕택이다. 그는 지금까지 끊임없이 일하고 있다. 학문의 진보에 발맞춰 매년 새로운 강좌를 개설하고, 연구소를 늘리고, 새로운 자금을 끌어들여 왔으며, 새로운 건물을 건설하였다. 베를린대학의 초청을 수락한 사람은 누구나 자신을 위한 연구소를 요구하였는데, 이러한 요구는 바로 실현되든지, 2~3년 뒤에 반드시 실현되었다." 또 『신독일 인명사전』의 '알트호프' 항목에는 이렇게 쓰여 있다. "알트호프는 목적 실현이라면 모든 수단과 방법을 사용하였다. 그는 후하게 대접하거나 거침없이 협박도 하여 목표 실현을 겨냥하였다."

독일의 화학자 에르리히(P. Ehrlich)도 평생 동안 알트호프에게 은혜를 입었다. 알트호프는 피셔와 에르리히의 학문적 재능을 발견하고, 열악한 연구환경에서 그들을 구출하여, 마지막으로는 그들이 노벨상을 수상할 수 있도록 도와주었다. 대학들 거의가 그들을 받아들이지 않았다. 그러나 문무성 관료인 알트호프는 그의 권한을 이용하여 그들을 대학이나 연구소로 밀어 넣었다. 이처럼 그는 권력을 휘두를 때 문부성의 그림자인 '대학의 전제군주'였다.

국립물리공학연구소

독일은 보불전쟁에서 승리하여 근대국가로 발돋움하였다. 독일은 이 무렵 국가의 경제력을 높이기 위하여 생산력의 증강을 시도하였다. 국립물리공학연구소(Physikalish-Technische Reichsanstalt)는 독일의 국가적, 정치적 요구로 설립되었다. 정밀과학과 정밀기술을 진흥시키기 위한 국립연구소의 설립이 급선무라는 의견은 1870년대에 이미 나왔지만 프러시아 과학아카데미의 반대로 한때 지연되기도 하였다. 그러나 기술자 지멘스(Siemens)는 1882년 연구소의 설립을 추진하면서, "과학교육 뿐 아니라 과학적 업적은 한 국민에게 문화 민족이라는 명예를 부여한다."라고 강조하면서 연구소의 부지와 50만 달러를 기부하였다.

국립물리공학연구소는 1887년 10월부터 제1부 물리학부, 제2부 공학부로 나뉘어 활동을 시작하였다. 초대 소장은 물리학자 헬름홀쯔 (H. L. F. Von Helmholtz)였다. 이 연구소의 제1부는 이론적으로나 기술적으로 중요하지만 개인이나 교육기관에서 감당할 수 없는 문제를 도맡아 연구하였고, 제2부는 정밀기계 등 독일의 기술을 진흥하는 데 필요한 물리적, 공학적 연구를 하여 독일 과학기술의 발전에 핵심적인 기여를 하였다. 20세기 초 독일을 대표하는 연구소로 카이저 빌헬름 연구소가 있는데, 이것은 주요 과제 편에서 논하기로 한다.

5. 근대 미국의 과학 연구체제

미국철학회와 농업진흥회

미국 최초의 학회는 1663년 무렵 마서 일가가 만든 보스턴 철학회 (The Boston Philosophical Society)이다. 그러나 미국에서 독특한 문화가 싹튼 시기는 프랭클린(B. Franklin)이 등장하고, 그가 활동한 때부터이다. 그는 고향 필라델피아에서 공공사업을 폈는데, 그 중 쟌토(Junto)라는 작은 문화 서클과 이를 발판으로 회원 집단의 도서관을 운영하였다. 그는 이러한 활동을 토대로 중앙에 진출하여 통일과 독립에 힘쓰는 한편, 미국 최초로 1743년 미국철학회(American Philosophical Society For Useful Knowledge)를 조직하고 초대 회장이 되었다. 이 학회는 1774~83년의 미국 독립전쟁 때부터 활동하였다.

미국의 과학은 독립전쟁 전후에 학회나 협회에 의해서 정착되었다. 독립 후 산업의 중심지인 코네티컷 주에 학회가 만들어지고, 19세기에 접어들어 각 도시와 각 주에 각종 학회가 잇달아 만들어졌다. 이러한 것은 그 지역과 관련되지만, 당시 학회는 미분화 상태여서 산업(거의 농업)에 연결되어 있었다.

1785년 프랭클린이나 워싱턴이 주축이 되어 학문과 문화의 중심지였던 필라델피아 농업진흥회(The Philadelphia Society for Promoting Agriculture)를 설립하였다. 그리고 이것을 전후로 똑같은 학회가 남 캐롤라이나, 뉴저지, 매사추세스, 코네티컷에 만들어졌다. 그런데 당시 미국 연방정부의 산업정책의 목적은 농업진흥에 있었기 때문에 정부는 학회의 이러한 활동에 관심을 가졌다. 하원은 워싱턴의 의견을 반영하여 1797년 미국 각 지방에 (농업)학회의 설립을 승인하였다. 그러나 하원은 미국 전체의 농업 개선이라는 위대한 목적을 이루기에 그 규모가 너무 작으므로, 중앙 정부가 후원하여 전국에 영향을 미칠 만한 학회를 만들어야 한다고 주장하였다.

이 전국적인 농업학회는 제퍼슨의 반대로 실현되지 않았다. 그는 학회의 필요성을 인정하였지만, 정부의 지도나 법률의 힘으로 그것을 만드는 일은 옳지 않다고 생각하였다. 결국 19세기에 접어들어 민간단체의 전국적인 학회가 설립되었다. 따라서 미국의 학회는 유럽의 그것과는 다르게 거의 조잡하고 개방적이었다. 반면 유럽에서는 왕이나 중앙 정부가 학회에 권위를 주었다.

미국에서 과학과 기술의 근대화와 전문화는 19세기 말에 이르러 정착되었다. 화학회가 1876년에, 수학회가 1888년에, 물리학회가 1899년에, 광산학회가 1871년에, 기계학회가 1880년에, 전기학회가 1884년에, 화학공학회가 1908년에 완성되었다. 특히 화학공학회는 미국에서 처음으로 조직된 것으로 어느 면에서나 선진성을 갖추고 있었다. 이러한 학회는 유럽과 달리 거의 민간단체가 설립하였다.

한편 미국의 대학들은 뜻밖에도 학회의 활동에 비하여 발전하지 못하였다. 콜롬비아대학의 전체 학생은 1820년 135명에서 1850년에 111명으로 줄었고, 1863년에 겨우 186명으로 늘어났다. 프린스턴대학은 전체 학생이 1845년에 95명, 가장 큰 예일대학은 394명으로 학생수가 적어 재정상태가 취약하였으며 교수 또한 적었다.

남북전쟁을 전후로 산업자본이 급격히 발전하면서 점차 대학에 이공학부가 설립되었다. 하버드대학이 1847년에 로렌스 과학학교를, 예일대학이 1863년에 쉐필드 과학학교를 발족시켰으며, 예일대학이 1852년에, MIT가 1861년에, 프린스턴대학이 1873년에 각각 공과대학을 발족시켰다. 특히 이 무렵 강철산업은 농업기계와 철도의 발전으로 미국 산업의 핵심이었고, 따라서 철광석, 석탄 등 광산업이 활발하였다. 강철산업에 이어 석유산업 분야도 급속히 발전하였다. 더욱이 석유자본은 일찍이 세계적인 독점 기반을 구축하였다. 결국 이러한 배경을 토대로 이공계 학부가 만들어졌고, 미국의 대학은 외부 자본의 도입으로 연구와 교육의 중심지가 되었다.

국립과학아카데미와 스미소니언 연구소

미국 정부는 산업화가 일어나기 전에는 과학을 정책에 거의 반영하지 않았다. 그러나 남북전쟁 후 과학 분야에서 큰 변화가 일어났다. 과학은 전문화되어 갔고, 과학자는 정치가나 행정가와 분명히 다른 직업이었다. 각 주의 정부는 남북전쟁 초반부터 과학적 권고를 널리 받아들이기 시작하면서 과학이 앞으로 널리 응용될 수 있는 기초를 수립하였다. 1863년 연방회의는 국립과학아카데미(NAS)를 설립하였다. NAS는 정부의 요청에 따라 여러 과학 분야의 연구를 수행하는 과학자들의 자치 기관이었다. 더욱이 북군의 승리로 과학은 큰 자극을 받았다.

이 무렵에 창립된 스미소니언 연구소(Smithonian Institute)는 진보한 연구소로, 미국 연구소 중 가장 역사가 깊은 연구소이다. 이 연구소는 국민들의 지식을 증진하고 확대하기 위하여, 영국의 화학자이자 광물학자인 스미소니언의 기부금을 바탕으로 1846년 워싱턴에 설립되었다. 독창적인 연구를 수행하고, 연구 가치가 있는 문제를 연구하고 출판하는 데 그의 설립 목적이 있었다. 이 연구소는 중요한 과학사업안을 기획하기 위하여 많은 기관을 설치하였다. 기상국, 민속국, 천체물리학관측소, 국립동물원 등이 그것이다. 또한 대도서관에 15만 권의 장서와 모든 과학잡지를 갖추고 연구자들의 편의를 최대한 도모하고 있다.

6. 근대 러시아의 과학 연구체제

제국과학아카데미

러시아는 서유럽에서 멀리 떨어진 후진 국가로 18세기 초반까지 과학의 진공지대였다. 피요트르 대제는 러시아의 근대화를 결심하여 많은 외국인 전문가를 초청하고, 젊고 우수한 사람들을 유럽에 유학시켰다. 그도 젊은 시절 신분을 감추고 네덜란드에 수년 동안 유학하였다.

피요트르 대제는 제국과학아카데미(지금의 러시아과학아카데미), 피터스버그대학, 기타 과학연구기관을 설립하였다. 제국과학아카데미는 라이프니츠의 충고와 피요트르 대제의 군국주의적 공업화 정책에 힘입어 1725년에 창립되었다. 이 연구소는 실험과학과 수학연구의 중심지로 특히 러시아 자원을 탐사하였다. 화학자 로마노소프(M. V.

Lomonosov)는 1764년 말 그가 기초한 학회 규약에서, 회원은 의무적으로 전공뿐 아니라 관련 과학에 통달해야 한다고 주장하였다. 예를 들어 물리학자는 화학, 해부학, 식물학도 알아야 하는데, 그것은 여러 현상의 물리적 원인을 설명하는 데 도움이 되기 때문이라고 하였다. 또한 그는 1755년 모스크바대학을 창립하였는데, 그 후 러시아 과학연구의 중심지는 주로 각 대학이었다. 러시아는 언제나 유럽, 특히 독일과 네덜란드의 과학 연구체제를 모방하였다.

그러나 피요트르 대제의 개혁에는 커다란 결함이 있었다. 개혁은 국가에 바탕을 두고 위에서부터 시행되었으므로 자연스러운 발전을 방해하였다. 피요트르 대제는 오랜 기간의 발전에서 얻은 서유럽의 과학을 준비가 안 된 러시아의 과학에 그대로 이식하려 하였다. 사실상 러시아 사회의 상류층은 근대화되었지만 하류층은 조금도 변하지 않았으며, 개혁 또한 철저하지 못하였다.

외국인 과학자의 초빙

피요트르 대제와 그의 후계자인 에카테리아 2세의 치세로 유럽 여러 나라에 뒤지지 않는 지식층이 등장하였다. 그리고 러시아의 과학은 세계적 수준에 다달았다. 외국인 과학자들은 뛰어난 연구조건과 높은 보수로 초빙되어 이것에 큰 공헌을 하였다. 18세기와 19세기 초반에 러시아의 역사 속에서 외국인의 이름이 많이 보이는 것은 이 때문이다. 외국인 과학자들은 거의 러시아에 영주하였다. 당시 서유럽에서는 지금과는 달리 러시아로의 두뇌 유출이 심하였다. 18세기에 만들어진 과학연구와 교육제도는 몇 번의 개혁을 거쳐 지금에 이르렀고, 이러한 제도는 당시 모범시 된 독일의 제도에 매우 가까웠다.

언제나 그랬듯이 러시아는 정부 주도로 개혁을 시작하였다. 1845

년에 즉위한 알렉산더 2세는 러시아 황제 중 가장 확고한 신념을 지 닌 자유주의자였다. 그가 착수한 여러 개혁은 피요트르 대제의 개혁 이상으로 러시아의 모습을 바꾸는 '위대한 개혁'으로 불려졌다. 그러 나 러시아는 이 개혁을 택하지 않았다. 러시아의 인텔리겐챠는 이 개 혁에 적대감을 품고 반대하였다. 결국 알렉산더 2세는 테러리스트에 의하여 참혹하게 죽었고, 러시아는 1917년 혁명으로 크게 달라졌다.

Ⅲ. 유럽3국의 과학정책과 연구체제

1. 영국의 과학정책과 연구체제

세계대전과 과학동원체제

1914년 6월 28일 발칸반도의 일각에서 발생한 테러는 사건의 배후에 있던 독일을 중심으로 한 3국 협상과, 영국을 중심으로 한 3국 동맹의 대립에서 비롯되었다. 결국 이 사건은 제1차 세계대전으로 확대되었다. 이 대전으로 유럽의 여러 자본주의 국가들은 국가 권력을 동원하여 예비역을 훈련시키고 장비를 강화하였으며, 뿐만 아니라 과학기술의 교육제도와 연구체제 등을 개편하였다. 게다가 전쟁이 오래계속되자 그 규모를 확대하고, 전쟁의 성격에 여러 가지 새로운 요소를 더하였다. 그 예로 이른바 자원 문제가 제기되었고, 새로운 무기인전차, 항공기, 잠수함, 독가스 등이 등장하였으며, 기존의 대포, 기관총, 소총 등의 성능이 현저히 향상하였다.

제1차 세계대전 당시 독일은 과학기술 분야에서 앞서 있었고 과학기술을 무기개발에 적극적으로 활용하였다. 더욱이 무기나 염료 등독일에 크게 의존하던 여러 교전 국가들은 전쟁이 일어남과 동시에자신들의 과학기술이 낙후함을 안타깝게 생각하였고, 독일의 독가스나 잠수함과 같은 신무기에 대한 위협을 아주 강하게 느꼈다. 그러나당시 각 국가는 과학기술의 전시동원체제는 매우 미약하였다. 각국은과학기술자까지도 일반 사병으로 전선에 동원하였고, 후에 이들을 불러들이는 소동까지 벌어졌다.

1916년 8월 존무전투에서 패한 독일은 무기 산업에 과학기술을 동원할 것을 고려하였다. 독일 육군성은 공업의 전시 편성을 위하여 연구자들을 모아 고문부를 설치하여, 이어 전시국을 설치하고 그곳에연구를 집중시켰다. 그리고 군부는 대학 연구의 동원을 독촉하고 특히 카이저 빌헬름 협회의 확장과 신설을 서둘렀다.

독일의 과학기술의 동원은 영국과 미국처럼 국가체제를 구축하지는 못하였다. 그러나 독일에는 이미 카르텔이 전국적으로 형성되고 그것이 하나가 되어 전시협력체제를 형성하고 있었다. 게다가 국가에서 설립한 각종 전시 회사가 더해져 국가의 전시동원체제를 정비해 갔으므로 새로 특별한 국가체제를 구축할 필요가 없었다. 제1차 세계대전은 최초의 과학기술전인데, 독일은 다른 교전국들보다 앞서 과학기술을 전쟁에 동원하였다.

이처럼 군사 목적의 과학기술의 연구개발과 이를 지지하는 군수산업, 그리고 여러 분야에서 국가 연구체제의 의의와 중요성이 명확하게 드러났다. 결국 각국은 제1차 세계대전 당시 여러 분야에 과학기술을 동원하고 과학기술 연구체제를 정비하였다.

제1차 세계대전 이후 영원한 평화의 실현은 쉽지 않았다. 대전 직후부터 여러 제국주의 국가 사이의 갈등으로 평화는 더욱 어려웠다. 일찍이 평화가 회복되는 중에 이탈리아에서는 파시즘이 대두하였고, 세계 대공황을 계기로 독일에서는 나치즘이, 일본에서는 군국주의가 대두하여 위기는 한층 더해 갔다.

더욱이 나치 독일이 베르사이유 조약을 일방적으로 파기하고, 군비를 재정비하여 동방으로 진출하였다. 이것은 제2차 세계대전의 직접적인 계기가 되었다. 독일은 1939년 9월 1일 폴란드를 침공하였고, 영국과 프랑스는 9월 3일에 대독일 선전포고를 하면서 드디어 제2차 세계대전이 시작되었다. 제1차 세계대전과 마찬가지로 제2차 세계대전 역시 전시동원은 과학기술에까지 미치기 시작하였다.

이처럼 두 번에 걸친 세계대전으로 그 영향은 여러 분야에서 나타났다. 전시의 과학기술체제의 출현으로 과학기술이 진보하였고, 한편 이를 강화하면서 사회와 경제가 발전하였다. 특히 국가의 과학기술 동원체계를 경험한 나라에서는 과학기술 동원체제를 좀처럼 풀지 않았다.

과학정책의 형성과 전개

제1차 세계대전과 그 이후 영국에서 전시 동원체제가 본격화되는 데는 상당한 시간이 걸렸다. 그러나 전시회의가 내각에 설치되면서 전시 동원체제는 급속도로 강화되기 시작하였다. 1916년 5월 공군국이 종래의 육해군에서 떨어져 나와 설치되면서 항공기의 개발과 생산에 착수하였다. 그 사이 기술자문위원회가 설치되고 중요한 기술문제를 심의하기에 이르렀다. 그리고 그 아래 국립물리연구소를 두어 공학 연구를 전담시켰다. 또한 육군성은 대포나 전차에 대한 많은 연구를 국립물리연구소에 위탁하였다. 그러나 전쟁 초기에 영국의 전시 동원은 무기와 인적 자원이 한정되어 국가는 과학기술의 연구체제를 전체적으로 정비하지 못하였다.

한편 대전의 발발과 함께 독일의 과학기술의 위협에 대한 문제가 영국의회와 학회에서 거론되었고, 개전 3주 후 상무성에 홀데인 위원회가 설치되어 대책을 강구하였다. 이 위원회는 1915년 6월 과학과 공업연구 계획서를 의회에 제출하였다. 7월 28일 긴급칙령으로 추밀원에 과학기술연구위원회가 설치되고, 그 아래 과학기술연구자문회의가 설치되어 특정 부문이나 공업에 영향을 미칠 연구조직과 그의 추진 등을 계획하고 이를 권고하였다. 그러나 행정기관으로서의 조치가 취해지지 않았으므로 1916년 12월 의회에 책임을 지는 과학기술연구청(DSIR)을 설치하였다.

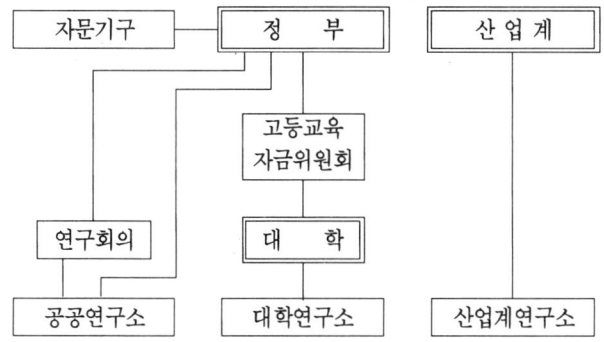

〈그림 1〉 영국의 과학기술 체제(자료 : STEPI)

한편으로 1915년 긴급칙령으로 추밀원 위원회 아래 집행위원회, 연료연구회, 식량조사회 등이 설치되고 당면한 여러 문제의 연구에 착수하였다. 그러나 최초의 전시 동원체제는 그 연구가 군부의 관할에 있었고, 오로지 군수품이나 식량 문제에 한정되어 있었다. 공군국(후에 공군성)이나 육군성 등이 그 산하에 흡수된 국립물리연구소를 관리하였다. 동시에 연구조합(RA)의 설치를 계획하는 등 국가차원에서 과학기술동원에 점차 열을 올렸다.

DSIR이 평시체제로 전환될 즈음인 1918년부터 예정되었던 직속연구기관으로 연료연구소가 1919년에 창설되었고, 1920년에 국립물리연구소와 지질조사소의 이전으로 그 위상이 높아졌다. 특히 과학정책의 수립, 대학과 대학생에 대한 연구지원, 연구조합의 원조, 부속 연구기관의 4개 주요 소관 사업의 기초를 굳혔다. 또 1920년에 군 관계의 대표자까지 포함된 연구조정 기능을 맡은 연구통합국이 설치되어 국가의 과학기술 진흥의 중추기관으로 거듭났다(그 후 연구통합국은 폐지되었다). 이렇게 하여 국가의 과학 동원체계는 점차 정착되어 갔다.

영국은 공군의 확장을 시작으로 군비확장계획을 실시하였다. 1936

년에 수립된 신국방계획과 군수생산 확충계획이 발표된 이듬해부터 이 계획이 실시되었다. 대전이 일어난 그해 4월에 군수성이 설치되고, 국방법이 8월에 제정되어 과학기술의 연구활동이 강화되었다. 그리고 군사 부문의 연구비가 급증하기 시작하였다. 특히 제1차 세계대전의 경험을 바탕으로 제2차 세계대전 직전에 과학자의 징병을 면제하여 필요한 인재를 확보하고, 이들을 연구 시설에 머물게 하여 연구를 계속하고 협력을 유지하는 데 노력하였다.

전쟁을 위한 여러 과학기술체제는 국내체제의 강화와 더불어 본격적으로 정비되었다. 그 정비는 처칠 내각이 조직될 때인 1940년 5월부터 시작되었다. 10월에 내각 직속의 과학자문위원회(ACS)를 신설하고 과학기술연구의 중추기관으로서 역할을 하였다. 이를 통하여 민간과 각 성간의 협력이 촉진되는 한편, 홍보 활동이나 인재의 축적 등 인적 동원에까지 관여하였다. 또한 과학연구의 공공화를 촉진하고 군사기술에 대한 응용을 위하여 과학연구기술개발자문회의가 설치되었다. 그리고 그 산하에 분야별 위원회를 두었다.

많은 과학자들이 과학동원체제에 합류하였다. 항공성의 과학조사위원회, 이른바 디서드 위원회에 물리학자 브래킷(P. M. S. Blackett)이 위원으로 참여하여 레이더와 작전연구(Operational Research)의 개발에 공헌하였다. 역시 물리학자인 버널(J. D. Bernal)은 내무성과 항공성의 고문으로 방공대책에 종사하였다. 또한 국립물리연구소를 중심으로 많은 군사 연구가 진행되었다. 도로연구소는 건축연구소와 협력하여 방위 연구를 중심으로 폭격 효과의 연구, 대형 비행장의 설계 등에 참여하였다.

특히 중요한 것은 1940년 초에 공군성과 항공기 생산성 아래에 원자력 개발을 위한 위원회가 설립되고, DSIR이 연구 책임을 맡아

1941년부터 연구를 추진하였다. 원자력 연구는 1945년 12월에 공군성으로 옮겨지고 그곳에서 원자력 연구개발을 계획하고, 이듬해에 원자력법이 제정되었다. 어쨌든 영국에서 국가 과학기술의 연구활동은 비교적 일찍부터 원만하게 진전되었고, 미국과의 협력은 "과학정보의 교환 초기 단계에서 영국은 받는 것보다 주는 것이 많았다."라고 말할 정도로 빠른 속도로 발전하였다.

제2차 세계대전과 그 이후　제2차 세계대전이 끝나고 부흥기에 접어든 영국 정부는 과학기술 체제 면에서 DSIR의 여러 활동을 검토하기 시작하고, 1944년 10월에 보고서를 내놓았다. 정부는 이 보고서에서 소규모 공장에서의 과학연구의 실시, 과학지식의 보급, 신구 특별 부문의 활동강화, 사회과학의 문제 등을 지적하였다. 그 후 RA 정책을 수정하여 연구기관을 신설하며, 본부에 정보부와 해외연락부를 설치하는 등 구체화되었다.

교육에 대해서도 특별위원회가 설치되었다. 1944년 4월 보고서는 "대영제국은 공업국으로서 현재 위기에 직면해 있으며, 이것은 요컨대 교육의 결함에 있다."라고 지적하였다. 또한 그 내용은 전시 과학기술의 중요성에 대한 인식을 반영한 것으로 전시내각은 당시 설치된 ACS를 1947년에 개조하였다. 비군사 면에는 자문기관인 과학정책자문회의(ACSP)를, 군사 면에는 국방장관의 자문기관인 국방연구정책위원회(DRPC)를 설치하여 평시체제로 돌려놓았다.

영국은 연구개발에는 뛰어났지만, 그 연구개발의 성과를 신제품으로 생산하는 일에는 별로 뛰어나지 않았다. 1949년 상무성이 관할하는 국립연구개발공사(NRDC)는 대학이나 연구소 등이 연구해 온 발견과 발명을 생산 또는 생산과정의 기술과 결합하는 일을 맡았다. 그리고 그것들이 수지 타산이 있다고 판단될 경우에 융자제도에 따라 필요한 자금을 원자력과 국제관계를 제외한 모든 기술 분야에 지급하였다.

영국은 일찍이 인적 자원에 대한 대책을 세웠다. 전쟁 직후 인적 자원의 문제가 생겨 1952년 과학인재위원회는 과학자의 공급 부족을 보충하거나 질의 개선을 권고하고, 산업계 자신도 1955년에 인적 자원의 부족에 대하여 정부에 강력하게 요청하였다. 그리고 같은 해 4월 재검토를 위한 조사위원이 임명되고 10월에 개혁안을 꾸며 보고서를 제출하였다. 한편 이튼 수상의 연설에 이어 산업계의 요청을 대폭 받아들인 교육개혁을 내용으로 하는 『기술교육백서』가 발표되었다. 과학인재위원회도 보고서 『영국의 과학기술 인재』를 발표하여 과학기술 교육의 대폭적인 개혁에 착수하였다. 정부는 이를 받아들이고 동시에 DSIR의 재정립 과정에서 ACSP를 폐지하고, 보다 강력한 과학기술연구회의(STRC)를 설치하였다.

영국은 1956년 과학성 법에 따라 과학성을 신설하였다. 추밀원 의장의 책임을 과학성에 옮겨 STRC를 그의 자문기관으로 하고, 국방관계를 제외한 국가의 과학기술 진흥의 종합과 조정을 담당하였다. 1954년부터 장기계획이 정착되고, 제2차 5개년 계획(1959~64)이 수립되어 연구기관을 확충하고, 장학금의 증대, 인적 자원의 증대 등을 적극 추진하였다. 그리고 과학기술의 급속한 진보와 함께 불확정 요소가 예상되어 매년 계획을 검토하고 계획기간을 1년씩 연장하였다. 특히 4~5년 앞의 계획에 대하여 예상을 계산하는 '탄력적 5개년 계획'(Rolling 5 Years Forecast) 방식이 1960년부터 채용되었다.

영국은 1961년 2월 로빈슨 경을 회장으로 고등교육위원회를, 다음 해 1962년 3월 트렌스 경을 위원장으로 과학기술행정기구 조사위원회를 발족시켜 본격적인 과학행정의 개편을 시작하였다. 교육과학성(DES)이 1964년 4월에 신설되고 DSIR은 그 산하로 들어갔다. 이것은 영국 과학기술 체제의 본격적인 재편성을 상징하는 개혁이었다.

1961년부터 1964년 사이에 과학정책은 보수당과 노동당의 쟁점에서부터 부각되었다. 양당의 공식 견해 때문에 보수당 내각의 과학담당 장관인 헤일샴 경과 윌슨 노동당 당수의 논쟁이 있었다. 1963년 9월 노동당 대회에서 윌슨은 『영국 노동당과 과학혁명』이라는 기조연설을 하고, '과학혁명'이 사회 체제의 변혁의 기초가 되고 있다고 강조하였다.

노동당 내각의 출범으로 과학기술의 국가기구가 대폭 재편성되었다. 과학기술법의 제정으로 1965년 3월 기술성이 설치되고 50년 역사의 DSIR이 폐지되었다. 그리고 ACSP 대신 과학정책위원회(CSP)가 설립되어 연구회의(RC)들에 대한 자원 분배에 대하여 자문하였다. 이와 함께 중앙과학기술자문회의(CACST)가 내각에 대한 자문을 담당하기 위하여 1966년에 탄생하였다. 특히 노동당 내각은 공약대로 군사비 삭감에 힘을 쏟았고, 그 결과 이 분야의 연구개발비도 점점 감소되어 정부지출 비중이 적어졌다.

이렇게 영국의 과학기술 행정조직과 기구는 기본적으로 각 주요 부처별로 분산화되고 분권화된 골격을 갖추었다. 영국의 과학기술 연구개발은 산업성, 국방성, 에너지성, 농업·어업·식량성 등이 추진하였고, 이러한 관계 기관을 돕기 위하여 다수의 각종 자문위원회가 넓은 분야의 행정조직의 정책결정에 깊이 관여하고 있다.

그러나 과학기술 행정조직과 기구는 1981년과 1986년 두 차례 상원의 건의로 총리 직할체제로 바뀌어 이전보다 다소 강력하고 중앙집권적인 성격을 띠기 시작하였다. 즉 1987년부터 총리 주도로 장관들은 과학기술 분야의 '우선순위'를 협의하였고, 총리를 자문하기 위한 과학기술자문위원회(ACOST)를 설립하였다. 또한 이에 앞서 1986년에 수석과학고문(Chief Scientific Advisor)이 총리를 보좌하기 위하여 임명된 바 있다.

한편 RC가 1992년 4월에 개편되어 DES 산하에서 과학기술국(OST) 산하로 이관되면서 5개에서 7개로 개편되었다. 과학기술국은 현재 영국에서 과학기술행정 관련 조직과 기구의 중추를 이루고 있다.

최근 영국은 산업경쟁력을 강화하기 위하여 1995년 5월 기술예측 프로그램을 포함한 『장래 전망 1995』를 발표하였다. 이 기술예측 프로그램에서 밝혀진 연구개발 과제는 민·관 공동 실시, 중소기업의 기술개발 지원, 그리고 기초적·전략적 연구와 산업의 틈을 메우기 위한 산·학·관의 공동 연구 등이다. 또 정부의 과학기술정책을 산업정책과 하나로 묶고, 1995년 7월 과학기술과 산업의 연대를 강화하기 위하여 내각의 OST를 무역산업성(DTI)으로 이관하였다.

과학정책 관련기관　　DSIR은 과거 영국의 과학기술행정기구를 대표한다. 이미 설명한 바와 같이 이 기관은 1916년에 추밀원 과학기술연구위원회를 모체로 발족하였고, 15개의 국립연구소를 산하에 두고 산업계와 대학의 연구를 조정하는 가장 큰 과학 행정기관이었다. 그 기능은 주로 과학이나 기술의 조직적인 연구와 그 결과를 보급하는 일이다. 따라서 1) 대학이나 전문학교, 기타 여러 기관의 연구를 조성하며, 2) 산업의 발전과 관련 있는 발명과 연구를 위한 여러 기관을 설립하며, 3) 과학기술을 실용화하는 연구를 조성하며, 4) 과학기술의 대학원 교육을 장려하고 조성하였다.

설립 당시 DSIR은 자문위원회를 구성하고 신규 연구계획에 착수하

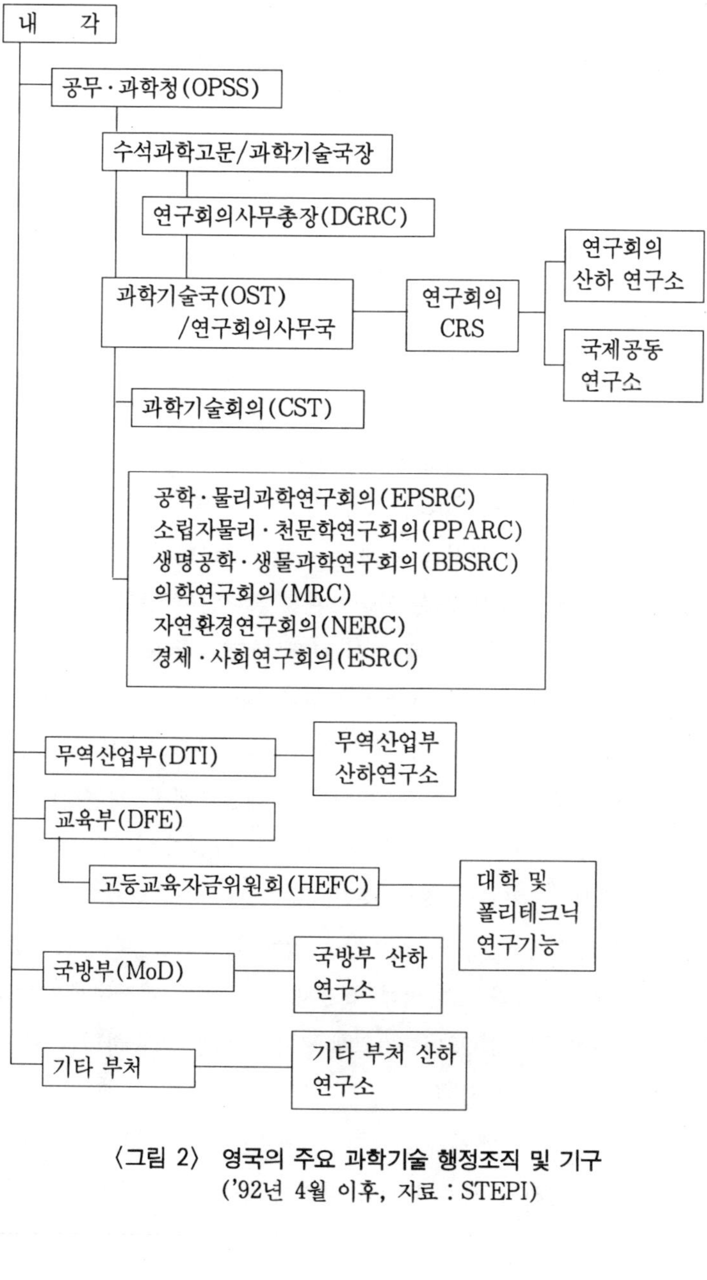

〈그림 2〉 **영국의 주요 과학기술 행정조직 및 기구**
('92년 4월 이후, 자료 : STEPI)

였지만, 전선에 과학자가 동원되어 대학이나 연구소에서 연구할 사람이 없었다. 그 때문에 생각만큼 활동이 확대되지 않았다. 또한 주력이 공업생산의 연구개발에 한정되어 있었다. 이 체제는 경험이 거의 없었지만, 전쟁이라는 특수조건 하에서 DSIR은 뒤늦게나마 공업연구나 무기의 연구개발에서 어느 정도 성과를 올렸다(1965년 폐지되었다).

DES는 기초과학과 교육의 전문 부서로서 과학연구회의, 의학연구회의, 농업연구회의, 자연환경회의를 관할하였다. 그리고 구 대장성의 대학보조금위원회를 흡수하여 대학 재정을 한 곳에서 관리하였고, 교육과학성과 기술성이 비군사 부문인 인재 양성을 맡았다. 전자는 교육과 기초과학을, 후자는 기술개발을 담당하였다.

또한 기술성(DT)은 DSIR의 소속 연구기관, 교육과학성의 원자력공사, 상무성 연구개발공사를 인계받아 발족하였다. 또한 1966년에 항공성이 해체되어 이 성 소속 연구기관을 흡수하여 종합적인 연구개발 기관의 담당부서로서 동시에 거의 모든 제조 부문을 장악하였다.

지난 1992년 4월 총선의 승리 이후 2기째로 접어든 메이저 총리의 보수당 정권은 그 동안 추진해 왔던 과학기술정책을 재검토한 뒤, 과학기술국(OST)을 중심으로 한 과학기술 행정체제를 재편성하였다. 이 체제는 이전까지의 체제와 상당한 차이가 있었다. OST는 과학기술의 예산 책정, 부처간의 협력 증진, 부처간의 중복과제의 조정 등 업무를 맡았고, 『백서』에 제시된 각종 정책의 실현을 책임지는 중추기관으로서 자리잡았다. 그 밖에 행정체제의 개편 과정에서 폐지된 ACOST를 대신하여 1993년 10월에 신설된 과학기술회의(CST)도 과학기술국 산하로 들어왔다.

OST를 과학장관이 책임지고 있지만, 실제로 수석과학고문이 이 기구의 운영을 담당하는 책임자이다. 이전에 수석과학고문이 관장하던 과학기술평가국(STAO)도 과학기술국에 포함되었다. 이 밖에 과학기술국은 과학기술자문위원회와 연구회의자문위원회의 두 자문기구를 관장하는 동시에 과학예산, 왕립학회와 왕립공학회 두 단체를 관할하고, 과학기술백서 발간 등을 책임지고 있다.

대학자금위원회(UFC)는 DES(현재는 교육부로 축소됨)에서 예산을 받아, 영국 내 대학들의 교육과 연구활동을 지원해 왔다. 지난 90년부터 지원받는 대학들에 대한 지원금 규모와 평가기준, 특히 교육과 연구활동에 어느 정도의 비율로 반영되었는가를 통보하고 있다. 물론 지원금을 교육과 연구활동에 각각 얼마씩 배정할 것인가는 대학의 소관으로 남아 있다. UFC가 지원하는 자금은 대학 인력의 전반적인 연구활동의 수준을 향상시키는 데 투입되고, 각 대학에 설립되어 있는 분야별 연구소들의 연구활동을 지원하는 데에도 사용된다. 한편 폴리테크닉 자금위원회(PCFC)는 1988년부터 폴리테크닉과 단과대학에 대한 자금지원을 담당하고 있다. 1991년 현재 PCFC 예산 규모는 3,000만 파운드이다.

연구회의(RC)

RC는 처음에 5개 분야로 설치된 기구로서 왕실의 특허장에 기초하여 설립된 특수법인이다. 반자치적인 성격을 지닌 RC는 각 분야의 과학연구를 추진, 대학의 연구시설과 연구, 교육에 대한 자금 지원, 대학 졸업 후의 교육, 대학교육 수준의 유지, 정부 부처와 민간기업에 대한 계약위탁연구를 목적으로 창설되었다. RC는 처음에 DES의 관할에 있었지만 독립성이 강한 학술진흥기관이다. 그러나 1992년 4월의 개편으로 DES의 산하에서 OST 산하로 이관되면서 5개 분야에서 7개 분야로 개편되었다. RC의 예산은 OST가 분배하는 예산과 다른 부처의 위탁연구비에 의존하고 있다.

RC 중 의학연구회의(MRC)는 1913년에 RC 가운데 제일 먼저 설립되었다(1920년 명칭 변경). 개편 전이나 후에도 두번째로 규모가 큰 회의이다. 이 회의는 육체적, 정신적 건강을 개선하고 연구의 기본적 능력을 유지하며, 고등교육을 지원하기 위한 생물학의 발전을 목표로 설립되었다. 주된 기능은 인간의 건강을 향상시키고, 이를 위하여 산하연구소를 통한 연구를 수행하는 한편, 의과대학 등의 연구에도 지원하고 있다.

자연환경연구회의(NERC)는 1965년에 설립되었다. 인간의 자연환경과 그 자원에 관계되는 물리·생물 과학의 연구를 지원하고 계획하며 이것을 실시하고 있다. 주로 남극관측사업을 관장해 왔으나, 1994년 4월 연구회의의 조직개편에 따라 과학공학연구회의(SERC)에서 지구관측·대기화학·고고학 분야 등을 위임받아 새로운 연구체제를 갖추었다. 주로 자연환경에 대한 이해를 증진시키고 환경변화의 과정과 영향에 대한 이해를 도모하며, 자체 연구소와 대학, 기타 고등교육기관들에 대한 연구비·장학금·기타 지원 프로그램으로 연구와 교육훈련 활동을 지원하고 있다.

경제·사회연구회의(ESRC)는 1965년에 설립되어 인간의 사고와 행동의 연구, 그리고 인간의 사회적 역할 분석에 관한 연구를 하고 있다. 또 경제학, 교육, 민족 관계, 산업 관계, 경영, 사회 행정, 심리학, 경제적·사회적 역사, 사회인류학의 영역을 관장하고 있다. 그리고 이와 같은 다양한 분야의 연구와 훈련을 위하여 대학과 폴리테크닉, 그리고 민영연구기관 등을 지원하고 있다.

생명공학·생물과학연구회의(BBSRC)의 모체는 1931년에 설립된 농업연구회(ARC)로 8개의 연구소와 11개의 연구 유니트를 감독하고 있다. 그리고 시설 유니트는 동물의 질병, 동·식물의 생리학, 번식, 가축, 잡초의 제거, 식량과 식육에 관한 연구를 추진해 왔다. 최근에는 생명체계에 대한 이해와 응용에 관련된 기초·전략·응용연구, 박사과정 학생의 훈련과 지원, 농업·화학·식품·건강·의약 등 생명공학 관련 수요자의 요구에 부응된 과학기술자의 공급, 생명공학과 생물학 분야에 대한 자문, 지식전파·대국민 홍보를 목적으로 1994년 4월에 개편되었다.

과학공학연구회의(SERC)는 1965년에 설립된 기관으로 단일기관으로서는 최대의 연구개발 조직이다. 이 회의는 자연과학(수학, 물리, 화학 등), 공학(물질공학, 생명공학, 로봇공학 등), 천문우주, 핵물리학의 4분과로 구성되어 있다. 지난 1991~92년에는 약 4억 2,500만 파운드를 지출하여 정부의 민간 분야 연구개발 투자 가운데 15%를 차지하였다. SERC는 연구비의 예산 분배, 대학원생에 대한 장학기금의 지급 이외에 싱크로트론 방사시설, 천문대 등을 관리하고 운영하고 있다. 또한 유럽 연구기관도 지원한다. 그러나 1994년의 개편으로 SERC는 세 분야로 나뉘었다.

공학·물리과학연구회의(EPSRC)는 1994년 4월 RC의 개편에 따라 설립되었다. 공학·물리과학 분야의 우수한 기초·전략·응용연구와 대학원생의 교육훈련의 지원, 과학기술과 지식의 향상을 통한 영국의 국제경쟁력 강화와 삶의 질 향상에 기여, 공학·물리과학 분야에 대한 자문·지식 전파·대국민 홍보 등을 주요 목적으로 하고 있다.

소립자물리·천문학연구회의(PPARC)는 EPSRC와 함께 1994년 4월에 개편되면서 설립되었다. PPARC는 주로 기본 입자와 자연현상에 대한 이론적이고 실험적인 연구활동을 지원하고, 행성과 태양계에 관련된 연구활동을 지원하며, 우주과학·우주물리에 대한 연구활동

올 지원하고 있다.

이 개편을 통하여 연구회의는 종래의 '기초연구·전략적 연구·응용연구의 촉진과 지원' 기능에 더하여 새롭게 '각각의 고유 분야에서의 연구개발과 연구자에 대한 교육의 촉진과 지원' 기능을 담당하도록 요구받고 있다. 이를 통하여 영국의 산업경쟁력과 생활의 질의 향상이라는 궁극의 목표에 기여할 수 있을 것이라는 기대가 모아지고 있다.

과학정책 자문기관

왕립학회   이미 설명한 바와 같이 왕립학회는 영국에서 가장 오래된 연구소이다. 처음에는 학술연구기관으로서의 성격이 강했지만, 요즘은 학술연구에서 자문기관으로서의 성격이 점점 짙어가고 있다. 이 기관은 1) 자연과 기술에 관한 유용한 지식의 개선과 수집, 2) 그 것에 바탕한 합리적인 철학 체계의 건설 등을 임무로 하고 있다. 이 때문에 지금도 왕립학회는 영국의 국가 사업 가운데 학술에 관한 중요 사항에 대하여 정부의 자문에 부응하고 해답을 주는 일 이외에, 정부의 보조금이나 각종 자금에 의한 학술적 회합을 개최한다. 그리고 연구성과의 출판, 공적이 현저한 학자에 대한 표창, 연구자에 대한 연구보조금이나 펠로우쉽의 공여 등 많은 사업을 하고 있다.

응용연구개발자문위원회(ACARD)   이 위원회는 관계 기관 사이의 연구개발을 종합조정하기 위하여 1976년에 설립되었다. 이 위원회는 관계 각료, 산업계 대표, 과학자로 구성되며 모든 응용연구개발의 진흥, 기술의 미래개발과 응용, 이에 관련된 국제협력에 대하여 관계 장관에 조언을 하기 위한 내각의 자문기관이다.

과학기술자문위원회(ACOST)   1987년 ACARD는 단계적으로 해체되고 담당영역을 확대하여 지위를 격상시킨 ACOST로 개편되었다. 이 위원회는 수석과학고문을 보좌하며 총리에 대한 각종 답신을 하는 조직으로 1987년에 설립되었다. 이전에는 이것을 주관하는 각료가 없었기 때문에 종합적인 문제의 결정 등은 총리가 하고, 스스로 ACOST의 의장까지 맡았다. ACOST는 다른 자문위원회들과 상호 밀접한 관계를 유지하면서 연구의 우선 순위, 신개발기술의 응용 분야, 국가 전체의 활동 조정, 국제협력 관련 사항 등에 대한 조언을 담당하였다.

수석과학고문(CSA)   이는 ACARD와 함께 1976년에 설립되었다. CSA는 관계 각 성의 수석과학고문과 사무차관으로 구성되어 있다. 수석과학고문의 기본 기능은 과학기술 관련 문제와 기타 문제들의 과학기술적인 면에 대하여 총리와 내각에 자문을 제공하고 있다. 특히 정부의 과학기술 관련 투자가 경제에 올바르게 기여하고 있는가에 주의를 기울이며, 내각 차원에서 결정되어야 할 과학기술 관련 문제들을 심의하는 부처간 회의에 참석한다. 또한 CSA는 과학기술의 국제협력 문제에 대해서도 우선적인 책임을 지며, 외국에 대하여 영국을 대표한다. 1992년 4월의 조직 개편으로 수석과학고문은 새로 탄생한 OST의 국장을 겸직하게 되었다.

연구회의자문위원회(ABRC)   이 위원회는 1972년 CSP의 폐지로 1985년에 설립되었다. ABRC는 연구회의 시스템, 대학졸업자에 대한 원조, 국제무대에서의 과학활동의 고유한 균형 문제, 기초연구 연구회의 프로그램에 대한 연구자금의 할당, 다른 부처가 맡고 있는 응용과학 프로그램의 조정에 대하여 국무장관에게 조언하고 있다. 또

ABRC는 RC와 연구 이용자 사이의 긴밀한 관계를 촉진한다. 이 회원은 7개의 RC의 의장, UFC의장, RC의 업무에 관계가 깊은 부처의 상급 과학자와 대학, 산업, 왕립학회의 대표자들로 구성된다.

정부 산하 과학연구소

무역산업부(DTI) 산하 연구소　무역산업부 산하 4개의 연구소가 1990년 4월 1일부터 특수법인(Executive Agency)으로 독립하였다. 이에 따라 DTI의 직접 지원은 없어졌지만 아직까지 DTI의 위탁 연구가 연구소 예산의 절반 이상을 차지하고 있다. DTI는 자신의 정책 실시를 필요로 하는 고객의 입장에서 이들 4개의 연구소를 포함하여 다른 부처와 민간연구기관 가운데 가장 적합한 서비스를 제공하는 곳에 위탁연구를 배정하는 경쟁입찰제도를 도입하였다. 상대적으로 4개 연구소 역시 다른 부처와 민간에게 문호를 개방하여 영역 확장을 도모하고 있다.

국립화학자실험실(LGC)은 런던 교외 테딩턴에 있다. 이 실험실은 안전규제·건강·환경·소비자 문제·화학품 분류·화학 분석 등의 분야에서 행정상 문제에 대하여 주로 조언한다. 또 국립물리연구소(NPL)는 런던 교외에 LGC와 인접하여 있다. 이곳에서는 영국의 도량형 시스템과 표준화 관련 활동을 위주로 연구하며, 도량형 인정 서비스(NAMAS) 업무의 중심기관으로 지정되어 있다. 전기, 정보기술, 재료 도량형, 기계·광학계측 도량형, 양자·대기 도량형, 방사과학·음향 등 7개 분야에 대한 연구를 한다.

워렌 스프링 연구소(Warren Spring Laboratory)는 LGC, NPL과 마찬가지로 테딩턴에 있다. 이 연구소는 환경분야에 대한 연구를

주로 담당하며, 7개의 연구부가 대기오염, 물, 폐기물 처리·재활용·
토양 오염, 청정기술과 공정 효율, 공해 감소, 생물학적 처리, 화학분
석, 해양공해와 대량 투기물, 광물·금속 등의 문제 해결에 몰두하고
있다. 또한 국립공학연구소(NEL)는 글래스고에 있다. 주된 목적은
기업 서비스에서 새로운 사업이나 시장개척, 테크노파크에 의한 부지
이용, DTI 지원 등이다.

과학·공학연구회의(SERC) 산하 연구소

SERC 밑에 있는 러더퍼드-아펠튼 연구소(Rutherford-Appleton
Laboratory)는 옥스포셔에 있는 양자가속기, 펄스 중성자원과 대형
레이저 장치 등의 대형연구설비를 운영하고 있다. 주요 연구 분야는
미립자물리와 가속기, 중성자 산란, 고출력 레이저, 컴퓨터, 초전도,
저온물리학, 에너지 절약, 로봇, 천문물리학, 지구물리학, 우주 등이
며, 1,200명의 인력을 보유한 SERC 최대의 연구시설이다.

더즈베리 연구소(Daresbury Laboratory)는 워링턴에 있는데,
RAL과 마찬가지로 대형설비를 유지하며 이를 공동 이용하도록 돕고
있다. 연구 분야는 원자핵물리, 이론과 컴퓨터 과학, 싱크로트론 방사
의 3개 분야로 나뉘어져 있고, 특히 구조해석 쪽에서 많은 업적을 올
리고 있다.

브리티쉬 공학 그룹(British Technology Group, BTG)은 그 밖의
기술이전 관련기관으로서 브리티쉬 공학 그룹 국제공공 유한회사가
있다. 이것은 이전부터 영국 기술 그룹이라는 이름으로 존재했던 국
유 기관을 1992년 3월 31일에 투자가 컨소시엄에 매각되어 민영화되
었다.

BTG는 국제적인 기술이전 전문기업으로 연구개발용자, 지적소유

권, 라이선스 등 기술이전 관련 업무를 수행하고 있다. 보다 구체적으로는 1) 개인·학술기관·민간기업 등의 발명자를 위한 연구개발 자금조달에서부터 특허 취득과 타사에 대한 라이선스 공여 판매, 2) 유망한 발명의 싹을 조기에 발굴, 융자와 각종 지원에 의한 육성, 3) 기업 지적소유권의 상업적 평가와 국제적 라이선스 공여업무의 대행, 4) 특허분쟁의 법적 활동 등을 담당한다.

과학정책의 특색

공공분야에서는 영국의 연구비 가운데 약 51.7%는 국가가 부담하며, 정부 부담비 중 국방연구비는 거의 반절을 차지한다. 1975년 성격별 연구비 비율은 개발연구가 58.5%, 응용연구가 25.4%, 기초연구가 16.1%였다. 기초연구를 맡고 있는 대학의 연구비는 76% 정도가 정부지원 자금이다. 정부는 UFC를 통하는 경상 경비와 RC를 통하는 연구조성금을 통하여 대학을 보조한다. 이것은 2중 조성제도(Dual Support System)라 불리는데, 영국의 대학보조금제도의 커다란 특색이다.

한편 영국의 과학기술에 관한 정기계획과 연구개발 방식의 특색은 예산제도에서 '탄력적 5개년 계획'과 '고객-청부인'(Costume-Contractor) 제도가 거론된다. 이 '탄력적 5개년 계획'은 예산의 탄력적 운용을 시도하기 위하여 매년 수정하고, 또 다시 수정을 가하는 예산제도이다. 또 '고객-청부인' 제도는 연구비의 효율적 사용을 위하여 설치되었다. 이 원리는 고객(정부)이 연구개발에 관한 요구를 명시하고, 청부인(연구개발기관)이 그 요구를 만족하도록 실제적으로 연구개발을 하는 제도이다. 이것으로 연구의 목적과 기대되는 성과가 명확하게 되고 '고객'과 '청부인'의 협력 아래 예산 범위 안에서 목표 달성의 기초가 만들어진다.

두 제도는 대학에 대한 영국 정부의 매우 특색 있는 것으로, 전자는 대학의 연구시설에 대한 운영비를 교부하고, 후자는 연구자와 개인의 소규모 과제에 대하여 보조금을 지급하고 있다. 특히 영국은 연구비를 대부분 대학의 기초연구 분야에 할당하고 있다. 그러나 보조금 중 가율이 너무 적어서 이와 같은 2중 지원제도는 별로 효과를 거두지 못하고 수정할 단계에 와 있다.

영국의 기술개발제도의 커다란 특징으로 일찍이 상업별 공동연구가 제도화되어 RA가 발달하였다. 영국 산업의 약 55%가 이러한 전문별 RA를 설치하고 있다. 이 연구 조합은 단독으로 연구기관을 가지고 있지 않은 중소기업이 모여서 공동연구기관을 창설하려는 취지에서 비롯된 것이다. 주로 관련산업에 공통된 기초연구를 주제로 삼고 연구개발을 하고 있다.

2. 프랑스의 과학정책과 연구체제

과학정책의 형성과 전개

제1차 세계대전과 그 이후   제2차 세계대전 이전 프랑스의 연구체제에서 국가의 역할은 독일이나 영국, 그리고 미국에 비하여 매우 달랐다. 19세기 초 프랑스의 연구체제는 혁명 당시 설립된 이공대학이나 고등사범학교에서 잘 볼 수 있다. 그러나 프랑스의 연구 체제는 19세기 중엽 이후 영국보다 점점 관료화되었고, 대학은 중앙집권화가 진전되어 관료의 양성기관으로 되어 버렸다. 게다가 프랑스 자본주의는 영국과 마찬가지로 식민지에서 얻는 거액의 수익에 안일하게 의존하고 있었다. 프랑스 정부나 자본가는 19세기 말부터 20세기에 걸쳐 파스퇴르나 퀴리 부인과 같은 과학자들이 연구 환경의 개선을 위하여 꾸준히 싸워야 할 정도로 과학기술의 효용에 대하여 무관심하였다.

그러나 정부나 군부는 제1차 세계대전 당시, 프랑스가 패배한 주요 원인이 과학기술 체제가 매우 빈약하였기 때문이었다는 사실을 처음 인정하였다. 그래서 육군장관 폴 팡주에는 전쟁 당시인 1915년 정부에 발명국을 설치하였고, 전쟁이 끝나자 이것을 응용과학을 중점적으로 연구하는 국립공업연구발명국으로 개편하였다.

이렇게 하여 기술 분야는 어느 정도 모양새를 갖추었지만, 과학 분야는 여전히 아무런 진전이 없었다. 대학교수가 아닌 과학자는 제1차 세계대전이 끝난 후에도 인정받지 못하였다. 물리학자 쟝 페랑은 프랑스 과학체제의 개혁에 앞장 섰다. 정부는 드디어 그의 뜻을 받아들였다. 1901년 이후 과학연구기금(과학연구자재의 구입을 위한 보조금)이 확대 개편되고, 1930년대에 과학국가기금(CNS) 제도가 만들어져 대학에 자리가 없는 연구자들에게는 생활 보장이 약속되었다. 졸리오 퀴리(J. F. Joliot Curie)가 장학금이 끊겨 연구생활의 기반을 잃을 뻔했을 때, 그를 이 위기에서 구한 것은 발족 당시의 이 과학국가기금제도였다. 과학자들이 주도하여 '연구의 권리'의 획득에 앞장 섰고, 인민전선운동은 이를 지지하였다. 랑주번이나 졸리오 퀴리는 인민전선과 함께 프랑스 과학자의 생활권을 주장하였으며 프랑스 과학의 위상을 높이는 운동을 추진하였다. 인민전선 프랑스 총선 정부는 1936년 정권을 장악하고, 같은 해 문무성에 과학연구중앙과를 설립하였다. 그리고 전년에 설립된 과학국가기금을 과학연구국가기금으로 이름을 바꾸었다. 국가의 자연과학 연구체제는 이러한 확장된 제도와

맞물리면서 급속히 모양을 갖추기 시작하였다.

제2차 세계대전과 그 이후   이 무렵 인접 국가인 독일의 히틀러는 프랑스를 더욱 위협하였다. 프랑스를 제외한 유럽 대륙은 거의 파시즘에 항복하였다. 프랑스는 파시즘의 압력에 대항하여 연구체제를 서둘러 강화할 필요를 느꼈다. 1938년 공업연구발명국을 응용과학중앙국가기관으로 개편하고, 1939년 10월 말에는 과학연구중앙과와 응용과학연구중앙기관을 각각 기초연구부, 응용연구부로 나누고, 이 둘을 관리하는 국립과학연구소(CNRS)를 설립하였다. 프랑스 성부는 졸리오 퀴리를 총재로 위임하였다. 독일은 약 2개월 전에 이미 폴란드에 침입하여 제2차 세계대전이 시작되었다. 독일군이 프랑스를 침공하자 CNRS는 독일 점령군의 눈을 피하여 비밀리에 지하의 과학자들을 보호하였다.

프랑스 정부는 제2차 세계대전이 끝나자 전쟁으로 파괴된 각종 시설과 경제를 재건하기 위하여 강력히 과학기술을 이끌어 갔다. 특히 국방과 민생의 목적을 함께 달성할 수 있는 핵 에너지 등 이른바 전략산업 중심의 기업을 국유화하고, 연구시설의 건립에 힘을 쏟았다. 이것을 위하여 원자력청(CEA)을 설립하고, 정부 산하의 통신연구센터(CNET), 국립항공연구소(ONERA), 해외과학기술연구소(ORS-TOM), 국립농업연구소(INRA), 국립건강연구소(INH) 등을 설립하였다. 특히 과학기술 분야에서 선진 외국에 대한 상대적 낙후를 극복하기 위하여 국가의 전체 규모에서 과학기술 분야의 연구개발을 수행하도록 방향을 설정하였다. 그 결과 국가 전략 산업을 원자, 우주, 항공, 전자, 통신 분야로 정하고, 이를 달성하기 위하여 관·학·산 연구체제를 골자로 한 '대단위 기술 프로그램'(Grand Programmes Technologiques)을 수립하여 과학기술정책의 방향을 잡았다.

한편 드골 정권은 제5공화국을 출범시켜 과학체제를 본격적으로 개혁하기 시작하였다. 정치기구 자체는 중앙집권적이었지만, 연구기관이 각 성, 각 분야에 분산되어 있어서 이들의 종합적인 조정이 불가능하였다. 이것의 개선을 위하여 과학연구·기술개발 최고회의가 설립되어 활동하였다. 또 1958년 11월에 총리를 의장으로 8명의 관계 부처장관으로 구성된 과학기술연구각료회의(CIMRST)가 신설되었다. 그리고 새로운 과학기술연구 담당 장관이 임명되고, 각료회의와 자문위원회의 공동 사무국으로서 총리 직할의 과학기술연구총무청(DGRST)이 설치되었다.

1980년대에 연구개발은 규모 면에서 크게 달라졌는데, 1979∼91년 사이에 무려 75%가 상승하였다. 이것은 국가보다 기업에서 투자를 증가하였기 때문이었다. 그리고 1980년대는 행정기구의 개혁 시기로 1981년 연구기술성(MRT)과 연구기술국가회의(CNRT)가 발족되었다. 그리고 1985년 '3년 계획'(Plan Triennal)의 제정, 공공연구기관을 위한 신규 법령의 제정, 연구정책의 수립 과정에서 민간과의 공동협력, 지역적인 또는 유럽공동체적인 조직의 구성이 이루어졌다. 또한 공공연구와 산업체 사이의 상호협력 관계도 발전하였다.

1990년대는 연구와 고등교육, 기술이전, 대학의 점진적 발전, 지역공동체의 협력체제 등이 눈에 띄게 나타났다. 특히 1993년의 고등교육연구부(MESR)는 정부 차원의 원조 의지를 잘 나타내어 교육부의 고질적인 병폐가 개혁되고, 독립적이고 자치적인 교육과 연구가 병행되었다.

프랑스 정부는 1993년부터 과학기술정책에 대한 국민의 의견을 광범위하게 수렴하여 『전국토의 보고서』를 발표하였다. 이 보고서는 미미테랑 정권 초기에 프랑스 과학기술정책의 틀을 정한 것으로, 12년 동안 기본적인 것은 변경되지 않았다고 지적하면서 새로운 세계의 환경 변화를 바탕으로 한 새로운 틀을 수립할 필요가 분명히 있다고 제시하였다. 특히 프랑스의 기술기반을 강화하기 위한 1) 기초연구, 2) 사회와의 대화의 필요성, 3) 민간기업의 기술혁신, 4) 고등교육과 연구조직, 5) 지방과 유럽, 그리고 세계 등 5가지 항목에 대하여 중점적으로 검토하였다.

지금 프랑스는 국가의 대형 프로젝트에 대한 검토를 재고하고 있다. 이 프로젝트는 사회기반의 정비와 국방 분야에 기여하는 기술의 개발에 목표를 두고 있다. 그 분야는 우주개발, 민간항공기, 원자력개발, 전기통신, 국방연구 등으로 우수한 성과를 올렸다. 이 때문에 특정산업 분야에서만 연구와 투자가 계속되어 왔고, 그 성과가 다른 산업 분야에 미치는 경우가 적어 종합적인 산업기술력 향상에 공헌하지 못한 점을 지적하였다. 그리고 목표와 방법에 대한 재검토를 제안하고 있다.

프랑스 정부는 민간 연구개발의 진흥을 위한 대책을 수립하고 있다. 1970년대 말부터 민간 연구개발의 상대적 부진을 인식하기 시작하고, 연구개발을 국가정책의 우선 과제로 삼아 연구개발 투자의 확대를 추진해왔다. 이와 나란히 여러 가지 민간 연구활동에 대한 진흥책도 강구해 왔으며, 이것들은 국립공업화기관(ANVAR)이 맡아서 실시하였다.

또한 1988년에는 생명공학 등 전략적 기술 분야의 기술개발 활동에 대한 보조금 지급제도가 창설되었다. 이 제도는 기초연구를 조성하는 '기술비약제도'와 응용개발연구를 조성하는 '혁신적 대규모 프로젝트 제도' 두 가지로 구성되었다. 이것은 전략적 기술 분야가 설정되어 그 분야에 대한 민간 연구개발의 실시를 촉진하기 위하여 기업이 제안한 프로젝트에 대하여 보조금을 지급하는 제도이다.

한편 프랑스 정부는 연구개발을 담당하는 인력이 충분히 양성되지 않고 있음을 인식하여 산업계의 연구개발 인력을 양성하기 시작하였다. 따라서 연구 장려금의 지급확대와 연구 인력 양성을 위한 산업계 약제도(CIFRE)와 공급기술자육성제도(CORETECH) 등 연구자와 기술자의 양성과 채용을 위한 여러 가지 시책이 전개되고 있다. 또한 1988년에 고급기술자 육성제도가 연구 인력 양성을 위한 산업계약제도와 비슷한 제도를 만들었다. 이 제도는 소정의 자격을 지닌 젊은 기술자를 고용하려는 중소기업에 대하여 임금이나 사회보장의 일부를 1년 동안 보조하는 것이다.

같은 해에 연구자의 고용지원제도가 연구자의 채용을 희망하는 중소기업을 대상으로 발족되었다. 이 제도는 연구자를 고용한 처음 1년 동안 연구비를 50%까지 보조하는 것이다. 또한 국영기업의 민영화와 산업연구개발을 실시하고 있다. 지금까지 국영기업이 산업연구개발에 대폭 지출한 연구비를 민간기업이 맡게 되어 다른 선진국가들의 민간기업들의 연구비 수준과 비슷하게 될 것으로 예상된다.

프랑스는 연구개발 분야를 기업규모의 구조로 조정하고 있다. 이것은 독일과 비교할 경우 중소기업의 부재상태로서, 특히 제조기업의 중핵으로서 하청이 가능한 기업군이 부족하다는 것을 의미한다. 이것이 프랑스 제조기업의 최대 결함이었다. 따라서 중소기업을 지원하기 위한 몇 가지 방안이 제시되었다. ANVAR을 효율적으로 운영하고, 각종 연수제도를 이용한 기술이전을 촉진하기 위하여 기술이전센터(CRT)의 증설과 운영을 활성화하였다. 또한 중소기업의 기술개발을 지원하는 지도원제도를 장려하고 중앙 계약과 지방 계약을 중심으로 지방의 기술개발활동을 중시하였다.

프랑스 정부는 민군 겸용 기술개발의 전략을 추진하고 있다. 정부는 이것을 1993년 제11차 5개년 계획을 준비하는 과정에서 『군수산업의 장래』라는 보고서에서 밝혔다. 이것은 냉전 종식 후 군수산업의 불황과 규모 축소에 대처하기 위한 제안을 담고 있으며, 민군 겸용 기술개발에 대하여 구체적인 분야와 방법을 명시한 최초의 보고서였다.

끝으로 프랑스 정부는 공공연구소의 자회사 설립을 추진하고 있다. 프랑스의 경우 공공연구기관의 연구 결과를 상업화하려는 시도는 미국과 비교할 때 많은 대조를 이룬다. 이러한 상황에 대처하기 위하여 공공연구기관이 자회사를 설립하기 시작하였다. 이와 같이 국제경쟁에서 뒤진 프랑스는 과학기술을 연구하고 이를 산업화하기 위하여 여러 가지 제도를 마련하고 있지만, 그 성과는 바로 나타나지 않고 있다. 앞으로 그 결과가 주목된다.

과학정책 관련기관

과학기술연구각료회의(CIMRST)는 과학정책을 강력하게 추진하기 위하여 1958년 내각에 설립된 기관이다. 이는 각 관계 부처의 과학기술에 관한 재정조치(금액과 분배)나 국가가 추진해야 할 연구 주제의 결정 등 과학정책의 기획이나 정부 조정을 담당한다. CIMRST는 자문회의로서 과학이나 경제 분야의 학식 있는 경험자로 구성되는 과학기술연구자문위원회(CCRST)를 산하에 두고 있다. CCRST는 과학기술과 경제문제 전문가 16명의 위원으로 구성되어 있고, 이는 수상과 연구청 장관의 자문에 응하고 연구방향의 결정, 사업의 우선 순위, 연간 예산, 연구조직의 신설과 개조, 국제협력 등에 대하여 조언한다. 각 위원은 각료회의의 객관적인 의견을 바탕으로 개인 자격으로 선임

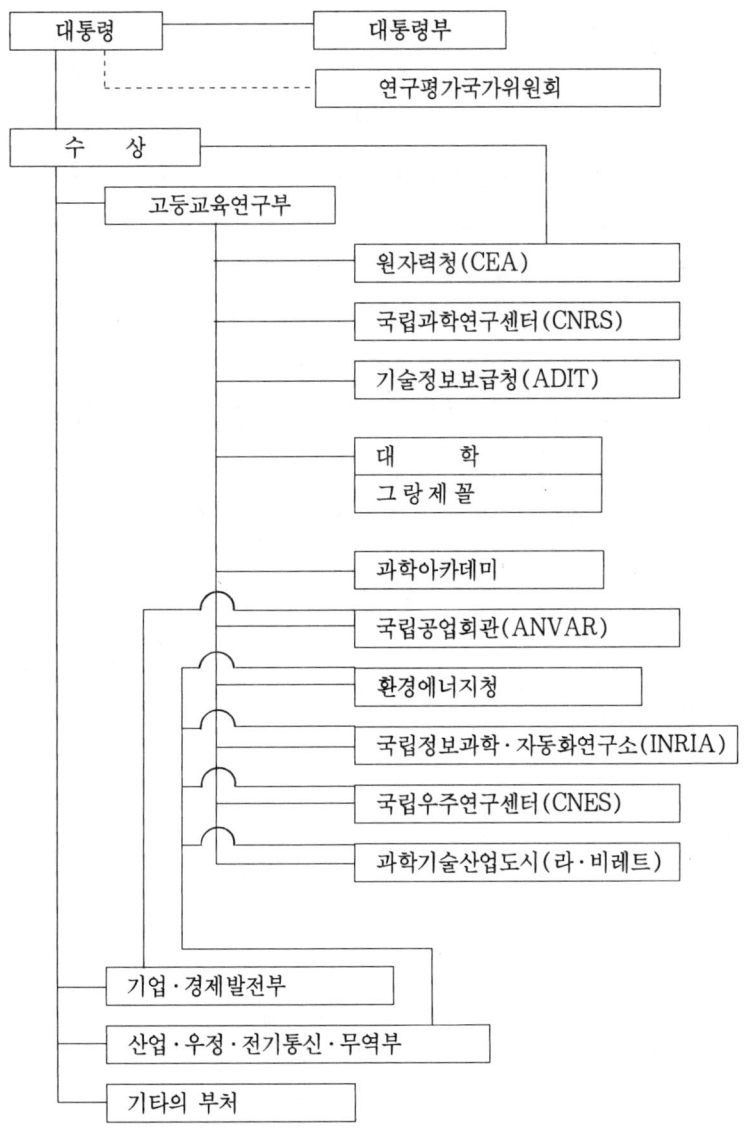

〈그림 3〉 프랑스의 과학기술 행정기구 및 공공연구기관(자료 : STEPI)

된다.

과학기술연구총무청(DGRST)은 프랑스 정부의 과학정책의 입안과 실시에 책임을 지고 있는 행정조직으로 프랑스 정부가 과학정책을 입안하는 데 핵심적인 역할을 한다. 그리고 학술 경험자의 개인 의견이 직접 행정부에 반영된다. 연구예산은 각 성의 회의에서 일괄 심의하고, 각 성간에 걸친 조정을 하는 일원적 국가조직이 형성되었다. 연구기금은 공동연구나 새로운 영역의 조성을 위하여 과학기술 연구개발기금을 계상하였다.

정부 산하 연구소

과학아카데미(Académie des Science)는 아카데미 프랑세즈 등 5개의 아카데미로 구성되는 프랑스연구소(Institut de France)의 대표적인 기구이다. 과학아카데미는 영국의 왕립학회와 역사가 비슷하다. 과학아카데미는 프랑스의 과학과 그 응용에 관한 연구의 진전을 도모하고, 각국의 아카데미와 제휴하여 연구 연락을 하며, 국제협력의 추진을 시도한다. 회원은 선거 회원, 외국인 회원으로 구성되며, 선거회원은 다음 2부문 11분과에 각각 소속되어 사업을 수행한다. 그것은 수학·물리학 부문(기하학, 역학, 천문학, 지리학, 항해학, 물리학), 화학·자연과학 부문(화학, 지질학, 식물학, 동물학, 농어촌경제학, 약학, 외과학)이다. 과학아카데미는 다른 아카데미와 마찬가지로 우수한 연구업적에 대하여 시상한다.

국립과학센터(CNRS)는 인문과학·자연과학을 망라한 기초연구의 국립기관이다. 1974년 이후 대학성(이전에는 교육성 소관)에 속하여 있었지만, 법인체로서 독립 회계를 인정받고 있다. CNRS는 138개의 부속연구소, 그리고 두 개의 국립연구소(국립천문학·지구물리학연구소, 국립핵물리학·입자물리학연구소)를 관할하고 있다.

CNRS는 모든 영역의 과학 연구를 촉진하며 지도하고 있다. 부속 연구조직의 연구 이외에 대학에 대한 연구비 분배를 책임지고, 많은 영역에 관련하는 연구활동을 조정하고 추진하는 일을 도모하고 있다. 동시에 전반적인 과학의 상황을 분석하고 그 결과를 정부에 보고한다. 특히 CNRS는 대학에서 충분히 연구할 수 없는 분야나 거액의 연구비가 필요한 분야의 연구를 맡고 있다. 이러한 의미에서 CNRS와 대학의 관계는 매우 밀접하다.

CNRS는 1) 직할연구소, 연구 그룹, 연구반 독자의 연구활동, 2) 고등연구기관 등 외부의 제휴연구소나 제휴연구반과 계약을 맺고 각종 지원활동을 한다. CNRS가 관여하고 있는 연구 영역은 현재 핵물리·입자물리학, 물리·화학, 우주공간, 해양과 대기환경, 육지환경, 수학, 정보처리와 전기통신, 생물·보건·농학의 생명과학, 인간과학, 생활규범의 개선, 인간과 물적 환경, 경제·사회 구조, 에너지, 역학과 가공처리산업, 발전도상국과의 협력 등이다.

CNRS 안에는 연구자의 국회라 말할 수 있는 국립과학연구위원회가 있다. 이 위원회는 CNRS의 과학정책에 대하여 제언하고 조언하는 위원회로서 CNRS의 과학정책의 수립에 참여하고, CNRS의 연구자와 연구시설에 관한 질적인 분석을 한다. 이 위원회에는 41개(인문·사회과학 12, 자연과학 29)의 분과가 있고, 각 분과는 26명의 위원으로 구성된다. 26명의 위원 중 선거인단, CNRS, 대학, 연구기관 등의 연구자가 16명을 선출하고, CNRS 소장의 의견을 참고하여 대학성이 5명, CNRS 소장의 의견을 존중하여 산업연구성이 나머지 5명을 선출한다.

고등과학연구소(IHES)가 1958년에 설립되었다. 주로 수학과 수리

물리학을 연구하고 있다. 이 기관은 유럽의 여러 기업들이 후원하여 설립되었다. 1963년 건물을 완성하였고, 그해부터 프랑스 정부의 후원을 받았다. 그리고 1971년부터는 유럽 여러 국가와 일본의 기부금으로 운영되고 있다. 또한 사그레 원자핵연구소(CENS)가 1949년에 설립되어 원자로공학, 핵화학, 핵물리학, 생물학, 방사능측정, 전자공학 등을 연구하고 있다. 연구소에는 2개의 고속실험로, 6개의 입자가속기를 갖추고 있다. 그리고 라우에 랑주번 연구소(ILL)는 기초 원자핵물리학, 고체물리학, 재료과학, 화학, 생물학 등을 연구한다.

과학정책의 특색

프랑스 정부의 과학기술 예산(1979년)은 포괄예산(Enveloppe Rochelche)으로 나타나 있다. 포괄예산 제도란 프랑스 예산제도의 특징으로 군사 연구, 대학 연구, 민간 항공기 지원의 특별예산을 제외하고, DGRST가 일괄 취급하여 CCRST를 거쳐 CMRST에서 검토한 다음 국회에 제출된다.

1981~85년의 제8차 경제사회개발 5개년 계획에서 장래성이 있는 기술로 공업 경쟁력을 기르기 위하여 다음 6개 분야를 전략적 공업으로 선정하고 그 진흥을 시도하였다. 그것은 1) 에너지 개발기술(원자력, 태양에너지 등), 2) 마이크로 전자공학, 3) 항공기 산업과 우주산업, 4) 해양관계 공업기술, 5) 제조업의 신공업기술(신재료 등), 6) 생명공학 분야이다.

프랑스의 연구체제는 미국, 영국, 서독에 비하여 중앙집권적이다. 이 성격은 프랑스의 행정기구와 사회구조에 따른 것으로 과학자와 관료의 전통성이나 관습에 의하여 정착되었다. 그러나 중앙행정은 강제적이라기보다 암시적인 것으로 국가의 주된 연구개발 기구는 각각 독립적으로 활동하고 있다. 특히 파리에 집중되는 것을 피하기 위하여 지방 분산화가 중요한 정책 목표로 부상하고 있다.

프랑스의 연구 체제는 국가의 목표와 공식적으로 밀접하게 결합되어 있다. 예전에는 국가 위신을 선양하는 데 그 목적을 두었으나 최근에는 경제 경쟁력의 강화에 목적을 두고 있다. 따라서 프랑스 연구 시스템은 국가의 우선 과제와 밀접하게 결합되어 있고, 프랑스 과학의 최대 대변자는 정부의 직원이므로 정부와 학계 사이에 부분적인 마찰이 생기고 있다. 결과적으로 정치가 연구체제를 결정하고 있다. 또한 국가가 산업계에 깊숙이 개입하여 1980년대에 들어서면서 산업경쟁력이 약화되었고, 제조업은 무역적자가 계속 누적되고 있다. 따라서 정부는 경기불황을 타개할 목적으로 1993년부터 기업 감세, 국영기업의 민영화 등의 관련 법안을 채택하였다.

프랑스 연구체제의 특징은 중앙정부, 공공연구소, 독점적 민간기업이 거대한 피라미드를 이루고, 정부의 재정적 지원 아래 공공시장에서 산업별로 격리된 채 운영되고 있는 점이다. 예를 들면 원자력 부문은 정부기관인 EDF(또는 DGA), 공공연구소(CEA), 독립적 대연구소(Franmatome, Alsthom)가 하나의 기술혁신 체제를 형성하고 있다. 이와 같은 형태는 엘리트 계층 충원제도 때문에 가능하며, 프랑스 고급공무원이나 연구소 소장, 대기업 간부들은 개인적인 공식, 비공식 망이 긴밀하게 연계되어 있다.

프랑스는 국제적 산업 경쟁력의 강화를 위하여 기술 향상이 필요한 주요 기술을 검토하고, 1995년 7월에 『프랑스 산업을 위한 서기 2000년의 100개 핵심 기술』이란 보고서를 마무리하였다. 이 보고서에는 생명과학, 환경, 정보 통신 등의 9개 분야 가운데 136개의 중요한 기술을 선정하고, 특히 중요한 105개의 핵심 기술의 수준을 5~

10년 동안 향상하기 위하여 노력을 집중하고 있다.

3. 독일의 과학정책과 연구체제

과학정책의 형성과 전개

제2차 세계대전 이전   19세기 초 독일은 크고 작은 여러 봉건국가로 분할되어 있었다. 그러한 독일이 반세기가 지난 19세기 중엽에 이르러 과학기술 분야에서 영국과 프랑스를 따라잡고 선두 자리를 차지하면서 선진국가들을 압도하였다. 그것은 과학기술 교육기관의 확립과 그 아래 흐르고 있던 학문의 자유와 독립적인 연구정신 때문이었다.

독일은 가장 빨리 과학기술 분야에서 국가적 규모의 조직화를 이루었다. 정부는 제1차 세계대전 당시 과학기술의 군사 동원체제를 구축했고, 전후에도 과학기술에 적극적인 관심을 기울였다. 동시에 독일 과학의 발전 과정은 독점자본이 형성되어 가는 과정과 같은 시기로서 이때 과학기술 교육기관의 확충, 실험실과 연구소의 설립 등에 대한 정부의 강력한 시책이 있었다. 그리고 과학, 공학, 기술의 계획적인 연계와 무성한 연구 정신이 독일 공업의 급속한 발전을 몰고와 독일은 자본주의 열강의 일원으로 발돋움하였다.

제국주의 단계에서 신참자로 불리한 입장에 서 있던 독일 자본은 여러 열강의 압력을 물리치고, 원료·자원의 확보와 상품시장의 확대를 위하여 안팎으로 한층 강력한 정책을 실시하였다. 석탄, 강철, 전기, 화학, 기계 등의 부문은 1890년대 중엽 이후 독일에서 가장 전형적인 산업이었다. 그 중에서도 기업의 합병이나 자본의 연합을 바탕으로 영국과 프랑스에 군사적으로 대결하기 위하여 철강산업을 강력하게 육성하였다.

독일은 국립연구소의 설립을 추진하였다. 베를린대학 창립 100주년을 기념하기 위하여 1911년에 카이저 빌헬름 협회(Kaiser Wilhelm Institut)가 설립되었다. 이 협회는 자연과학 분야 28개, 정신과학 분야 4개로 구성된 종합연구소이다. 여기에 소속된 주요한 연구소는 물리화학연구소, 전기화학연구소, 화학연구소, 인류학·인류유전학연구소, 우생학연구소, 철강연구소, 석탄연구소 등이다. 그러나 이러한 연구소들이 설립되자마자 제1차 세계대전이 일어났고, 대전 후의 극심한 인플레이션과 나치 정권의 지배에 뒤이은 제2차 세계대전으로 연구소는 폐허가 되었다.

한편 독일은 독점자본의 위기를 구하기 위하여 1920년 독일학술긴급회의를 설립하여 과학기술을 더욱 통제하였다. 1926년에는 군사물리과학연구소를 설립하여 전국 대학과 전문학교에서 비밀리에 연구하고 있던 군사기술을 이 연구소에 통합하였다. 더욱이 1933년 나치가 권력을 장악하자 히틀러는 군사물리과학연구소를 시찰하고 국가기관을 통하여 각 대학의 연구를 적극 추진할 것을 명령하였다. 그로부터 2년 후 나치는 베르사이유 조약을 파기하면서 이 연구소를 육군기술부로 정식 승격시켰다.

독일은 일찍이 전시체제를 취하였지만 과학연구의 동원체제는 거의 강화하지 않았다. 그런데 1941년 모스크바 전선에서 패하자 과학기술의 문제가 재검토되고, 슈페르의 군수상 취임과 동시에 개발위원회를 설치하도록 명령하고 적극적으로 군사연구를 추진해 나갔다. 그러나 나치의 유태계 학자 추방은 우수한 두뇌의 해외망명을 초래하였고, 결국 연구 수준의 후퇴를 몰고 왔다. 이것은 군이나 당이 계획 없이

저지른 처사의 결과였다.

독일은 제1차 세계대전의 경험을 거울삼아 항공기 개발의 강화에 중점을 두어 기존의 항공기 연구기관을 정비하고 강력한 연구체제를 갖추었다. 육군에서도 베커를 중심으로 연구체제를 재정비하였다. 하지만 일원적인 연구기관이 없었으므로 육군·공군·문부성이 각각 분담하고 있었으며, 이를 통합하기 위하여 1937년에 독일연구회의가 설립되었다. 이 회의는 대학 연구실을 포함한 전국 1,500개의 연구기관을 그 아래 두고 연구를 통제하였고, 나아가 나치의 한 조직으로까지 확대하였다. 이것은 1942년 2월 슈페르가 군수상에 취임하면서부터 본격적으로 운영되었다.

독일의 과학기술의 연구체제는 전쟁 중에 거듭 재편되었다. 1943년 6월에 겔링은 독일연구회의에 관계하고 동시에 기업에 대한 연구에도 관여하였으며, 연구진의 강화를 위하여 독일연구회의 요청에 따라 군에 동원 중인 과학기술자 5,000명의 제대를 고려하였다. 그러나 이러한 시도가 성공하기에는 이미 시간적 여유가 없었다.

어쨌든 독일은 일찍부터 전시연구의 동원체제를 구축하여 강력한 활동을 추진함으로써 동맹국 중에서 연합국에 대항할 수 있었던 유일한 국가였다. 이것은 독일의 전통적 과학기술의 잠재적 능력 때문에 가능하였다.

제2차 세계대전 이후   한편 독일의 연방제는 과학기술진흥의 여러 제도나 정책결정에 강한 영향을 미쳤다. 기초연구의 주력은 주정부의 소관으로 정하였다. 1949년 케니히슈타인 협정에서 독일의 과학정책은 미국, 영국, 프랑스처럼 주로 중앙정부가 책임지고 추진하는 것이 아니라, 연방정부와 주정부가 이를 공동으로 추진하도록 하였다.

둘 이상의 주정부가 관계하는 과학기술과 원자력 등의 거대과학은 연방정부의 소관이었다. 주정부의 권한 밖의 연구기관인 독일연구협회 (DFG), 막스 플랑크 협회(MPG) 등에 대한 각 주의 부담을 50:50으로 결정하였다. 또한 연방정부와 주정부의 조정을 위하여 연방정부에 과학연구담당성을 설치하고 각 성 사이의 조정을 겨냥해 체제의 정비에 나섰다.

1955년의 파리 조약으로 완전히 주권을 회복한 직후, 독일은 원자력을 개발하기 위하여 원자력위원회와 원자력문제성을 설치하였다. 그 후 후자는 원자력연구성으로 개편되어 우주 부문을 포함한 거대과학을 담당하였다. 반면에 일반 과학기술의 행정은 내무성 소관이었으므로, 이 둘을 통합하여 과학기술진흥의 중앙기관으로 삼았다. 그리고 1962년 말에 과학연구성을 발족시켰다.

이 시기에 독일 사회에서는 과학기술의 중요성이 그다지 널리 인식되어 있지 않았으므로 정확한 의미에서 과학기술정책은 존재하지 않았고, 과학기술과 관련된 정책 요소들이 일반 경제정책에 포함되어 운영되고 있었다. 그러나 연방원자력에너지부(BA)가 1955년에 창설되면서 이 부처에서 과학기술정책을 독립적으로 다루기 시작하였다. 동시에 이 시기에 과학심의회(WR)와 기초연구를 위한 MPG 산하 연구소들이 많이 설립되었다. 특히 원자력 연구를 중심으로 프로그램을 지원하기 시작하였다.

한편 1957년 7월 연방정부와 주정부 사이의 과학진흥정책을 조정하기 위하여 연방과 각 주 사이의 협정에 따라 과학회의가 발족하였다. 이 회의는 연방정부와 각 주정부의 권한으로 설정된 계획을 종합하여 전체적으로 계획을 입안하고 조정하며 중점도와 우선 순위를 직접 협의하였다. 그리고 매년 긴급계획을 수립하고 연방정부와 각 주정부에 대한 예산 사용의 권고 등을 행사하는 권한이 과학회의에 주어지면서 서독의 과학기술체제는 일원화되기 시작되었다.

한편 연방정부의 내부를 조정하기 위하여 1962년 8월 각 성에 과학연구위원회를 설치하고, 이어서 1966년 수상을 의장으로, 과학연구장관을 부의장으로 하는 과학각료회의를 설치하였다. 그리고 연방정부 수준의 연구 진흥책이나 연구기관의 재편성 등을 검토하였다. 또 기본법에 따라 대학이나 그에 준하는 기초연구기관에 대한 주정부의 권한을 강화하기 위히어 1964년에 행정 수준에서 과학기술진흥에 관한 연방·주 정부 사이의 연락조정위원회의 설치에 관한 협정을, 이듬해 1965년에 교육회의 설치에 관한 협정을 체결하여 연방정부와 주정부의 일체화를 시도하였다.

독일은 1960년대에 접어들면서 미국과의 기술격차를 인식하였다. 그래서 미국의 과학기술정책을 거울삼아 모방하려 하였고, 때마침 경제불황이 밀려와 과학기술정책을 더욱 손질하였다. 따라서 제도적 지원이 활발하게 이룩되었는데, 그 예로 프라운호퍼 연구회(Fraunhofer Gesellschaft) 산하 연구소들을 들 수 있다. 그리고 그 동안 과학기술정책을 관장해 왔던 BA가 연방과학연구부(BWF)로 이름을 바꾸고 과학기술정책을 총괄하였다.

1970년대에 독일은 이미 국민총생산의 2% 이상을 과학기술에 투자할 수 있는 여건을 마련하였다. 이와 더불어 당시 사민당의 과학기술정책을 통한 경제의 현대화를 목표로 과학기술 분야의 지원과 투자가 급증하였으며, 독일의 과학기술정책은 몇몇 주요 기술과 산업 분야를 선택적, 집중적으로 다루는 일종의 구조정책(Strukturpolitik)의 성격을 지향하였다.

전후 서독의 과학정책은 서독 경제의 국제 경쟁력과 그 요구에 알맞은 생산구조를 확보하는 데 공헌하고, 장기적으로 국민경제의 향상을 도모하는 데 목표를 두었다. 또한 높은 고용수준을 유지하고 실질적인 경제성장을 보장하는 수단에 초점을 맞추었다. 1979년 연방정부가 수립한 연구개발의 기본 목표는 1) 과학적 지식 수준의 확충, 2) 산업의 생산성과 경쟁력 향상, 3) 자원보호와 자연환경 조건의 유지, 4) 생활과 노동조건의 개선, 5) 기술의 유효성과 위험에 관한 인식의 개선 등이었다. 이 과정에서 독일은 뒤늦은 점을 정비하고 보완하기 위하여 각국의 제도를 적극 도입해 자국의 아카데미즘의 긴 전통을 존중하면서 그들의 연구체제의 완성을 꾀하였다.

한편 1982년 기민당 정권은 과학정책에서 독일이 전통적으로 추구해 왔던 '연구의 자유'와 '보충의 원리'에 대한 회귀를 초래하였다. 이에 따라서 1970년대의 사민당 정권에서 비교적 적극적으로 추진한 과학기술에 대한 직접적인 통제가 약화되었다.

끝으로 1990년대에 접어들면서 독일의 과학기술 체제와 정책은 중대한 국면을 맞이하게 되었다. 갑작스런 동독과 서독의 통일은 서로 다른 과학기술 체제의 통합이라는 커다란 과제를 낳았다. 이에 따라 1990년대 독일의 과학기술정책은 두 체제의 과학기술의 통합에 집중되었다. 즉 오늘날 독일의 과학기술정책은 동독의 과학기술 체제의 해체와 함께 통일 독일의 과학기술 체제의 총체적인 개축이라는 과제를 안고 있다.

과학정책 관련기관

1957년에 연방·주 협정으로 과학기술 관련 심의기관인 과학심의회(WR)가 설립되었다. WR은 주로 과학연구와 대학의 확장 등 미래의 계획을 조정하고 조언을 하고, 연방정부나 여러 주정부에서 준비한

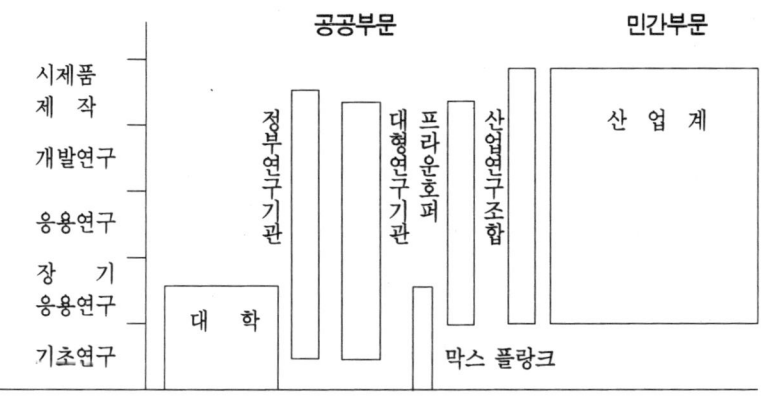

〈그림 4〉 **독일의 과학기술 체제**(자료 : STEPI)

개개의 계획을 바탕으로 학술지원에 관한 종합적인 계획을 세운다. 또한 WR은 연구의 중요성과 우선 순위를 결정하고 동시에 연방정부와 여러 주정부에 지급하는 학술지원금을 배분한다. WR에는 연방정부 대표 6명, 주정부 대표 11명을 합하여 모두 17명으로 구성된 행정부회와 연구단체의 과학자 대표 16명, 산업계 대표 6명을 포함하여 모두 22명으로 구성된 과학부회가 있다.

독일의 과학기술 연구개발은 연구기술성(BMFT)에서 주로 맡고 있지만 경제성과 식량농림성 등에서도 이를 추진하고 있다. BMFT는 서독에서 연구활동(독일연구협회 소관 사무와 특별 연구영역을 제외하고)의 계획이나 조정과 함께 기초연구와 응용연구를 지원하고 있다.

독일연구협회(DFG)는 독일의 과학연구의 추진을 도모하기 위하여 1951년에 설립된 비영리 법인이다. DFG는 다른 많은 학술단체처럼 자신은 연구시설을 갖추고 있지 않지만, 여러 분야의 연구기관이나 연구자에게 필요한 지원을 하고 있다. DFG가 지급하는 연구 장려금은 보통 지급하는 장려금(Normalverfahren)과 우선 순위를 결정하여 지원하는 장려금(Schwerpunktverfahren)의 두 종류가 있다. 전자는 보통 형태의 연구 장려금으로서 개개의 연구자가 신청한 연구계획에 대하여 선고위원회에서 선정한다. 후자는 일정 기간 우선 순위가 높은 연구계획을 조직적으로 지원하는 것으로서 이사회에서 결정한다.

이 밖에 1968년에 의학이나 자연과학기술 분야의 학제적인 영역의 연구를 주로 추진하기 위하여 대학이나 기타 연구기관 등에 특별 연구영역을 설치하였다. 이것은 과학심의회가 DFG의 추천을 거친 연구영역을 심사하고 인정하면서 설치되었다. 그리고 DFG는 이러한 특별 연구영역에 보조금을 지급하고 공동연구의 충실화를 도모하고 있다.

정부 산하 연구소

막스 플랑크 협회(MPG)   독일 정부 산하의 연구소 가운데 가장 규모가 크고 전통 있는 연구소이다. 이 연구소는 카이저 빌헬름 협회를 직접 인수받아 1948년에 유명한 물리학자의 이름을 따서 막스 플랑크 협회로 재건된 사단법인이다. 1991년 현재 서독 지역의 MPG 산하에는 57개 연구소와 10,354명의 직원(그 중 4,000명은 외국인 연구원 등을 포함한 연구자)이 있다. 한편 동독 지역에는 3개의 연구조직(연구소 2개, 연구소 분원 2개, 연구그룹 29개, 정신과학연구센터 7개)이 있다.

MPG는 주로 자연과학과 인문과학, 사회과학 분야의 기초연구에 중점을 두고 있다. 특히 대학이나 기술교육기관에서 연구할 수 없는 새로운 영역이나 경계 영역의 연구, 그리고 대형설비가 필요한 연구

영역을 지원하고 있다. 각각의 이들 연구 분야는 생물학·의학 부문, 화학·물리학·기술 부문, 인문 부문으로 나뉘어져 각각의 연구소가 이것을 맡고 있다. 이 협회의 부속연구소인 프리츠 하버 연구소는 고체표면과 전자현미경에 대하여 주로 연구한다.

각 연구소는 독립적으로 독일의 대학 도시에 자리잡고 있으며 로마에도 있다. 법적으로는 괴팅겐에 본부가 있지만 실질적으로는 뮌헨이 중심지이다. 총재와 함께 학자, 전문가, 관리자 그리고 연방의 대표로 구성되는 평의회가 있으며 그 안에는 연구계획위원회가 설치되어 있다.

1911년 이후 독일의 노벨상 수상자(자연과학계)의 3분의 1은 KWG와 MPG에서 연구한 사람들이었다. 1964년부터는 인문·사회과학 관계의 연구소를 산하에 두면서 명실상부한 종합적인 학문진흥재단이 되었다. 연방정부와 주정부, 각종 재단들은 이 협회에 88% 이상의 보조금을 지급하고 있다.

프라운호퍼 연구회(FhG)   정부 산하 연구기관으로 1949년 바이에른 주정부의 후원을 받아 지역의 비영리단체로 출발하였다. 그러나 1961년부터 연방정부가 적극적으로 개입하여 전국적인 연구회가 되었다. 당시 이 연구회의 설립 목적은 국방연구를 위한 것이었지만, 독일 국민경제의 혁신력을 높이는 데 첨단개발을 주목적으로 함으로써 중요한 공헌을 하고 있다. 이 연구회는 1992년 말의 기준으로 독일 전지역의 31개 도시에서 47개의 산하 기관이 활동하고 있다. 이 연구회는 생산자동화기술, 제조기술을 포함한 생산기술 분야를 연구하며, 전체 예산과 인력의 24%가 이 분야에 투입되고 있다.

청색 리스트 연구기관   이 기관은 공공 연구조직 가운데 앞에서 설명한 연구 조직과 함께 연방정부와 주정부의 합의로 범지역적인 활동을 하고 있다. 또한 국민경제 분야에 관한 한 독립적인 연구기관과 연구서비스기관, 그리고 연구기관들의 연계조직이다. 이 청색 리스트 연구기관들은 1991년까지 서독의 48개 연구기관에 약 4,800명의 직원을 갖고 있다. 그리고 1992년부터 약 34개의 청색 리스트 연구기관들을 동독지역에 설립하였다. 따라서 1993년 말 현재 독일의 전 지역에 총 82개의 청색 리스트 연구기관이 있고, 총 10,000여 명의 연구요원이 고용되어 있다. 청색 리스트 연구기관은 정신·사회과학, 경제학, 교육학, 의학, 생물학, 기타 자연과학, 정보와 문서학, 도서관학 등 8개의 분야로 나뉘어 연구하고 있다.

알렉산더 폰 훔볼트 재단(AvH)　　자연과학자이자 지리학자인 A. 폰 훔볼트를 기념하기 위하여 1860년에 설립되었고, 1925년에는 외국의 유능한 연구자나 학생들을 지원하기 위하여 재편성되었다. AvH는 서독의 대학이나 연구소에서 1~2년간 연구에 종사하기 위하여 외국의 연구자에게 펠로우쉽(연구 펠로우쉽과 상급연구 펠로우쉽 두 종류가 있다)을 제공하고 있다. 펠로우쉽은 성, 인종, 종교 또는 세계관에 관계없이 연구자의 자질에 따라서만 부여된다. 그리고 가장 큰 특징으로 국가나 전문 영역은 정원의 제한이 없다.

독일학술교류사업단(DAA)　　제2차 세계대전 중에 폐쇄되었으나 전후 외국 연구자의 요망에 따라서 1953년에 재건되었다. DAA는 서독 여러 대학의 공동 자치기관의 성격을 지닌 비영리법인이다. DAA는 외국 대학에 독일인 강사의 파견, 대학교수와 학생의 교류, 재외 독일인 학자에게 국내 정보의 제공과 귀국 후의 취직 알선 등 여러 사업을 하고 있다. 외국인 학생과 젊은 연구자에게 원칙으로 1년간 펠로우쉽을 제공하고 있다.

독일은 정부, 산업계, 학계가 협력하여 기술혁신의 목표를 설정하였다. 그리고 이를 분담, 실시하기 위하여 연방 수상을 의장으로 하는 연방교육 과학연구 기술장관을 비롯하여 관계 장관과 산업계, 학계 권위자로 구성되는 연구, 기술, 그리고 혁신에 관한 평의회를 1994년 2월에 구성하고 1995년 3월부터 활동을 시작하였다. 이 평의회는 최초 보고서 『정보사회 ─ 의회, 혁신, 그리고 도전』을 1995년 12월에 마무리하였다. 그 내용을 간추려 보면 1) 연구, 기술, 응용, 2) 법제, 3) 사회 문화 면에서의 도전이다. 위 세 가지 점을 종합적으로 제언하였고, 이후 실천으로 옮겨질 것으로 보인다.

이상 서유럽 3개국의 과학체제와 정책을 대략 살펴보았다. 과학기술의 급속한 진보는 그것이 가져오는 영향 때문에 과학기술행정의 대상이나 범주, 그리고 이에 대응한 정비는 지금도 한 국가의 정치 수준에서, 또한 과학기술자 사회에서 논쟁의 초점이 되고 있다. 동서 경쟁의 격화는 전후 서방 각 국가의 과학기술에 대한 진흥정책을 촉발하고 재편성하였다. 각국의 정치, 경제의 조직은 원래 긴 역사를 지닌 제도적 전통 위에서 제도적 재편성이 이룩되었고, 또한 진흥을 위한 여러 조치가 시도되었다. 대표적인 체제의 정비과정에서 프랑스는 중앙집권적 전통 위에서 정치적으로 최고 수준인 각료회의를 일찍이 설치하였고, 서독은 각 주정부 사이와 연방정부의 협력관계를 수립하고 재편성하였다. 영국은 제1차 세계대전 중 DSIR을 창립한 이후 전통 위에 서서 그의 강화책으로 과학담당장관을 두었다.

이처럼 각 국가가 보여준 조치는 국가의 일원적 조직으로서 국가의 최고 정책결정의 수준에 과학기술이 포함되어 있다. 그리고 과학기술의 질과 양의 강화를 통하여 격화하는 국제 경쟁에서 우위를 차지한다는 국가 목표의 달성에 중점을 두고 있다.

Ⅳ. 미국의 과학정책과 연구체제

1. 과학정책의 형성과 전개

국립연구회의(NRC)의 발족

미국은 제1차 세계대전이 일어난 지 2년 8개월이 지난 1917년 4월에 대전에 참가하였다. 그 당시 미국의 산업계는 유럽 참전국들의 막대한 전쟁물자의 수요 때문에 무기산업을 확대하는 등 전쟁에 대한 동원체제를 점차 강화해 나갔다. 더욱이 독일의 해군 잠수함 U보트가 미국의 수송대에 무차별 공격을 가하자 이에 자극을 받은 미국은 전쟁 준비를 서둘렀다. 그리고 1916년 6월에 국방법안이 의회에 상정되어 이듬해 7월 가결되었다. 이로 인하여 국방회의(DC)가 연말에 조직되면서 국가 전시동원체제가 검토되기 시작하였다.

과학기술의 전시동원체제에 대해서 미국은 이보다 앞선 1916년 4월 과학아카데미(NSA) 총회에 일임한다는 내용을 NAS 총회의 최종일에 만장일치로 가결하였다. 곧 이어 대통령이 이것에 동의하여 그해 4월 국립연구회의(National Reaserch Council)의 설립에 대한 대통령령이 공포되었다. 그해 9월 NRC가 발족되어 제1회 회합을 갖고 활동을 시작하였다. 그리고 NRC 안에 자문회의와 노동·수송·군수 등 과학 연구에 관한 전문위원회를 설치할 계획이었으나, 1917년 2월 DC가 자문과 전문의 역할을 NRC에 위탁함에 따라 NRC는 DC의 한 기관으로 활동하게 되었다. 그러므로 NRC는 국방을 우선으로 한 전문기관의 기능을 갖고 적극적으로 군사연구를 해나가기 시작하였다.

한편 국가가 주도하는 과학기술의 전시동원체제의 구축은 동시에 동맹 국가들의 협력을 낳았다. 미국의 NRC는 그 사업의 하나로 연구보고위원회를 설치하고, 전시 중 여러 문제에 대하여 유럽 동맹국과의 협력사업을 항목으로 채택하였다. NRC 창립 직후, 회장인 천문학자 헤일즈(A. E. Hales)는 유럽으로 건너가 여러 동맹 국가와 협의하였고, 육·해군의 요청으로 1918년 1월 워싱턴에 그 위원회의 본부를 설치하였다. 그리고 런던, 파리, 로마에 지부를 두어 육군정보국과 연락을 취하면서 활동하였다. 다만 이러한 교류는 군사 관계 이상은 넘지 않았다. 그러나 동맹국의 군수창 역할을 한 미국은 일반 무기의 개발·생산 분야에 있어 많은 이득을 얻었다. 그리고 전후에는 국제적인 학술협력기관을 설치하는 데에도 도움을 주었다.

NRC는 1918년 5월, 대통령령으로 영구적인 기관이 되었다. NRC는 국제학술연구회의에 대표를 파견하는 등 국제활동의 중심이 되었다. 그러나 군부가 이에 대한 원조를 삭감하자 민간의 지원을 받아 이원적 원조체제로 전환되어 국가로서의 체제는 후퇴하였다. 대전 중 정부는 민간산업이나 대학과의 접촉을 통하여 새로운 협력의 장을 열었으며, 국가는 1928년 경제 대공황 이후 더욱 적극적인 역할을 하였다. 특히 민간산업의 연구 활동은 전쟁 중에 점차 활발해지고, 거대 독점기업 안에 연구소가 설치되었다. 그 활동은 대학이나 재단의 연구기관과 함께 미국을 대표하는 연구소로 발돋움하였다.

한편 평화시로 전환될 즈음 영국을 제외한 다른 여러 국가들은 연구체제가 다소 느슨해졌다. 그러나 국가와 그에 준하는 재단과 민간기업에서 연구체제를 확립함으로써 대학과 더불어 과학기술의 연구를 보다 넓은 기반 위에 올려 놓았다. 그리고 1928년 세계 대공황 이후 과학기술에 대한 국가체제의 연구가 경제와 정치의 움직임 속에서 보이기 시작하였다.

체계적인 최초의 과학정책

평화시로 접어들면서 연구시설은 그 수준이 제1차 세계대전 이전보다 떨어졌으나 세계 대공황의 발발과 루즈벨트 대통령의 취임을 맞이하여 새로운 면모를 갖추었다. 1933년에 설립된 대통령 과학자문회의는 과학의 활용을 조사하도록 지시하고, 실직한 과학자들의 문제를 분석하여 1937년에 야심적인 연구과제를 수립하면서 2부로 구성된 『연구, 국가자원』(*Research, National Resource*)이라는 보고서가 작성되었다. 이것은 정부는 물론 산업계나 대학의 과학 연구 현황을 세밀하게 조사한 내용으로 체계적인 최초의 과학정책을 내놓은 셈이었다.

한편 제2차 세계대전 당시 나치의 전격전으로 새로운 과학기술, 특히 무기개량의 유효성이 입증되자 미국 정부도 과학으로부터 전쟁에 대한 도움을 얻기 위하여 1940년에 국방연구위원회(NDRC)를 출범시켰다. NDRC는 군부가 제시한 문제를 연구하였으며 자체적으로 선정한 연구프로젝트를 수행하였다. 이어 루즈벨트 대통령은 1941년 6월 대통령령으로 과학연구개발국(OSRD)을 신설하고 이를 행정부 산하에 두었다. OSRD는 유망한 연구개발 모두에 손을 댔고, 과학의 인적 동원센터의 역할도 하였다. 유명한 예로 OSRD는 원자폭탄을 개발하려는 맨하탄계획(Manhattan Project)에 성공하였다. 또한 OSRD가 설립된 이래 계약 건수는 1945년 말까지 2,515건으로 연구비용만도 5억 달러에 이르렀다.

그러나 그 당시 과학정책 기반은 미약하였다. 미국의 과학정책은 태평양전쟁이 일어난 1941년에 시작된 맨하탄계획에서 시작되었다. 1938년 독일의 한(O. Hahn)과 슈트라스먼(F. Strassmann)은 우라늄 시료에 중성자를 충돌시켜 핵분열을 일으키는 데 성공하였고, 이 정보는 몇몇 경로를 통하여 미국에 제일 먼저 전해졌다. 한편 헝가리와 이탈리아에서 각각 망명한 물리학자 질러드(L. Szilard)와 페르미 (E. Fermi)는 핵분열의 원리를 이용한 원자폭탄의 가능성을 예고하였다. 또한 미국에 귀화한 아인슈타인 박사는 이 사실을 서신으로 루즈벨트 대통령에게 보고하였으나 아직까지 미국 정부는 원자폭탄의 가능성에 대하여 반신반의하고 있었다. 그러나 1941년 영국의 모드위원회(Maud Committee)의 보고서가 결정적인 요인이 되어, 그해 11월(태평양전쟁이 일어나기 1개월 전)에 OSRD를 주축으로 하는 '대용자료개발'(DSM)이라는 암호명의 프로젝트―후에 이를 '맨하탄계획'이라 불렀다―가 본격적으로 추진되었다.

이 계획에 따라 페르미를 주축으로 하는 연구팀이 구성되고, 연구개발이 활발히 진행되었다. 1942년 12월 2일 시카고대학에 설치된 원자로(Atomic Pile)에서 핵분열의 연쇄반응이 확인되었고, 인류 최초로 원자 에너지를 인공적으로 발생시키고 또한 이를 제어하는 길이 열렸다. 이러한 성과는 1945년 7월 16일 뉴멕시코 주에서 실시한 원폭 실험으로 연결되었다.

맨하탄계획의 실시로 당시까지의 과학과 국가의 관계에 커다란 변화가 일어났다. 1) 국방의 목적을 위하여 방대한 과학자와 연구자금(당시 금액으로 약 20억 달러)이 투입된 점, 2) 국력을 바탕으로 효율적인 조직 속에서 실시된 점, 3) 과학의 성과가 공업생산과 직결되어 정부와 산업계, 그리고 대학 사이에 긴밀한 연대관계가 생긴 점, 4) 제2차 세계대전 중 과학동원으로 과학행정의 경험을 쌓았고, 여러 과학제도나 시책이 창설된 점 등은 정부의 과학정책 수립의 큰 밑바탕이 되었다.

한편 전시에 과학연구가 진행되면서 조직상 중대한 여러 문제가 생겼다. 과학이 이례적으로 중앙 행정부에 접근하여 과학자들이 대규모

연구개발에 참여하는 새로운 시대가 시작되었다. 또한 시민들도 전쟁 중에 이루어진 과학의 진보에 놀라운 충격을 받았으며 시민의 과학에 대한 관심도 절정에 달하였다. OSRD는 전쟁이 끝남과 동시에 활동을 마쳤다.

공학자인 부쉬(V. Bush)는 1945년 7월에 유명한 보고서 『과학, 끝없는 프론티어』(*Science, the Endless Frontier*)를 대통령에게 제출하였다. "기초과학은 자본이다."라는 인식을 바탕으로 기초연구를 촉진하기 위하여 이에 관한 국가기관을 창설할 것을 권고하였다. 또한 1947년 스틸먼(J. R. Stillman)을 의장으로 한 대통령과학연구심의회의 보고서 『과학과 공공정책』(*Science and Public Policy*)을 제출하였다. 여기에서도 기초과학 연구의 중요성을 강조하였으며 특히 여기에서 과학정책상 주목할 점은 정부가 종합과학정책을 형성하고 여러 과학적 활동 사이를 조정하는 것 등을 강조한 사실이다.

전후 과학정책기관을 새롭게 조직하기 위하여 미국 내에서 수많은 토론이 진행되었다. 그 예로 전쟁 직후 원자력 관리를 육군성에서 민간기관으로 옮기고 원자력을 평화적으로 이용하자는 의견이 대두되었다. 1946년에 설립된 원자력위원회(AEC)는 민간인을 위원장으로 임명하고, 모든 원자력의 연구·개발·생산을 총괄하는 권한이 민간에게 주어졌다. 이리하여 원자력 개발에 있어 민간에 의한 지배체제가 확립되었다.

부쉬 보고나 스틸먼 보고의 권고에 의하여 1950년 국립과학재단(NSF)이 설립되었다. NSF의 가장 중요한 기능은 '과학연구와 과학교육에 대한 국가정책을 전개하고 추진하는 일'이었다. 이 기관을 비상근의 과학자로 구성된 위원회가 운영하느냐, 아니면 대통령이 임명한 행정기관의 장이 운영하느냐 하는 문제에 대하여 5년에 걸친 논쟁이 있었다. 결국 NSF는 대통령이 임명한 장관과, 연구 계약이나 연구 자금의 배분에 대하여 거부권을 행사할 수 있는 비상근 위원으로 구성된 위원회가 운영하도록 하였다. 그 사이 해군은 1946년에 해군 연구국(ONR)을 설치하고, 주로 대학의 기초연구 자금을 제공하였다. 비록 ONR의 보조금은 군부의 자금이었지만 학문 연구의 자유는 고도로 보장되었다.

스푸트닉의 충격과 과학정책의 변화

1957년 10월 4일 쏘아 올린 인류 최초의 소련 인공위성 스푸트닉 제1호는 미국을 비롯한 서방 여러 나라의 과학정책에 큰 영향을 미쳤다. 특히 이는 자기 나라의 과학이 우위라고 믿고 있던 미국 국민들에게 큰 충격을 안겨주었다. 이른바 이것이 '스푸트닉 충격'이다. 다시 말해 소련의 성공적인 인공위성의 발사로 소련 미사일의 우위, 즉 '미사일 갭'을 국민들은 인식하였고, 그리하여 미국 정부는 위신을 회복하기 위하여 최대한 노력을 기울여 과학기술 연구를 적극적으로 후원하였다.

같은 해 아이젠하워 대통령은 과학기술 특별보좌관제도를 신설하고 초대 특별보좌관으로 MIT의 킬리언(J. R. Killian) 교수를 임명하였다. 동시에 과학자문위원회(SAC)를 대통령 직속의 대통령과학자문위원회(PSAC)로 그 위상을 높였다. 특별보좌관은 과학정책에 관하여 대통령의 사적인 고문 역할을 하였다. 이듬해 과학기술특별보좌관 아래 18명의 과학기술자로 구성된 연방과학기술회의(FCST)를 설치하고, 정부·학계·산업계의 의견을 조정하고 중요 문제를 토론하였다.

한편 과학교육의 진흥을 위하여 1958~62년까지 4년 동안 10억 달러의 국가 기금을 투입하였다. 1958년에는 국방교육법(NDEA)이

제정되어 학생과 교육기관, 그리고 주정부에 여러 가지 명목으로 많은 조성금이 교부되었다. 또 1956년에 설립된 MIT의 물리교육위원회(PSSC)가 활동을 시작하였고, NSF와 포드재단의 자금위원회는 PSSC 물리로 알려진 물리교육의 쇄신을 검토하였다.

1958년에 60년대의 과학연구의 추진력이 된 국립항공우주국(NA-SA)이 설립되어 육·해·공군으로 각각 나누어 연구하던 우주개발 연구를 일원화하였다. 1962년에는 백악관의 과학기술기구를 한층 강화하기 위하여 대통령 부속의 과학기술국(OST)을 설립하고 과학기술특별보좌관이 그 책임을 함께 맡도록 하였다. 이리하여 미국의 과학기술의 연구체제와 과학정책은 상당한 수준으로 정비되었다.

과학정책에 대한 반성

스푸트닉의 충격으로 땅에 떨어진 미국의 국가 위신을 회복하기 위하여, 케네디 대통령은 "1960년대가 끝나기 전에 인간은 달에 착륙하고 무사히 귀환한다."라고 선언하였다. 이것이 '지상 최대의 쇼'라 불리는 아폴로계획(Apollo Project)이다. 1962년에 시작되어 연인원 30만 명의 과학기술자와 200억 달러 이상의 거액을 투자하여 화려하게 전개된 아폴로계획은 1968년 아폴로 11호의 월면 착륙으로 끝이 났다.

한편 월남 전쟁이 장기화되고 국내에서의 반전운동이 최고조에 이르자 미국 국민의 마음에는 축제가 끝난 뒤의 공허함과 같은 감정이 깊어 갔다. 인간이 살고 있지 않은 달에 투자하는 것보다 인간이 살고 있는 지구에 투자하는 것이 낫지 않을까 하는 의문이 생기기 시작하였다. 이것이 과학기술에 대한 '의문의 제출 시대'(age of questioning)의 시작이다.

1970년에 환경문제에 관한 '지구의 날'이 설정되었다. 1972년 닉슨 대통령은 의회에 과학기술에 관한 특별 메시지를 보냈다. 대통령은 이 메시지 중에서 '새로운 목적의식'(New Sense Purpose)과 '새로운 연대의식'(New Sense of Partnership)을 강조하였다. '새로운 목적의식'이란 국제 무역의 경쟁에서 살아남고 탄탄한 국내 경제와 해외에서의 주도적 위치를 확보하며, 에너지와 공해문제 등 생활의 질적 향상을 방해하는 요인을 극복하는 능력을 키우는 일을 말한다. '새로운 연대의식'이란 모든 진흥을 연방정부에 일임하지 않고 연방정부가 주정부 또는 지방정부, 민간기업과 제휴하여 새로운 목적의식에 따르는 과학기술을 추진하는 일을 말한다.

과학기술이 지향해야 할 목표로 1) 국민 생활에 이익이 되는 연구개발(깨끗한 에너지원의 개발, 자연재해의 방지, 암과 심장병의 극복 등의 추진), 2) 민간에 의한 기술혁신의 우선권 부여, 3) 기술혁신이 이루어질 수 있는 사회적, 경제적 풍토 조성, 4) 연방정부와 주정부 간의 연대 강화, 5) 국제적 연대 강화가 여기에서 거론되었다.

한편 과학기술의 진보로 인류에게 새로운 가능성을 심어 주고, 풍요로운 사회가 올 것이라 믿었지만, 환경문제나 자연재해문제 등이 나타나자 각종 계획과 기술이 가진 잠재적 영향을 가능한 한 초기 단계부터 검토하려는 움직임이 일어났다. 1966년 기술평가법안이 의회에 제출되었고, 몇 차례의 수정을 거친 후 1972년에 정식으로 마련되었다. 이것은 기술이 가져다 주는 사회 전반에 대한 충격을 사전에 평가하려는 것이었다.

이어 의회의 하부구조로 기술평가국(OTA)이 설치되었다. OTA는 기술에서 발생하는 눈에 띄는 이익과 불이익의 영향을 미리 발견하고, 기술이 미치는 영향에 대한 공정한 정보를 의회에 제출한다. 이러한 기술평가의 영향으로 미국에서 개발하려던 초음속제트수송기 (SST) 계획은, 이것이 소음이나 대기오염을 발생시킨다는 이유 때문에 1971년에 취소되었다.

유전공학 분야에서도 과학자들은 유전자 조합이 가능한 단계에서부터의 실험은 위험하다고 주장하였다. 따라서 1975년 전미과학아카데미의 주최로 이 문제를 토의하기 위한 국제회의가 미국의 아시로마에서 개최되었다. 이 회의에서 예상되는 위험도에 따라 개발 여부가 결정되었고, 이듬해 이 결정은 국립위생연구소(NIH)의 유전자 조작실험의 지침으로서 구체화되었다.

새로운 과학정책의 모색

앞에서 말한 바와 같이 1970년 전후에 공해문제, 도시문제, 자연재해문제 등의 발생으로 미국의 과학정책은 커다란 전환기를 맞이하였다. 또 1979년 봄, 드리마일섬의 원자력 발전소에서 사고가 발생하여 원자력 발전의 안전성에 대한 근본적인 개정이 마련되었다.

한편 일본을 비롯한 세계 여러 국가들이 세계시장으로 진출하여 미국의 혁신적 기술산업의 절대 우위가 점차 위협을 받게 되었다. 카터 대통령은 1979년 가을 미국의 생산성 저하와 기술혁신의 낙후, 산업기반에 대한 투자 감소, 세계시장에서의 경쟁 격화에 대응하여 미국 산업의 활성화를 시도하기 위하여 기술혁신정책에 관한 대통령 교서를 발표하였다. 이 교서는 생산성의 향상, 기술혁신이나 산업발전을 위한 구체적인 시책으로 짜여져 있었다.

또 레이건 정부는 1981년 '작은 정부'를 앞세워 출범하였다. 그 내용은 1) 정부 역할을 최소한으로 억제하지만 민간 주도형으로 할 수 있는 것은 민간에게 맡기고, 2) 정부는 기초연구와 군사연구에 중점을 두고, 3) 대형 프로젝트 등을 재정리한다는 것이었다.

앞에서 말했듯이 1980년대에 들어와 일본, 서독의 맹렬한 추격으로 국제시장에서 미국의 경쟁력이 약화되면서 미국의 무역수지 적자가 급격히 증가하였다. 따라서 급격히 저하하고 있는 미국 산업의 경쟁력을 높이기 위하여 국방관련 지원을 민간부문에 대한 지원으로 전환해야 한다는 주장이 강력히 일어났다.

이러한 상황에서 '변혁'을 내걸고 1993년 1월에 출범한 민주당 클린턴 정권은 정책의 변환을 예고하였다. 여러 보고서에서는 과학기술에 대한 투자는 미국의 장래에 대한 투자로서, 경제성장과 신규고용의 창출, 신규산업의 창출, 생활의 질 향상에 이바지한다는 인식이 나타났다. 또한 냉전종식과 미국 산업계가 세계시장에서 심한 도전을 받고 있는 상황을 토대로 연방정부의 과학기술 프로그램에 대한 종래의 시각을 재검토하는 것이 필요하다는 의지를 찾을 수 있었다.

클린턴 대통령이 1993년에 발표한 기술정책에는 세 가지 국가 목표 중 '기초과학, 수학, 공학에서의 세계적 리더쉽'이 나타나 있다. 그것은 또 경제성장, 보건의료의 향상, 기타 많은 분야에 도움을 가져다 주는 기술의 진보가 과학, 수학, 공학의 기초연구에 의존하고 있다는 것을 인식하였기 때문이었다.

이를 위하여 1993년 10월 국가과학기술심의회의(NSTC)를 창설하였다. 그것은 종래의 연방과학·공학·기술조정심의회의(FCCSET)가 연방정부의 과학기술 활동에 대한 종합조정 등의 기능을 제대로 수행하지 못하였기 때문에 설립되었다. FCCSET의 의장은 원래 대통령이 맡았고, 부통령, 과학기술담당 대통령보좌관, 연방의 각 부처 장관 등으로 구성되는 각료 수준의 회의이다.

이 회의는 1) 과학정책의 수립과정에서 이를 종합 조정하고, 2) 과학기술에 관한 정책결정, 계획을 대통령의 정책 목표에 일치시키고, 3) 연방정부 전체에 걸친 대통령의 과학기술정책에 관한 과제를 지원하고, 4) 연방정부의 정책과 계획의 수립과 실시 중에 고려되는 것을 보장하고, 5) 국제 과학기술 협력을 추진하는 임무를 가지고 있다.

또한 같은 해 NSTC 창설과 함께 대통령과학기술자문회의(PACST)를 재편하여 대통령과학기술자문위원회(PCAST)를 창설하였다. PCAST는 과학기술담당보좌관과 대통령이 임명한 비연방 부문의 위원 18명으로 구성되었다. 이 회의는 과학기술에 관련된 사항에 대하여 과학기술담당 대통령보좌관을 통하여 대통령에게 조언하고, NSTC에 대해서도 조언하고 있다.

클린턴 정부는 국방연구개발을 민생 부문으로 전환시키고 있다. 이 기본적인 방침에 따라 국방성의 국방첨단연구사업국을 1993년에 첨단연구사업국으로 개조하였다. 따라서 국방관계의 사업력, 기술력과 노동력을 민간 부문의 경쟁력을 강화하는 데 이바지하는 방향으로 재투자할 수 있게 되었다. 특히 클린턴 정부는 국가정보기관이 정부·민간의 역할을 분담하도록 하였다. 국가정보기반을 구축하고 소유하는 것은 민간 부문이지만, 정부는 민간 부문의 노력을 보완하고 적절한 비용을 투자하여 모든 국민이 이용할 수 있는 정보사회 기반을 정비하는 중요한 역할을 맡고, 구체적으로 기술혁신과 새로운 이용의 촉진 등을 내걸었다.

2. 과학정책 관련기관

과학기술정책국(OSTP)

미국의 과학기술 연구개발은 국방성(DOD), 농무성(USDA), 상무

성, 후생성, 에너지성(DOE), 국립과학재단(NSF), 국립항공우주국
(NASA) 등 여러 기관에 의하여 추진되고 있지만, 그 중 핵심적인
과학정책 관련의 기관이 몇몇 있다.

먼저 대통령 부속 과학기술정책국(Office of Science/Technology,
Policy)을 들 수 있다. 이 기관은 미국 과학정책을 총괄 조정하는 기
관으로 연방정부의 과학에 관한 주요 정책, 계획, 사업에 대하여 분석
하고 판단하며, 그 결과를 대통령에게 보고하는 일을 한다. 이와 동시
에 경제, 국가안전보장, 외교 등 국가의 관심 사항에 관련된 과학적,
기술적 문제에 관해서도 보고한다.

OSTP 국장은 대통령 과학고문이 겸임한다. 그의 임무는 1) 연방
정부의 과학기술 활동을 평가하고 적절한 조치를 경고하고, 2) 연구
개발 예산에 대하여 대통령, 행정관리예산국(OMB)에 알리는 등 과
학기술 문제 전반에 걸쳐 대통령에게 조언한다. OSTP는 상급 컨설턴
트나 상급 정책분석자 등 많은 보조 요원을 두고 있다.

전미과학아카데미(NAS)

전미과학아카데미(National Academy of Science)는 앞에서 설명
한 바와 같이 신흥 미국이 국가 목적을 학술상으로 실현하기 위하여
1863년에 의회를 통과, 링컨 대통령의 서명으로 설립되었다. NAS는
영국의 왕립학회를 모델로 삼고 미국 과학계의 전문적 엘리트를 망라
할 것을 시도하였다. 이 기관은 미국의 아카데미 복합체(Academy
Complex) 중에서 가장 규모가 크며, 학술 발전과 국민의 복지에 대
한 학술의 활용을 목적으로 하고 있다.

NAS는 과학연구에 관한 조직과 규약을 만드는 권한을 가지며, 또
한 연방정부의 요구에 따라 과학기술에 관한 문제에 대하여 공적인

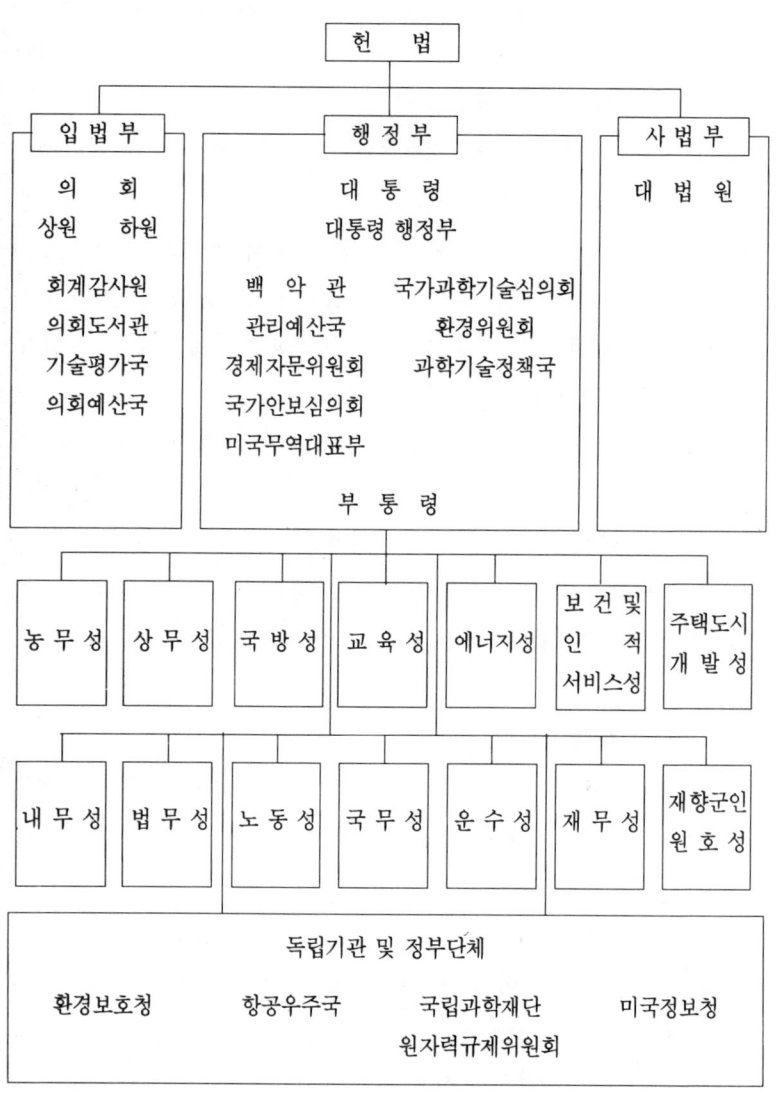

〈그림 5〉 미국 정부 체제(자료 : STEPI)

조언을 한다. 또 NAS는 각종 신탁기금 등으로 수상이나 연구비 보조 등의 사업도 하고 있다. NAS는 자연과학과 사회과학 분야에 관련된 23분과를 관할하며 각 회원은 분야별로 소속되어 활동한다.

전미공학아카데미(NAE)

공학 관계의 아카데미인 전미공학아카데미(National Academy of Engeineering)는 아카데미 복합체의 하나로 NAS 설립법에 기초를 두고 1964년에 설립되었다. NAE는 산업기술에 관한 국가정책이나 사업에 기술자의 의견을 반영하는 일을 목적으로 한다. 또한 NAE는 국가적 과제 해결을 위하여 산업기술의 능력과 이론적으로 뒤진 산업계에 노하우를 제공하는 효과적이고도 독특한 기능이 있다. 따라서 미국의 산업기술은 NAE를 매체로 정부, 대학, 산업계가 긴밀히 제휴된 상태에서 연구되고 있다.

NAE의 주요 임무는 1) 끊임없이 변화하는 국가의 요구와 그것의 응용, 또한 응용될 기술자원을 평가하는 수단을 제공하는 일, 이러한 요구에 따라 이를 겨냥하는 사업 계획을 원조하는 일, 국익상 유익한 공학연구를 장려하는 일, 2) 사회의 뜻있는 문제를 확보하고, 그러한 문제를 겨냥하는 연구개발을 장려하는 일, 3) 공학에 관련된 국가의 중요 문제에 대하여 정부 여러 기관의 요구에 따라 항상 의회와 정부의 집행부에 조언하는 일이다.

회원(해외 회원을 제외한)의 선출 모체는 산업계 55%, 학계 37%, 관계 부처 8% 비율로 구성되어 있는데, 산업계 출신자가 가장 많다. 한편 NAE는 예산의 약 70%를 산업계의 기부에 의존하고 있다.

전미연구회의(NRC)

전미연구회의(National Research Council)는 앞에서 말한 바와 같이 제1차 세계대전 당시 전쟁 준비를 충실히 하기 위하여 1916년 윌슨 대통령의 요청에 따라 설립되었다. NAS나 NAE가 과학기술을 추진하고 조언의 책임을 다하기 위하여 활동하는 대부분의 업무는 NRC가 중심이 된다. 이러한 의미에서 NRC는 NAS나 NAE가 정부에 조언하는 행동부대의 역할을 한다.

NRC의 주요 임무는 1) 지식을 증진하고 국방을 강화하며, 공공복리에 공헌하는 것을 목적으로 수학, 물리학, 생물과학의 연구와 이러한 과학을 공학, 농학, 의학, 기타 유용한 기술에 응용하기 위한 연구를 장려하는 일, 2) 과학의 광범한 가능성을 조사하고 포괄적인 연구 계획을 수립하며, 이러한 계획에 대처하기 위하여 국내의 과학적이고 기술적인 자재를 활용하는 유용한 수단을 개발하는 일, 3) 노력을 집중하고 중복을 피하며 진보를 위하여 국내외의 연구 노력을 촉진하는 일 등이다.

NRC의 이사회는 의장(NAS 회장)과 NAS에서 7명, NAE에서 4명, IOM에서 2명의 선출위원으로 구성된다. 그리고 이 이사회 아래 실행조직으로 행동·사회과학, 생명과학, 수리·물리과학, 공학 등 4개 기관과 인적자원, 국제 관계, 천연자원, 사회기술 시스템 등 4개 기관이 있다. 각 기관은 채택된 과제의 3분의 2는 정부가 기관에 요구한 것으로 "NRC는 정부의 요구가 있으면 대답하고, NRC가 요구하면 정부가 대답한다."(NRC 헌장)라는 말처럼 정부와 긴밀한 협력 관계를 유지하고 있다.

NRC의 연간 예산 규모는 약 6,000만 달러로 그 중 약 84%는 NSF, DOE 등 연방정부 여러 기관의 원조에 의존한다. NRC는 아카데미 복합체의 사무국을 겸하고 있으며, 이곳에는 약 1,100명의 전임 직원이 일하고 있다.

의료기구(IOM)와 국립위생연구소(NIH)

의료기구(Institute of Medicine)는 1970년 NAS 설립법에 바탕을 두고 모든 사회 계층에 적절한 보건 업무를 제공하는 과정에서 발생하는 중요하고 복잡한 문제 때문에 설립되었다. IOM의 주요 임무는 1) 연구와 분석을 바탕으로 건강과 의학에 관련된 중요한 문제나 문제의 소재를 밝히고 확인하는 일, 2) 기구의 판단으로 공공의 이익에 적절하다고 생각되면 이에 관한 신뢰할 만한 보고서를 준비하는 일, 3) 건강 관리, 보건 관련 교육과 연구를 위한 국가정책을 계획하고 실시하며 검토하는 일 등이다. NAE의 회원이 연구업적에 따라 종신으로 선출되는 데 반하여, IOM의 회원은 보건의료 정책에 공헌할 수 있는 사람이면 연구업적이 없어도 가능하며, 회원의 반은 의사이다.

국립위생연구소(National Institutes of Health)는 1883년 뉴욕의 해운병원 안의 보건연구시설을 기초로 설립되었다. NIH는 연방정부의 후생성 소속기관으로 질병의 원인, 예방, 치료에 관한 생물의 의학적 연구에 대하여 지도와 조언을 하며 오랫동안 미국 의학연구의 중추적 역할을 해왔다. NIH는 자체 이외의 다른 연구기관, 대학, 병원 등 여러 기관에 연구비를 보조하고 연구자나 의학전문가를 양성하고, 연구시설을 건설, 보수하는 일 등에도 보조한다.

NIH의 연구개발비 반 정도가 국립암연구소와 국립심폐연구소에 분배된다. NIH 산하에 11개 독립연구소를 두고 있다. 그 중에서도 국립암연구소(National Cancer Institute)가 유명하다.

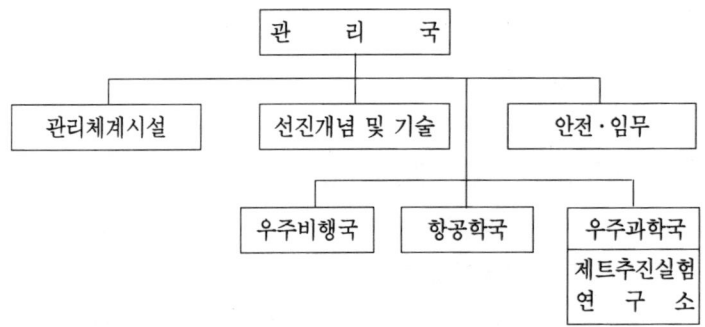

〈그림 6〉 국립항공우주국(NASA) 조직(자료 : STEPI)

국립항공우주국(NASA)

국립항공우주국(National Aeronautics/Space Administration)은 1958년 항공우주법에 따라 설립되었다. NASA는 과학기술 업무에 대하여 기업과 대학, 비영리단체와 계약을 체결하고 기관 내부에서도 이러한 업무를 수행한다. NASA는 케네디 우주센터를 비롯하여 연구센터, 비행센터, 시험소 등을 관리한다.

NASA는 비행 전의 준비 테스트, 궤도비행과 시험에서 귀환 업무에 이르는 여러 업무를 추진하고, 이러한 업무는 외국의 실험자들에게도 개방하고 있다. NASA는 1981년 봄부터 포스트아폴로계획으로 우주왕복선계획(Space Shuttle Project)을 실행 중이며, 반복해서 이용되는 유인우주선의 발사와 귀환의 성공에 힘입어 각종 실험을 계속하고 있다. 최근 화성 탐사선 패스파인더의 발사와 화성에 관한 연구는 바로 NASA가 계획한 것이었다.

국립표준국

국립표준국은 1901년 국회조령에 따라 워싱턴에 설립되었다. 이 기

구는 영국의 국립물리학연구소와 같은 것으로 물리학과 화학 분야의
이론과 실제에 걸친 측정과 연구를 한다. 여기에서는 표준원기의 보
존, 표준기와 표준원기의 비교, 기준적 측정기의 시험, 표준화에 관련
된 여러 문제를 해결하고 물리적 상수를 결정하는 일들을 한다.

3. 기업체 및 대학 연구소

멜른 연구소

미국의 대기업 연구소는 처음부터 기초과학 연구를 어느 정도 맡아
왔다. 이것은 사실상 거대자본에 의하여 가능하였다. 유럽은 대학이나
국공립연구소가 중소기업의 협력자이지만 미국은 그렇지 않았다. 20
세기 초기부터 미국의 대기업체 안에 연구기관이 설립되기 시작하였
는데, 이것이 곧 독립연구회사로서 미국 과학 연구체제의 특징이라
할 수 있다.

19세기 말 미국의 과학기술은 새로운 국면에 접어들었다. 이미 세
계 전기기계의 자본을 제패한 G. E.사는 자신의 연구기관을 강화하기
위하여 독창적인 연구에 전력투구할 수 있는 기초연구소의 설립을 추
진하였다. G. E.사는 MIT의 화이트니(W. R. Whitney)를 초청하여
책임자로 임명하고, 이어 그릿지 교수를 초청하여 대학의 분위기를
이 기업 연구소 안에 불어넣었다. 이와 같은 자유로운 연구 분위기 속
에서 그 성과를 올린 사람은 계면화학연구의 선구자이며 노벨상 수상
자인 화학자 랭뮤어(I. Langumuir)였다. 또한 화학 관련 회사인 듀
퐁사는 연구소에 캐러더스(W. H. Carothers)를 초빙하여 고분자 합
성에 관한 기초연구를 하여 나일론을 합성하는 데 성공하였다.

한편 1913년에 설립된 멜른 연구소(Mellon Institute of Industri-al Research)의 던칸(K. Duncan)은 유럽에 유학하면서 유럽 여러 국가의 근대화된 산업을 시찰하고 미국의 상황에 적응할 수 있는 독특한 연구방법을 내놓았다. 이를 공업적 연구조직(Industrial Fellow System)이라 한다. 이 기본 생각은 곧 기능중심의 조직(Functional Organization)인데, 이는 현실을 해결한다는 목적 아래 주제별이 아닌 목적별로 나누어 조직화된 것이다. 연구소의 적당한 부분을 기업의 요구에 따라 사람을 중심으로 조직하고, 의뢰받은 문제를 기초부터 개발 부분까지 상호협력하여 체계적으로 처리하는 연구조직이다. 요컨대 연구회사의 연구자나 설비를 기능 중심으로 조직한다. 이는 자본주의의 독특한 새로운 연구방법이다.

이러한 기능 중심의 생각은 점차 다른 연구 회사(1928년에 바텔 연구소, 스탠퍼드 연구소 등)에 보급되어 대기업 연구소나 대학의 연구체제에 큰 영향을 주었다. 유럽의 대학은 강좌제에 기반을 두고 있었지만, 미국은 원래부터 이러한 제도가 그다지 정착되지 않았었고, 산업자본의 영향으로 교과과정이나 학부·학과의 조직에 있어 매우 융통적이었다. 이처럼 융통성이 풍부한 기능중심의 생각은 결국 나일론의 연구개발이나 핵무기의 개발과정에서 큰 역할을 하였다.

이처럼 20세기에 들어오면서 미국 자본주의의 성격을 잘 나타낸 거대자본의 연구소와 독립연구회사에서 상당한 연구성과가 나왔다. 그러나 그 기본적인 생각은 대개 개인의 연구나 발명가와 더불어 대학의 연구자에게서 나왔다. 원래 G. E.의 연구소는 MIT의 연구원을 어느 정도 조직적으로 끌어들였고, 벨연구소는 대학교수나 발명가들이 이끌어갔다.

이처럼 거대자본의 연구소가 새로운 아이디어를 체계적으로 개발하고 힘을 더해 주는 데 있어서 대학의 역할이 얼마나 큰가를 알 수 있다. 나일론 개발의 캐러더스의 경우 그는 하버드대학에서 이 문제를 연구하고 기본적인 아이디어를 가지고 듀퐁의 기초연구부에 합류하였다. 특히 미국의 독점자본 연구소가 얼마나 획기적인 발명을 수행하였는가는 1948년 벨연구소의 트랜지스터(쇼클리, 바딘) 발명과 그 후의 개발을 보면 잘 알 수 있다.

결국 미국의 연구소는 성격상 크게 세 종류로 나눌 수 있다. 1) 대재단의 단독출자로 대조직외 연구소를 건설하고, 출자자가 그곳으로부터 직접적인 이익을 바라지 않는 연구소로서, 카네기재단과 록펠러재단 등이 세운 연구소, 2) 대회사가 자기 회사의 직접적인 기술 개선을 위하여 경영하는 연구소로서, G. E. 연구소와 같은 연구소, 3) 연구소가 회사의 경영에 부속되었다기보다는 오히려 회사의 일부를 구성하는 연구소로서 듀퐁연구소가 대표적이다.

프린스턴고급연구소(IAS)

미국의 대표적인 과학연구 조직 가운데 하나인 프린스턴고급연구소는 1930년대에 나치 정권에서 추방되어 미국에 건너온 많은 독일 과학자들을 받아들이는 과정에서 아인슈타인을 비롯하여 많은 과학자가 프린스턴고급연구소에 영입되었다. 그 때문에 뜻밖에 이 연구소는 이른바 '국제적'인 연구소로 변모하였다. 1930년대 독일의 세계적인 수학 연구의 지도적인 지위는 미국, 특히 프린스턴고급연구소로 옮겨졌다. 이 연구소는 1933년 한 독지가의 노력으로 신설되었다. 이 연구소는 대학원 이상의 대학으로 고정연구원 이외에 국내외에서 1~2년 동안 소속되어 연구하는 임시 연구원들이 있다.

미국의 대표적인 아르곤국립연구소는 1946년에 설립되어 물리학,

화학, 생물의학, 환경과학 영역으로 나뉘어 연구가 진행되고 있다. 원자로의 개발 이외에도 고에너지 물리학을 비롯하여 에너지에 관련된 문제 등 광범위한 기초·응용 연구가 추진되고 있다. 또한 50개 대학이 가입한 연구연합이 운영하는 브룩헤븐 국립연구소는 1946년에 설립되었고, 에너지, 입자가속기, 물리학, 화학, 생물학, 의학, 응용과학, 수학, 환경과학을 연구하고 있다. 또 페르미 국립가속기연구소가 1968년에 설립되었고, 소립자, 고에너지 물리학을 연구하는 미국의 최대 고에너지 실험시설 가운데 하나이다.

V. 구 소련 및 러시아의 과학정책과 연구체제

1. 사회주의 혁명과 과학정책

사회주의와 과학

1917년 10월 볼셰비키 혁명 이후, 사회주의 혁명세력은 과학기술에 대하여 특별한 관심을 가지기 시작하였다. 그들에게 과학기술의 진보란 일반적으로 구 소련의 사회주의 사회의 건설과 인류복지를 위한 역사적 과정의 추진으로 국가의 권력을 증대시키는 기초였다. 또한 그들은 이념적으로 과학기술은 양대 체제의 우열을 결정하는 기본이라고 생각하였으며, 그 가치를 높이 평가하였다. 따라서 혁명 후 새로운 소비에트체제의 수립과 더불어 과학의 역할과 과학자의 사회적 지위 문제가 논쟁의 대상이 되었다.

혁명 이전의 러시아 과학계는 대부분이 국가 조직의 테두리 안에서 엘리트층을 중심으로 구성되어 있었다. 그리고 종합대학, 연구소, 위원회 등 모든 종류의 연구단체는 국가의 지원을 받았고, 최고의 지위를 누리면서 러시아제국 과학아카데미를 정점으로 하는 피라미드를 형성하고 있었다. 과학자들은 이 피라미드 안에서 매우 높은 지위를 차지하고 있었다. 그러나 그들 대부분은 당시의 전제 군주제에 강력하게 저항하였지만 사회주의 정당에 동조하는 과학자는 매우 드물었다.

임시정부는 단기간의 조치였지만 과학계를 지원하고 그것을 강화하였다. 그 결과 몇몇 연구기관이 신설되었다. 대부분은 러시아 광물자원을 연구하고 군사과학과 기술발전을 위해 설립된 연구소들이었다. 그러나 신정부와 볼셰비키당 지도부는 '부르주아' 과학자들과 전문가들을 의심하고 그들을 못마땅하게 생각하였다. 따라서 대부분의 지식인 과학자들은 환영받지 못하였다. 특히 신정부가 경제와 정치상의 재편성을 계획하면서부터 특권적인 엘리트 과학자와 충돌을 피할 수 없었다. 더욱이 전면적인 내전과 함께 과학계는 심하게 분열하였다. 학계 원로들 대부분은 반볼셰비키 세력을 지지하고 소비에트 권력에 저항하였다.

많은 과학자와 기술 전문가들은 1918~19년의 내전 초기에 곤욕을 치르거나 체포되어 형을 받았으며 때로는 처형되기도 하였다. 반면에 위기를 모면한 과학자와 지식인들은 국외로 망명하였다. 그 중에는 저명한 항공기 설계자이자 1913년에 최초로 쌍발비행기를 설계한 시코르스키(I. Sicorski)가 있다. 그는 1919년에 러시아를 떠나 미국에 정착하였다. 그리고 헬리콥터를 설계하여 미국 항공기술 분야의 지도적 인물이 되었다. 또 화학자 키스챠코프스키(G. B. Kischakovsky)는 미국 과학아카데미 부총재로 취임하여 아이젠하워 대통령의 과학 고문으로 활동하였다.

레닌과 과학문화의 혁명

사회주의 혁명 후, 장기적인 내전과 과학자의 해외 이주로 인하여 두뇌 유출의 위기가 현실로 나타났다. 이 때문에 1919년 초에 제8차 볼셰비키당 대회를 계기로 군사·과학 전문가의 위상이 급격히 부상하였다. 레닌은 과학자와 기술자들을 이념적인 문제로 다루지 않도록 하는 방안을 내놓았다. 그리고 이를 당의 공식 방침으로 확정하고 부르주아 과학자, 기술자, 지식인을 대신하는 새로운 '혁명세대'의 과학자, 기술전문가의 교육과 양성을 조직적으로 계획하였다.

소비에트 정권은 혁명 후 과학정책의 하나로 기존 및 새로운 교육시설과 연구시설에 고용된 전문가들에게 식량을 특별히 배급하고 그들에게 재정적인 원조를 하였다. 이것은 전문가들이 외국으로 망명할 생각을 포기하고 또한 그들이 근무에 충실할 수 있도록 하기 위하여 막강한 소비에트 정권이 한발 물러서 취한 대대적인 사건이었다. 이러한 정책은 새로운 정권이 과학기술이야말로 전후의 재건과 전환의 요인이라고 인식하였기 때문에 가능하였다. 신정권과 협력의 길을 택한 과학자들의 환경은 매우 호전되었다. 구 소련의 빈곤한 국가 재정력을 고려해 볼 때 과학자들은 막대한 지원을 받은 셈이었다.

1922~28년 동안에 과학기술은 놀라운 속도로 발전하였다. 역사학자 중에는 이 기간을 '과학문화의 혁명시대'라 부르는 사람도 있다. 1920년 이후, 과학아카데미는 처음으로 외국의 여러 연구센터와 직접적인 관계를 맺기 위한 계획안을 마련하였다. 국제협력은 처음부터 신중하게 다루어졌고, 특히 구 소련의 과학 발전에 매우 중요하였다. 이 시기에 과학자들은 이전처럼 정치적 방해를 받지 않고 외국 여행을 할 수 있었다.

당시의 과학은 과학국 아래에 있었다. 과학국은 과학자의 외국 여행이나 국제 교류에 관한 책임을 졌다. 1924년에 전 소비에트 대외문화연락협회(VOKS)가 설립되어, 이곳에서 외국학자의 초대를 담당하였다. 또한 전 소비에트 국민경제회의는 과학기술부(NTO)를 설립하여 최신의 과학기술 설비와 기술서적을 수입하였다. 베를린에 외국과학기술부(BINT)로 알려진 상설사무소를 설립하였고, 레닌은 직접 이곳에 수시로 지령을 내렸다. 이 사무소를 통하여 도서관과 연구소는 80여 종류의 외국의 과학잡지나 최신의 과학장비를 수입할 수 있었다. 따라서 소련 과학의 생산성의 향상은 과학잡지, 신문, 과학서적의 증가를 보면 이를 짐작할 수 있다.

스탈린과 과학동원체제

과학계의 대숙청과 과학동원체제의 확립   1928년 3월의 '탄광사건'을 계기로 50명 이상의 전문가가 체포되었다. 이들은 재판을 거쳐 10명에게 총살형을, 나머지 사람들에게 갖가지 형기의 징역형을 선고하였다. 이 재판은 부르주아 과학자와 기술자에 대한 경계 강화운동의 하나로서 과학기술의 모든 분야에서 공산당 전문가의 수를 증가시키기 위한 새로운 구실이었다. 조직적인 탄압은 모든 기술 분야와 아카데미와 학계로 급속히 번져갔다. 레닌그라드 당위원회는 과학아카데미를 소비에트 저항 세력의 핵심부로 단정하고, 1929년 여름에 이것을 숙청 대상에 포함시켰다. 1936년 숙청이 재개되어 1937~38년 동안에 정점을 이루었다. 이러한 숙청은 세계 역사나 러시아 역사상 유례가 없던 것으로 수백만 명이 투옥되고 50만 명 이상이 처형되었다. 그 중 체포된 과학자나 기술전문가는 수천 명에 이르렀다.

한편 구 소련의 전쟁에 대한 준비와 예상은 빗나갔다. 구 소련은 개전 직전까지 무기의 주요 부문(항공기, 전차)을 독일에 의존하고 있었고, 전시의 과학동원체제도 유럽 여러 국가처럼 강력하지 않았다. 구 소련은 개전 직전인 1941년 6월 23일부터 무기와 탄약의 동원계획을 실시하였다. 그리고 6월 말이 되어서야 당중앙위원회와 구 소련 인민위원회는 본격적인 국가 동원계획을 결정하였다. 또한 8월에는 동부로 공업조직을 이전하기 시작하였고, 9월에는 연방과학아카데미 총재인 코마로프를 위원장으로 하는 우랄자원동원위원회를 설립하였다. 정부는 다시 과학아카데미를 적극적으로 지원하였다. 따라서 국민소득에 대한 연구비의 비율이 유럽 어느 국가보다 높았다.

수용소 내의 특별연구소   구 소련의 과학기술은 제2차 세계대전 당시 독일의 그것에 비하여 수준이 매우 낮았다. 그래서 동맹국인 영국과 미국의 군사 원조를 바탕으로 수용소 내의 구 소련 기술전문가들의 지식과 경험을 최대한 활용하였다. 특히 외국에서 초빙된 과학기술자들은 수용소 내의 특별연구소에서 연구하였다. 수용소 내의 설계국과 기술국, 연구소와 과학시설은 전쟁 직전에 생긴 것이다.

이 특별연구의 규칙은 매우 특이하여 죄수인 주임기사가 죄수 아닌 전문가를 포함하는 연구팀을 지휘하였다. 오랜 작업일이 끝나면 연구원들은 집으로 돌아갔으나 주임기사들은 감방으로 되돌아가야 했다. 그들은 프로젝트가 성공하면 석방될 것이라는 당국의 약속을 믿고 연구에 필사적으로 매달렸다. 그러나 규칙을 위반하거나 계획에 차질이 생겼을 때는 특권적인 수용소에서 보통 수용소로, 때로는 교정 노동 수용소로 보내지기도 하였다. 일부 과학기술자들은 극심한 노동과 영양 부족으로 굶어죽기 직전에 구출되기도 하였다. 한 예로 대륙간 탄도 미사일과 세계 최초의 인공위성인 스푸트닉의 설계자로 알려진 코로리요프(E. Cororyof)는 무서운 북극의 수용소에서 구출되었는데 그는 당시 광산에서 일하고 있었다. 한편 전쟁 이후에는 독일, 헝가리, 루마니아의 과학자들을 연행하여 수용소 내의 연구센터에서 연구하게 하였다.

이 수용소 내부의 연구망은 매우 효율적이라는 것이 밝혀졌다. 1943년 이후에 소련군이 실전에 이용한 군사용 무기(신형 전차, T-시리즈, 신형 비행기, 신형 대포, 신형 기관차 등)가 수용소 내에서 개발되었다. 코로리요프를 포함한 일부 과학기술자들은 전후 연구 성과의 대가로 석방되었다.

군사기술과 공업화의 강화　독일군에 대한 구 소련군의 우위가 전쟁 후반에 분명하게 드러났다. 그러나 군사장비 면에서는 그 수준이 미국보다 못하였다. 특히 세계 원자폭탄의 최초의 개발은 미국의 군사기술상의 우위를 잘 증명해 주었다. 스탈린은 이것에 몹시 당황하였다. 그 이유는 그들이 믿고 있던 공산주의의 주요 이념인 자본주의의 과학기술은 발전이 정지할 것이라는 레닌의 가설이 빗나갔기 때문이었다. 사회주의만이 과학기술의 모든 잠재 능력을 개발할 수 있다는 생각은 미국의 원자폭탄 개발이라는 현실 앞에 무너졌다.

스탈린은 이러한 미·소간의 과학기술의 격차를 인식하고 1945년에 유명한 강령을 발표하였다. 그 내용은 "우리 당이 국가의 과학자들을 후원한다면 그들은 외국의 과학적 성과를 뒤따르고 추월할 수 있다."는 것으로, 이 강령은 곧 실천에 옮겨졌다. 먼저 구 소련 당국은 국가정책으로 1946년부터 군사과학과 군사기술의 전분야에 우선권을 부여하였다. 그리고 과학아카데미에 새로운 권한을 부여하여 연구소의 수가 세 배로 증가하였다. 그 결과 식료품이나 소비 물자가 배급제이던 당시에 과학자들은 매우 특권적인 집단의 일원이 될 수 있었다. 이처럼 과학자에게 부여된 특권적 지위와 높은 생활 수준으로 인하여 많은 젊은이들이 과학에 관심을 가지기 시작하였다. 이러한 정책으로 구 소련은 1949년 9월 원폭 실험에 이어 1953년 8월에는 미국과 다른 방법으로 수폭 실험에 성공하였다. 세계 최초의 원자력 발전소가 1952년에 건설되어 1954년에 전력을 생산하기 시작하였다.

이처럼 구 소련은 혁명 이후에 과학기술의 진보라는 관점에서 사회주의 체제가 자본주의 체제보다 우월하다는 확실한 근거를 보여주기 위하여 온갖 노력을 기울였다. 특히 스탈린은 1930년대부터 본격적인 공업화 정책에 힘을 기울이고, 동시에 강력한 독재체제와 중앙집권적인 계획경제제도를 확립하였다. 그리고 이것을 바탕으로 군사·경제·

기술 분야에서 자본주의에 도전하였다.

구 소련은 군사 우주개발의 기술 분야에서 눈부신 성과를 올렸다. 그러나 일반 산업 분야에서 서방 신진 자본주의 국가에 비해 상당히 큰 격차가 나타났고, 그 격차는 점차 커져 갔다. 구 소련의 지도자들은 1960년대에 이 사실을 중요하게 생각하고 그 격차를 극복하기 위한 정책을 수립하였다.

당시 서기장이었던 브레즈네프는 제24회 당대회에서 "과학기술혁명은 사회주의를 촉진하는 거대한 힘이다. (중략) 사회주의와 자본주의의 계급투쟁의 측면에서, 경제적·과학적·기술적 경쟁에서도 그 역할이 지금 대폭 커지고 있다."라고 말하였다.

구 소련 과학기술의 특징은 군사 기술 중공업에 중점을 두었으므로 과학이 불균형하게 발전한 점이다. 따라서 경제 발전을 위하여 과학기술혁명의 핵심인 전자계산기, 화학공업, 농업, 소비재 산업 등에 걸친 전체적인 균형 발전이 필요하였다. 그래서 경제적 목적을 위한 과학기술의 진보를 촉진하였다.

1960년대의 소련 정권이 가장 중요하게 여겼던 것은 이러한 문제의 해결이었다. 우선 모든 정책을 국내적인 것과 대외적인 것으로 구분하였다. 국내적으로 전통적인 중앙집권적 계획경제제도는 기술혁신과 보급이라는 점에서 많은 결함이 있었다. 따라서 이를 제거하기 위하여 전면적인 경제제도의 개혁이 필요하였다. 또한 대외적으로 폐쇄적인 정책을 취해 왔기에 서방 여러 선진국가의 기술혁신의 결과인 플랜트나 노하우의 도입이 필요하였다. 따라서 이 부문에서도 커다란 정책 전환을 시도하였다. 이처럼 당시 구 소련은 과학기술의 진보를 촉진하기 위하여 내외 정책의 중대한 전환기를 맞이하였다.

과학아카데미의 재편성   1917년 11월 러시아에 처음으로 출현한 사회주의 정치체제는 과학기술의 역사에 처음으로 중대한 근본 문제를 제기하였다. 사회주의의 권력은 노동자의 손에 달려 있었다. 따라서 토지의 사유나 자본의 이익이 다른 모든 이익에 선행하지는 않았다. 이러한 현상 아래 과학이나 기술이 어떤 체제 속에서 어떻게 발달할 것인가가 미지의 문제로 남게 되었다. 이를 위해서 사회주의 국가는 자본주의 국가와 분명히 다른 독자적인 입장에서 의식적이고 계획적으로 과학기술 체제를 형성해야만 하였다.

물론 사회주의는 모든 면에서 자본주의의 유산에서 비롯되었다. 그 중 과학기술의 체제도 예외는 아니다. 사회주의 과학기술 체제를 검토하기에 앞서 우선 제정러시아의 과학기술 체제가 어떤 것이었는가를 살펴보아야 한다. 이에 대해서는 앞에서 이미 설명하였다.

구 소련의 과학아카데미는 1934년 레닌그라드에서 모스크바로 옮겨지고 정부에 직속되었다. 당중앙위원회와 정부는 당시 가장 중요한 과학자 집단이었던 과학아카데미의 정치성을 강화하기 위하여 1936년 2월 7일, 과학아카데미와 모스크바공산주의아카데미의 합병을 결정하였다. 지금도 경제, 역사, 철학, 법과 국가, 국제정책연구소 등이 과학아카데미에 소속되어 있다.

혁명 후, 구 소련 정부는 제정러시아과학아카데미와 대학의 유산을 계승하였다. 혁명정부는 과학자들을 존중하고, 과학아카데미의 권한을 대폭 늘렸다. 하지만 구체제 시대의 과학자들에게 과학이나 기술, 모두를 맡기지는 않았다. 러시아 혁명 당시 노동자 계급에 협력한 과학자나 기술자는 일부에 불과하였다. 대다수는 소극적인 저항을 했을 뿐 방관하였다. 그럼에도 불구하고 혁명정부는 과학기술의 사회적 의의를 깊이 이해하고 구시대의 과학자나 기술자들을 아카데미나 대학에서 추방하는 일은 거의 없었다. 그 이유는 국가의 부흥과 장차 사회주의 건설을 위해서 무엇보다도 과학기술 전문가의 협력이 필요하였기 때문이었다.

이처럼 혁명정부는 당시 과학자나 기술자들의 태도를 직접 비난하지 않았다. 그리고 여러 영역에서 전문적인 능력을 활용하는 한편, 과학기술 체제를 사회주의의 한 조직으로 신중하게 조금씩 개편해 나갔다. 과학아카데미의 권한을 확대하고 그 산하에 많은 연구기관을 두었다. 또한 혁명정부는 공산주의 아카데미를 별도로 조직하고 이곳에 마르크스주의 과학자들을 불러 모아 마르크스주의 과학건설의 장으로 마련하였다. 주요 도시에는 몇몇 공산주의 대학이 설립되고 마르크스주의 과학의 교육장으로 활용하였다. 또 각 인민위원회 산하에 독립 연구기관을 두어 정부에 협력하는 과학자나 공학자들을 중점적으로 배치하였다. 주코프스키중앙공기역학연구소나 요훼가 지도한 물리공학연구소는 중공업인민위원회의 산하에 있었다. 정부의 과학정책의 중심은 대학이 아니고 오히려 생산과 직접 연결되어 있는 각 인민위원회 산하의 연구기관이었다. 그리고 이곳을 중심으로 사회주의 발전의 터전을 마련하였다.

그 동안 과학연구소 및 과학자의 수는 급속하게 증가하였다. 스탈린이 사망한 당시, 연구자의 수는 25만에 달하였다. 그러나 이러한 과학자의 증가에도 불구하고 많은 과학자들은 억압을 받았다. 특히 반유태주의의 부활로 유태계 과학자들은 계속 억압과 위협을 받았으며, 모스크바나 레닌그라드에서 추방되거나 체포 또는 해직되었다. 이러한 상황은 생물학, 생리학, 그리고 의학 분야에서 두드러지게 나타났다. 의학계에서는 스탈린의 최후 숙청, 이른바 '의사당 사건'을 계기로 절정에 달하였다. 1953년 3월 스탈린이 사망한 후, 정치적 전환점을 맞이하였다. 체포되었던 저명한 의학 관계자와 과학자들이 석방되고 그들의 명예가 회복되었다.

교육의 재편성   혁명 후 수년이 지나 내전이 끝이 났다. 그리고 구 소련에 침입한 프랑스, 독일, 영국, 일본군도 물러났다. 식량이나 물자 부족을 점차 극복하였다. 노동자 정권의 수립으로 새로운 과학 기술 체제와 교육체제가 궤도에 오르기 시작하였다. 노동자 가정 출신의 젊은 과학자나 기술자들이 소비에트 교육을 받을 수 있었고, 그 수는 점차 증가하였다. 생산 기업에 소속하는 기술자들이나 노동자 출신의 새로운 사회주의 교육을 받은 과학기술자들은 1929~38년 사이에 완전히 흡수되었다. 소비에트 정부의 기초가 튼튼해짐에 따라 낡은 시대의 기술자들은 점차 변질되어 갔다. 그리고 연로한 사람은 제1선에서 물러났다. 한편 노동자 출신으로 혁명 후에 새로운 교육을 받은 기술자가 이 시기에 대량으로 진출하였다. 혁명 이전, 러시아의 전문학교 학생은 47,200명이었다. 그러나 그 중 노동자 출신의 학생은 거의 없었다. 혁명 후, 의도적으로 부르주아 출신의 입학은 제한하고, 노동자와 농민 출신의 입학을 장려하였다. 그 결과 노동자나 농민 출신의 학생수가 현저히 증가하였다. 혁명 후, 10년이 지나 소비에트의 전문학교의 학생수는 1,569,700명으로 혁명 전보다 3배 이상 증가하였고, 그 중 노동자 출신이 25.4%, 농민 출신이 23.3%였다.

더욱이 제2차 5개년 계획(1933~37)의 출범 첫해인 1933년에는 고등교육기관의 학생수가 491,000명이었다. 그 중 노동자 출신의 비율은 51.4%, 농민 출신의 비율은 16.5%에 이르렀다. 이 무렵 독일 최고 교육기관의 학생 중에 노동자 출신이 차지하는 비율은 3.2%, 소농이 차지하는 비율은 2.4%에 불과하였다. 이처럼 해를 거듭하면서 노동자 출신의 과학자나 기술자들이 점차 증가하여 제2차 세계대전 이전에 소련의 과학기술 체제의 재편성이 완료되었다.

흐루시초프와 개방정책

스탈린에 대한 비판   흐루시초프 시대에 일어났던 중대한 변화는 스탈린의 숙청에 대한 대담한 비판이 표면화되고 정치적 탄압으로 희생되었던 수백만 명의 명예가 회복된 점이다. 1930년대 전후에 체포된 수천 명의 과학자들이 수용소 군도에서 풀려났다. 그러나 기술적으로 또는 군사적으로 이용가치가 없는 분야에 속한 많은 과학자들은 5년에서 20년 동안 교정 수용소에서 계속 중노동에 시달려야만 하였다. 일부 과학자들은 병들었지만 대다수는 건강하였다. 특히 자신의 연구를 계속하려는 정신은 여전하였다. 석방된 그들은 과학계에 '신선한' 바람을 불어넣지 못하였다. 그러나 그들의 일부는 명성을 회복하고 중요한 부서에서 연구를 시작하기도 하였다. 그 예로 코로리요프는 Tu형 군용기와 민간기, 최초의 인공위성 로켓을 개발하여 충격적인 성과를 올려 이 분야의 지도자가 되었다.

구 소련의 과학기술의 수준은 과학의 전면적인 폐쇄성 때문에 스탈린 시대였던 1953년 이전의 것은 잘 알 수가 없다. 그 까닭은 외국의 과학자와 통신이나 문헌의 교류가 허락되지 않았고, 1953년 이후 외국의 동료들의 개인적 접촉이나 외국의 학술여행이 실제적으로 불가능했기 때문이었다. 그리고 과학기술의 낙후성을 공공연히 또는 사적으로 비판하는 일은 곧 체포로 이어졌다.

그러나 1956년의 제20차 공산당대회 이후부터 군수·공업 부문의 정책에 있어서 스탈린을 비판하기 시작한 구 소련은 과학기술의 현황을 은폐하는 것이 불가능해졌다. 따라서 새로운 상황이 나타나기 시작하였다. 과학기술의 후진성을 공공연히 인정하면서 이 모든 책임을 죽은 독재자 스탈린에게 덮어 씌웠다. 그러나 구세대의 당지도자였던 흐루시초프는 과학을 '사회주의 과학'과 '자본주의 과학'으로 나누는 잘못을 여전히 밟고 있었다. 그는 과학에 있어 이데올로기적 편승이 필요하고 이것이 마르크스주의의 주요 원칙의 하나라고 생각하였다. 나아가 구 소련과 서방 과학기술의 격차는 스탈린의 책임과 정보 부문에서의 고립 때문이라 하였다.

문호의 개방   흐루시초프의 과학정책은 미국, 서유럽 여러 나라의 근대적인 공업과 농업을 도입하고 이를 모방하여 과학과 기술을 창조적으로 발전시키는 것이었다. 따라서 기술담당관, 농업담당관의 자리가 외국의 구 소련대사관에 마련되었고, 구 소련의 과학대표단은 공업과 과학의 특정 부문을 연구하기 위하여 외국여행을 시작하였다. 또한 구 소련 과학자가 국제회의에 참가하는 것은 제한적이나마 일부 가능해졌으며 외국의 과학문헌을 대부분 자유롭게 이용할 수 있었다.

과학기술 부문에 있어 흐루시초프의 새로운 정책 중에서 중요하면서도 최초로 실현된 한 가지가 있다. 그것은 유엔 주최로 1955년 제네바에서 개최된 제1회 원자력 평화이용에 대한 국제회의에 대규모의 대표단을 파견한 일이다. 흐루시초프는 놀랍게도 많은 연구의 기밀을 공개하여 소련 원자력의 참된 모습을 보여주도록 승인한 것이다. 학술 활동으로 구 소련 국내의 월간지 『원자 에너지』가 공개 출판되고, 『사이버네틱스의 여러 문제』, 『우주 연구』 등 기타 정기간행물이 나오기 시작하였다. 이러한 일은 기밀의 강박관념에 사로잡혀 있던 스탈린 시대에는 감히 상상조차 할 수 없었던 일로 대단한 발전이었다.

또한 흐루시초프는 포괄적인 과학정보시스템을 창설하였다. 과학아
카데미의 특별과학정보연구소는 구 소련과학기술정보연구소로 바뀌었
다. 이 연구소에서는 세계의 과학기술잡지의 초록을 출판하였는데, 특
히 중요하다고 인정되는 '긴급' 정보를 번역하였다. 그리고 과학자들
의 요구에 따라서 내외 잡지의 사진 복사가 가능한 기술적인 설비도
갖추었다. 이러한 시스템은 처음엔 그다지 효과를 올리지 못하였다.
그러나 필요한 경험을 곧바로 얻을 수 있었다. 특히 전후 외국문헌의
번역을 위하여 설립된 비밀출판사도 확장되어 외국 과학문헌의 주요
연구를 대상으로 하는 대대적인 번역계획을 시작하였다.

비중앙집권화 종합계획   흐루시초프의 또 하나의 주요한 과학개
혁은 비중앙집권화 종합계획이었다. 미국, 영국, 프랑스 등을 방문했
던 흐루시초프는 대공업도시 근교에 있는 소규모 연구 센터에 대하여
강한 인상을 받았다. 그는 연구자들이 한적하고 멋진 장소로 이주하
여 연구할 경우 순수과학이 한층 더 발전할 것이라 생각하였다. 당시
모스크바를 포함하여 기타 대도시에서의 연구소가 집중적으로 모여
있었다. 특히 생물학 분야에서 70~80% 이상에 달하는 중요한 연구
가 모스크바에서 집중적으로 이룩되었고, 모든 과학분야의 90%에 달
하는 연구잡지가 모스크바에서 출판되었다.

이처럼 한 곳에 과학 연구소가 집중해 있는 것은 전략상 위험하므
로 연구기관의 집중을 배제해야 한다는 의견이 일기 시작하였다. 그
래서 흐루시초프는 모스크바에서 멀리 떨어진 동부지구에 근대적인
대규모 과학센터의 신설을 추진하였다. 이러한 특별 계획 중에서 시
베리아의 공업 중심지인 노보시비르스크 근교에 건설된 아카뎀고로도

크(학원도시)가 잘 알려져 있다.

그곳에는 14개의 연구소가 건설되었다. 중요한 것으로 원자물리학, 촉매화학, 유기화학, 지질학, 응용수학, 유체역학, 세포학, 유전학 등의 연구소가 있다. 그러나 이러한 정책으로 인하여 시베리아 지역의 과학발전 계획은 거의 수포로 돌아갔다. 그 까닭은 시베리아의 열악한 노동조건 속에서 일하는 연구자들에게 실시해 오던 기존의 50~100%의 한랭지 할증금 제도를 흐루시초프가 갑자기 폐지하고 급여를 전국적으로 균일화했기 때문이었다.

스푸트닉의 발사   1957년 10월 4일, 세계 최초의 인공위성 스푸트닉 1호의 발사는 충격적이었다. 이것은 거의가 흐루시초프의 신경제정책과 코로리요프 연구팀의 독자적인 연구 및 기술개발의 결과였다. 코로리요프는 꾸준한 연구 끝에 1957년 여름에 갑작스럽게 스푸트닉 발사 계획을 제출하고, 흐루시초프가 이를 승인하도록 요구하였다. 흐루시초프는 어떤 분야에서라도 미국에 대한 사회주의, 특히 구소련체제의 우위를 과시해야 하는 강박관념에 사로잡혀 있었다. 따라서 계획은 곧 승인되었다. 더욱이 이 계획의 실현은 당간부회의(당정치국)의 모로토프, 마렌코프 등 반흐루시초프 세력의 거센 도전에 대하여 선전가치도 있었다. 이러한 상황에서 스푸트닉 1호가 발사되었다. 우주에서 들려오는 신호소리는 미국과 서방 여러 국가의 군사기술에 대한 중대한 도전이었다. 그리고 세계는 큰 충격을 받았다. 더욱이 1957년 당시 냉전은 여전히 계속되었고, "러시아가 내습한다."라는 공포로 인하여 우주계획뿐 아니라 모든 분야에 걸친 재정적 지원이 가속화되었다.

과학자 집단의 반발   1956년 흐루시초프는 스탈린의 숙청작업에 대해 대담하게 비난하였다. 과학계를 포함한 지식층들은 이 때부터 서서히 영향을 받았고, 학문의 자유나 토론 등에 있어서 얼마간의 해방감을 맛보았다. 과학계의 대표 그룹은 몇 가지 경우 정부와 당의 정책에 반대하기까지 하였다. 물론 이러한 시도는 과학계를 지배하고 있던 타성적인 공포 때문에 대부분 겉으로 드러나지는 않았다. 그러나 과학계의 반대 주장은 당에 의하여 승인된 방침을 변경하는 데 중요한 역할을 하기도 하였다. 예를 들어 사이버네틱스는 스탈린이 죽은 후에 부활되었다.

그러나 흐루시초프와 과학계의 대립은 그가 반당 그룹을 억압하고, 독재자가 된 1958~59년 이후에 드디어 모습을 드러내기 시작하였다. 사실상 흐루시초프는 과학계와의 분쟁으로 1964년 실각하였는데, 이는 흐루시초프와 영향력이 있는 두 분야의 과학자 그룹의 대립 때문이었다. 이 두 그룹은 최고 엘리트인 원자물리학자들과 우주·로켓 기술자들이었다. 그들은 흐루시초프 이상으로 국가를 위해서 꼭 있어야 할 중요한 존재였다.

1961년 흐루시초프는 정치적 이유 때문에 두 개의 100메가톤급 원폭을 대기권에서 실험한다고 발표하였다. 이에 원자물리학자들은 강하게 반발하였다. 물리학자들은 이제 더 이상 단순히 순종만 하는 전문가 그룹이 아니었다. 정부의 정책에 대한 물리학자들의 강력한 반대의견은 지상의 핵폭발 전면 금지 협상의 성립에 크게 이바지하였다. 그러나 1958년 11월, 흐루시초프는 지상과 대기권에서 원폭 실험을 재개하였고, 이에 원자물리학자들은 크게 실망하였다. 구 소련의 유명한 수폭개발자인 사하로프(A. D. Sakharov)는 앞장 서서 새로운 실험계획에 대하여 강하게 반대하였다.

또한 사하로프의 과학의 정치적 이용에 대한 저항은 1960년대 후

우주 분야에서도 나타났다. 이 분야는 군사로켓기술, 그리고 정치적 위신과 밀접하게 관련되어 있었다. 정치적 입장에서 우주 분야를 이용하는 것은 어떤 의미에서는 당연하였지만 어느 정도의 문제는 있었다. 흐루시초프는 분명히 이 한계를 넘어선 과학의 과잉 사용자였다.

모방노선에서 협업노선으로   구 소련의 역사 속에 정치 노선의 변경은 당대회와 관련되어 일어나는 경우가 많았다. 1971년의 제24차 당대회는 국제정치의 긴장완화를 확립하였다. 그리고 보다 급격한 노선 전환을 결정하였다. 이 새로운 데탕트 정책은 과학정책, 즉 과학의 지위와 과학자에게 심각한 영향을 주었다. 1971년에 과학기술은 모방노선에서 협업노선으로 바뀌었다. 이것은 과학에 있어서의 극적인 전환을 의미하였다. 그러나 새로운 노선은 우연한 소산이 아니었다. 그것은 1965~71년 동안에 일어난 여러 사건, 다시 말해서 구 소련이 서방측과의 전면적인 과학기술 경쟁에서 패배하였다는 명백한 사실에 의해 준비된 것이었다. 미국이 극적으로 달 탐험에 성공한 일은 그 좋은 예이다. 미국의 우주비행사들이 달 위를 걷고 무사히 지구에 귀환한 모습을 담은 텔레비전 중계는 사실상 공적으로 소련의 과학정책에 커다란 영향을 주었다.

1964년 10월 12일에서 13일에 열린 당중앙위원회 총회는 흐루시초프의 해임을 결정하고 그의 과학 및 과학자에 대한 과오 섞인 행동을 비난하였다. 그것은 당과 정부의 지도부가 과학을 가장 중요한 문제로 생각하지 않은 데다가, 흐루시초프가 대약진을 하기 위해 서구의 기술을 신속하게 모방해야 한다고 주장했지만, 이것은 과학기술 분야에서 착오를 일으켰기 때문이었다.

당시 모방의 과정은 이미 구식이었다. 신형의 기계가 제품으로 완성될 때까지의 평균 시간은 구 소련이 미국이나 일본보다 길었다. 더욱이 여러 나라의 기계장치의 모델을 분석하고, 그 중에서 가장 좋은 것을 자기 것으로 만드는 일은 그다지 효과가 없었다. 다시 말해서 잡종을 만든다는 것이 반드시 좋은 것만은 아니었다. 그래서 그들은 모방시대에서 서서히 벗어나기 시작하였다. 그리고 1966년 구 소련은 만국공업소유권 보호조약에 가입함으로써 그 이후 새로운 기술적, 공업적 아이디어를 모방하는 것이 더욱 곤란해졌다. 따라서 1971년부터 경제발전을 위해서 서방 여러 국가와 참된 협력이 필요하였고, 과학기술의 발전에 있어서도 새로운 전환점을 맞이하게 되었다.

정보교환의 결합　구 소련의 모방노선이나 모방심리는 수뇌부의 한두 가지의 결정이나 과학기술 조직의 급격한 기구 개혁만으로 사라지지 않았다. 그 까닭은 외국 여행이 엄격히 제한되어 있었기 때문이었다. 구 소련 시민에게 있어 외국여행은 권리가 아닌 하나의 특권이었다. 이는 모든 차원에서 정치적으로 조정되고 복잡한 규칙에 의해 제한되었다. 이러한 제한으로 과학뿐 아니라 문화와 정치 등 모든 면에서 개인이 직업상 해외여행을 하거나 또는 외국에서 열리는 학회에 참가를 허가받는다는 것은 매우 어려웠다. 매년 외국을 방문하는 소련 사람에 대하여 공식적으로 발표된 통계는 거의 부정확하였다. 그것은 유명한 과학자들의 반복 방문이 편중되어 있는데다가, 당 관료가 '두뇌 유출'과 '이데올로기적 불안정'을 두려워한 나머지 외국 방문을 통제하였기 때문이었다. 결국 모방노선에서 협업노선으로의 방향 전환은 구 소련의 과학 전체의 발전에 그다지 영향을 미치지 못하였다.

이런 상황에서 정보교환의 제한들도 탈피하는 데 시간이 걸렸다.

구 소련 과학기술의 새로운 노선은 소련의 과학자를 세계 과학의 제일선으로 끌어올리는 데 있었다. 그러나 이러한 일은 정보교환에 대한 모든 제한이 철폐되지 않는 한 불가능하였다. 또한 이 정보교환을 정치적으로 조절하는 시스템 자체인 검열로 인하여 정보를 입수하는 데 많은 시간을 허비할 수밖에 없었다. 따라서 과학자들은 학술정보 면에서 뒤처질 수밖에 없었다. 대부분의 과학자들은 그들의 전문분야에 대한 지난해의 진보는 알 수 있어도 발전의 첨단 상황은 알 수 없었다.

이와 같은 제한으로 구 소련의 과학자들은 자신의 업적을 국제적인 학술잡지에 발표하는 데 많은 어려움을 겪었다. 스탈린 시대에 자신의 논문을 외국 잡지에 발표한 과학자는 국가에 대한 반역행위를 하였다고 비난을 받았다. 스탈린 시대, 특히 전후에는 거의 모든 연구가 극비로 진행되었다. 또 외국 잡지의 수입이 늦고 이미 공개되어 비밀도 아닌 정보마저도 국내 전달에 있어서 문제가 있었다. 지방어와 국제적 발표에 편리한 언어 문제 역시 과학의 진보에 장애물이 되었다.

더욱이 구 소련은 국가정책에 반대하는 과학자들에게 혹독한 탄압을 가하였다. 1966~67년 동안 과학자들은 정부에 반대하는 정치적 견해를 발표하고 확고한 정치적 행동을 시작하였다. 이것은 정부나 당지도자에게 청천벽력과도 같은 일이었다. 이 때문에 구 소련 국내의 반체제파에 대한 적극적인 대책을 강구하는 결정이 내려짐으로써, 과학연구는 더욱 탄압을 받았다. 1968~69년에는 많은 상급 연구원들을 해고하거나 반체제인사를 학술도시로 강제 이주시켰으며, 과학자에 대한 탄압은 말할 수 없을 만큼 컸다. 사하로프는 그 대표적인 과학자이다.

긴장완화정책과 군사우위정책 구 소련이 1971년에 긴장완화정책을 취하기 시작한 데는 많은 이유가 있었다. 그것은 주로 전략적 및 군사적 이유에서였다. 초강대국가들은 군비경쟁으로 전세계가 파괴될 수 있다는 사실에 대하여 서로 인식을 같이 하였다. 구 소련이 긴장완화정책에 대하여 신중하게 접근하기 시작한 것은 흐루시초프 시대였다. 그것은 구 소련이 과학기술의 모든 분야에서 뒤떨어져 있다고 인식하였기 때문에 나타난 필연적인 결과였다. 흐루시초프의 평화공존 노선의 목적은 외국의 기술과 경험을 모방하여 구 소련을 보다 번영된 국가로 향상시켜 보려는 의도였다.

그러나 이 사이에 구 소련은 군사관계의 과학기술을 선택적으로 그리고 독자적으로 발전시켜 나갔다. 군부의 연구기관에는 젊은 인재 중에서 가장 우수한 과학자가 배치되었다. 비군사 분야의 연구기관은 대학 졸업생과 대학원생을 자유로이 고용할 수 없었지만, 군사기술과 핵물리학 연구기관은 취직을 원하는 대학 졸업생과 대학원생 중에서 가장 우수한 과학자를 우선적으로 고용할 수 있었다.

비밀연구에 관련된 전문직 연구원들은 같은 지위에 있는 비밀연구와 관련이 없는 연구소의 과학자보다 20% 또는 그 이상으로 많은 급료를 받았다. 비밀연구에 관련된 연구소는 가장 좋은 설비와 막대한 예산, 외화, 문헌, 주택 등을 우선적으로 요구할 수 있었다. 더욱이 구 소련의 정책목표는 군사적 우위를 확보하려는 것이었기 때문에 과학의 발전을 위해서는 어떠한 희생도 각오하고 있었다. 구 소련은 미국보다 수폭 실험을 늦게 실시하였지만 이를 실용화하는 데는 미국보다 빨랐다. 구 소련의 수폭 실험은 1953년 9월 12일에, 미국은 1954년 3월에 실시하였다.

이리하여 1968~71년 사이에 구 소련의 과학기술은 양적으로 급속히 발전하였다. 이것은 가장 중요한 자급자족의 원리가 작용하였기 때문이다. 다시 말해서 구 소련의 과학기술은 독립된 존재로서 외국에서 개발 중인 모든 중요한 프로젝트나 문제에서 독자적인 '사회주의적' 해답을 구해야 한다는 것이다. 흐루시초프 시대와 그 후 2~3년 동안은 일부 과학 분야는 구 소련이 보다 앞서 있다는 사실이 분명하였다. 그러나 구 소련의 연구기관이나 학술기관의 수는 비약적으로 증가하였고, 인구 100만 명당 연구자 수가 세계에서 제일이었다. 이 정도로 숙련된 많은 연구자와 각종 연구기관을 가진 국가는 선진국들 중에 거의 없었다. 더욱이 연구직은 가장 높은 급료를 받는 권위 있는 직업이었다.

　과학기술 연구의 세계적인 조류는 구 소련의 과학계에 계속해서 영향을 미쳤다. 구 소련은 선진 서방국가의 과학기술을 과감히 도입하고 문호를 개방하였다. 이러한 일들로 구 소련은 많은 면에서 과학기술정책을 불가피하게 수정해야 하였다.

　구 소련의 과학은 군사우위의 과학연구, 불균형한 기초과학의 연구, 경제와 관련된 기술개발의 후진성, 이데올로기를 배경으로 한 과학이념의 투쟁이라는 약점을 지니고 있다. 핵무기 경쟁에서 미국을 능가하였지만 우주무기의 개발 분야에서는 열세를 보였다. 더욱이 반체제 과학자의 출현으로 과학정책의 수정이 불가피하였다. 이후 독립국연합(CIS)은 경제정책과 과학정책의 모습을 어떻게 바꾸며, 또 바꾼다면 어떤 모습으로 바꿔야 할지가 가장 큰 당면과제이다.

2. 과학정책 관련기관

구 소련연방과학아카데미

구 소련연방과학아카데미(이하 연방과학아카데미)는 피터 대제의

〈표 1〉 러시아 과학아카데미 산하기관 현황

	R&D 기관		인 력	
	전 체	연구소	전 체	연구원
수학	4	3	389	283
일반물리 및 천문학	27	17	17489	6566
핵물리학	3	2	2943	891
에너지(동력 엔지니어링)	15	5	2397	1061
기계제조 및 제어공정	12	7	3785	2210
정보·컴퓨터·자동화	29	19	7157	3609
일반화학	12	12	8843	5202
물리화학 및 무기재료	8	7	3155	1633
물리 및 화학생물	19	16	7301	3465
생리학	4	4	1766	829
일반생물학	14	10	4855	1962
지질·지구물리·지구화학·광산	20	12	4971	2607
해양·대기물리·지리학	9	5	3481	1332
역사학	11	6	1983	1505
철학·사회학·심리학·법학	7	6	1438	1141
경제학	14	12	2671	1757
세계경제 및 국제관계학	9	8	2717	2071
문학 및 언어학	6	6	1218	980
시베리아분소	88	76	30284	11014
극동분소	35	26	6293	2515
우랄분소	41	30	6936	2974
Daghestan 지역센터	10	8	1143	505
Kazan 지역센터	6	4	1188	534
Kalien 지역센터	8	5	1114	420
Kola 지역센터	11	8	1990	631
Ufa 지역센터	11	7	1628	745
Presidiun				
본 부	–	–	575	159
부속기관	11	3	4079	1821
교육훈련부	–	–	235	81
합 계	444	324	134509	60576

주장으로 1725년에 창설된 제국과학아카데미를 모체로 하고 있다. 이것의 본거지가 1935년에 레닌그라드에서 모스크바로 옮겨졌다. 구 연방과학아카데미는 각료회의 직속기관이며 기초과학 연구를 추진하는 최고기관이다. 이곳은 과학기술국가위원회와 공동으로 과학정책을 기획하고 입안하며, 소속된 연구기관에 따라 스스로 연구개발을 한다.

또한 연방과학아카데미는 자연과학이나 사회과학의 전 분야에 걸쳐 직속 연구시설은 물론, 13개 공화국 과학아카데미 및 그에 속하는 연구시설을 관장하고 고등교육기관에서 실시하는 연구를 지도하거나 그것의 방향을 잡아준다. 연방과학아카데미는 다음 네 분야(15개 부문)에 걸친 시베리아지원을 산하에 두고 있다. 물리기술·수리과학의 5개 부문, 지구과학의 2개 부문, 화학·화학기술·생물학의 5개 부문, 사회과학(문학·언어학 포함)의 3개 부문이 그것이다.

한편 시베리아 분원은 1957년에 시베리아에서 노보시비르스크 등 과학도시를 중심으로 연구 개발을 추진하기 위하여 설립되었다. 이 분원은 연방과학아카데미 안에서 그 지위가 강력하다. 따라서 이 점에서 공화국아카데미의 그것과 유사하다. 각 부문에는 약 260개의 부속 연구시설이 있고 연방과학아카데미 관할 아래서 운영되고 있다.

구 소련시대의 학술연구기관의 특징은 아카데미와 대학의 연구기관이 분리되어 있다는 점인데, 이는 현재 러시아에서도 마찬가지이다. 서방 여러 국가의 대학은 학술 연구의 중심지이고, 아카데미는 회원의 명예로운 지위를 나타내는 학회의 성격이 강하다(혁명 전의 러시아에서도 이러한 경향이 강하였다). 그러나 구 소련은 이와 달랐다. 모든 소비에트의 조직이 그러하듯이 연방과학아카데미는 중앙집권화와 계층화를 보장하는 학술기관으로 국가에 종속되어 있다.

학술 연구의 유력한 거점은 연방과학아카데미에 소속된 다수의 연구소이다. 국가권력은 연방과학아카데미를 통하여 과학의 발전을 효율적으로 통제하려 했지만, 연방과학아카데미에는 혁명 전의 학회처럼 여전히 민주적인 분위기가 남아 있었다. 이를 운영하는 사람은 국가에서 임명한 관료가 아니다. 다소 예외는 있지만 권위 있는 많은 학자들 중에서 선출된 아카데미 회원이다. 이런 점에서 볼 때 구 소련시대의 연방과학아카데미는 국가의 완전한 통제 아래 있었지만, 때로는 그의 독자성을 보여주는 유일한 중요 조직이었다. 1980년에 아카데미 회원이었던 사하로프(Sakharov)가 형을 받았을 때, 국가권력은 사하로프를 연방과학아카데미에서 추방하려고 하였다. 그러나 과학아카데미 총재는 그의 제명을 반대하였다. 당시의 이러한 행동은 전례가 없던 용감한 행동이었다.

연방과학아카데미의 연구자들은 매우 특권적인 지위에 있다. 그들은 교육의 의무를 지지 않으며 자신의 시간을 모두 연구에 이용할 수 있다. 또한 아카데미 소속의 연구소는 제법 자료도 풍부하고 값비싼 실험장치와 도서관을 갖추고 있다. 최초 연방과학아카데미는 러시아아카데미와 합쳐져 지금의 러시아과학아카데미(RAS)를 형성하였다.

구 소련 연방은 과학기술의 발전에 관한 전반적인 지도를 하기 위하여 소련장관회의를 1955년에 설립하였다. 또 과학기술국가위원회는 국가의 통일적인 정책을 실시하는 기관으로 1) 국가의 과학기술 발전의 기본 방향을 세우고, 2) 많은 영역에 걸친 연구개발을 조직하고, 3) 과학기술의 성과를 국민경제에 도입하는 데 대한 감독을 하였다.

아카뎀고로도크와 극동과학센터

구 소련의 학술연구기관으로 아카뎀고로도크와 극동과학센터가 있다. 구 소련은 시베리아 개발에 대단한 열의를 보였다. 따라서 그에 대한 투자 역시 확실히 증가하였다. 구 소련이 노보시비르스크 시의 교외에 설립한 과학아카데미 시베리아 지원(아카뎀고로도크)은 현재 연구소 50개와 과학자 2만 명(소련 전체는 93만 명)을 총괄하는 과학센터로 성장하였다. 이 기관은 핵물리학, 사이버네틱스, 사회학 등에서 새로운 연구의 중심으로 성장하였다. 이외에 시베리아 개발에 직접 관계가 있는 공업이나 농업에도 크게 이바지하였다. 또한 이 기관은 모스크바에서 멀리 떨어져 있어서 중앙당의 통제가 느슨하고, 지유주의 과학자의 새로운 거점으로 부상할 수 있었다.

이어 연방과학아카데미 간부회의에 직속하고 극동의 전 연구기관을 관할하는 극동과학센터가 1970년 10월에 블라디보스토크에 발족하였다. 이는 중앙에서 멀리 떨어진 극동에 우수한 과학자를 정착시키기 위함이었다. 소련의 유명한 물리학자 카피짜(P. Kapitza)는 남극탐험에서 발휘한 높은 지도력으로 이곳의 책임자가 되었다. 이 센터는 시베리아 지원의 경우와 마찬가지로 4명의 연방과학아카데미 회원과 14명의 동료회원으로 구성되었다.

극동과학센터의 중심에는 현존하는 9개의 연구소(생물학 관계의 4개 연구소, 지구물리학 및 지질학 관계, 고고학, 민족학, 해양학 등의 연구소)가 신설되었다. 이 센터는 하바로스크, 마가단, 캄차카, 사할린의 각 주를 총괄한다. 그리고 자연과학과 사회과학의 기초연구를 발전시키고, 극동의 개발에 직접 관계하는 문제를 연구하며, 젊은 과학자의 양성, 다른 관청에 속하는 연구기관과의 연구활동을 조정한다.

극동과학센터 설립의 최대 목표는 대륙붕의 자원개발에 있었다. 구 소련은 이미 대륙붕 자원의 점유를 선언하였다. 이것은 주변 국가에 앞서 기득권을 주장하려는 속셈이었다. 최근의 조사에 의하면 사할린 곳의 대륙붕에 석유광상이 존재한다는 것이 거의 확실하다. 이외에

〈표 2〉 소속부처별 국가연구센터 분포('97년 2월 현재)

소 속 부 처	선정연구기관 수
1. 원자력부(Ministry of Atomic Energy; MINATOM)	6
2. 보건부(Ministry of Health Care)	5
3. 건설정책위원회(State Committee on Housing and Construction Policy)	2
4. 고등교육위원회(State Committee on Higher Education)	2
5. 방위산업부(Ministry of Defense Industries)	17
6. 자원부(Ministry of Natural Resources)	1
7. 기계공업위원회(Committee on Machine-building)	5
8. 금속공업위원회(Committee on Metallurgy)	3
9. 표준인증위원회(Committee on Standardization, Metrology and Certification)	2
10. 유화산업위원회(Committee on Chemical and Petrochemical Industries)	5
11. 수자원, 환경청(Federal Service on Hydro-meteorology and Monitoring of the Environment)	2
12. 러시아 과학아카데미(Russian Academy of Sciences)	4
13. 러과학아카데미 시베리아 분소(Siberian Branch of the Russian Academy of Sciences)	3
14. 러 농과학 아카데미(Russian Academy of Agricultural Sciences)	2
15. 비부처조직(Non-departmental Organizations)	2
합 계	61

자료 : STEPI

금, 주석, 텅스텐의 개발도 유망하다.

또한 대륙붕에 해저목장, 해저농장을 건설하는 것도 극동센터의 중요한 과제이다. 사할린 곳에서 이미 해저농장의 실험이 실시되었고, 이 때문에 우수한 설비를 갖춘 태평양 해양학연구소가 설립될 예정이다. 이것이 완성되면 구 소련은 블라디보스토크에 있는 태평양 어업해양학연구소와 더불어 극동에 두 개의 해양학 연구센터를 두는 셈이다.

이 밖에도 대표적인 연구기관으로 1963년에 설립된 고에너지 물리학연구소가 있다. 연방과학아카데미에 소속되어 있는 이 연구소는 고에너지 물리학, 핵물리학, 우주선, 전파천문학, 플라즈마 물리학, 고체물리학, 전자공학 등 물리학 전반에 관하여 연구하며, 또한 1965년에 설립된 란다우이론물리학연구소는 연방과학아카데미에 소속되어 있다. 이 연구소는 고체물리학, 소립자물리, 저온물리학, 플라즈마물리학, 레이저물리학 등을 연구하며, 란다우 학파의 거점이다.

3. 러시아의 과학정책과 연구체제

심각한 연구비의 부족

페레스트로이카 이전의 질서와 공산주의 독재를 부활하려는 쿠데타가 1991년 8월 19일부터 21일까지 일어났다. 그러나 민주 세력의 단호한 반격으로 쿠데타는 실패로 끝이 났다. 이로써 70년 이상 동안 존속하였던 전체주의 체제는 막을 내렸다. 이어 1991년 12월 말에 소비에트 연방이 무너지고 러시아(러시아 연방)를 포함한 15개의 독립국가가 탄생하였다.

1991년 말 이후 러시아의 경제 상태는 극도로 악화되었다. 생산은

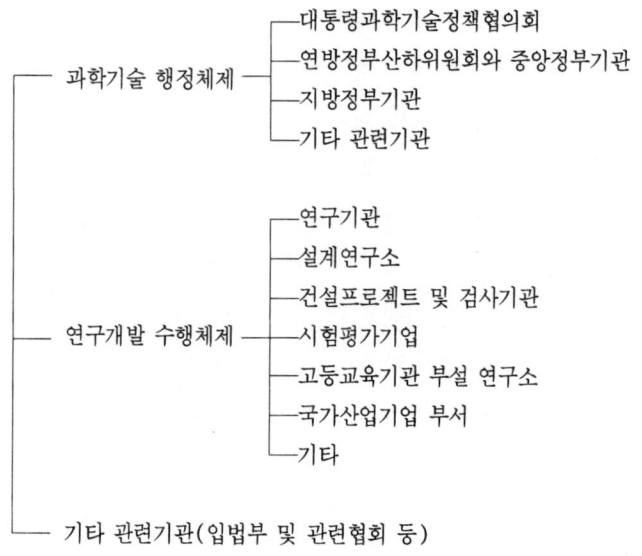

<〈그림 7〉 러시아의 과학기술 체제(자료 : STEPI)

위축되고 물가는 급등하였다. 지금까지 실시해 온 낡은 방식으로 물가를 잡기에는 역부족이었다. 그 결과 국영 상점의 모든 상품들은 사라졌다. 국가예산으로 운영하던 부문(연구 부문도 포함하여)의 급여는 올랐지만, 이것은 물가상승률의 약 10분의 1에 불과하였다. 이러한 어려움에도 불구하고 러시아 연구소에서의 연구는 멈추지 않았다. 무보수를 각오하고 연구하는 과학자도 많았다. 이념을 초월하여 과학연구에 임한 과학자들은 물질적 이익을 무시하였다. 때때로 손해를 보지만 양심을 바탕으로 행동하였고, 그들은 이상을 추구하기 위하여 노력하였다. 그들 대다수는 시장경제와 자유경쟁에 바탕을 둔 서구형 민주주의 사회가 대중에게 알맞다고 생각하였다.

엘친과 가이달을 지지하는 정치 그룹은 '자유주의 시장경제'의 정책

올 시종일관 실행하였다. 심각한 경제 위기로 인하여 엄격한 재정 조치가 필요하였다. 이런 상황 아래 진행된 옐친-가이달의 개혁은 국가 예산에서 자금을 얻어내는 사람들에게는 오히려 고통스러운 일이었다. 특히 러시아 과학자는 더욱 힘든 물질적 상황에 놓였다. 개혁으로 많은 것을 잃은 과학자들은 연구조건과 생활조건이 현저하게 악화되었다. 정부의 시책은 분명히 과학자의 이익에 도움을 주지 못하였다. 그럼에도 불구하고 과학자들은 정부의 개혁을 지지하였다.

두뇌 유출

'두뇌 유출'은 말할 것도 없이 러시아 과학의 장래에 어두운 영향을 주고 있다. 이것으로 연구 후보자를 지도하는 우수한 과학자가 줄었고, 또한 젊은 과학자들이 국외로 망명함에 따라 가장 활발히 연구해야 할 세대가 러시아 과학을 위하여 공헌하지 못하고 있다. 과학자의 두뇌 유출 문제가 지금에 이르러서 시작된 것은 아니다. 1960년대부터 1970년대 전반에 걸쳐 구 소련의 많은 시민이 해외로 망명하였다. 이 중에는 과학자도 적지 않았다. 과학자가 망명할 경우 어떤 형태로든지 조국과 접촉할 수 없었다. 따라서 과학에 있어서 러시아의 손실은 매우 컸다.

두뇌 유출은 확실히 심각한 문제이다. 그러나 상황은 느끼는 만큼 비극적인 것은 아니었다. 현재는 상황이 분명히 달라졌다. 그것은 해외로 망명하여 연구하던 과학자들이 러시아와 끊임없이 관계를 유지하고 있으며, 러시아의 대학이나 연구소는 외국에 나가 있는 과학자들의 자리를 남겨 놓고 있으므로 그들이 때때로 귀국하여 해외에서 축적한 체험으로 러시아 과학을 풍요롭게 하고 있다. 그리고 많은 과학자들이 해외에서 연구활동을 마치고 귀국하여 러시아 과학을 지도하고 있다.

소련 시대에 물리학자 피터 카피짜는 영국 케임브리지대학의 러더퍼드 밑에서 13년 동안 연구하였다. 그리고 귀국하여 모스크바에 물리문제연구소를 창설하였다. 그는 이 연구소에서 20세기의 최대 발견의 하나라 할 수 있는 액체 헬륨의 초유동현상을 발견하여 1978년 노벨 물리학상을 받았다.

장차 러시아 경제가 안정된다면 해외로 망명한 과학자의 대부분이 다시 러시아로 돌아올 것으로 전망된다. 구미의 대학에서 종신 교수직에 있던 몇몇 저명한 러시아 학자는 정부의 허락을 받아 현재 1년 중 반년을 러시아에서 지내고 있다. 파리대학의 교수인 수학자 아르노르드는 서방 세계에서 평생 동안 그 지위를 가지고 있다. 그러면서 모스크바에서 수학을 지도·교육하고 있다.

러시아 과학 발전의 본질적인 위기는 두뇌 유출이 아니다. 연구에 투자하는 자금이 눈에 띄게 삭감되었다는 점이다. 과학자의 급여는 최고 수준(교수직)마저도 국가의 평균 임금을 크게 밑돌고 있어서 제대로 생활하기가 힘들 정도이다. 더욱 큰 문제는 연구자금이 대폭 삭감된 결과, 러시아 학술 도서관은 새로운 문헌의 구입이 거의 불가능하게 되었다. 또한 실험실에서는 새로운 장치나 설비의 도입이 사실상 정지된거나 다름이 없다.

따라서 러시아의 과학자들이 구미의 연구기관을 방문하고, 가령 단기간이라도 체류하는 것이 연구를 지속하는 데 필수적이다. 러시아의 두뇌 유출은 (이상하게 들릴지 모르지만) 현재의 상황에서는 러시아 과학에 해를 끼치지 않고 있다. 오히려 두뇌 유출은 러시아 과학자가 연구의 질을 떨어뜨리지 않으면서 이 어려운 시기를 넘기는 유일한 방법일지도 모른다.

새로운 교육기관

현재 러시아의 대학은 매우 유명한 대학까지도 재정 면에서 그만큼의 혜택을 받지 못하고 있다. 본래 대학의 연구자는 평균적으로 아카데미의 연구자보다도 급여가 낮았다(그러나 연구비 배정은 대학 쪽이 조금 많다). 게다가 이들은 교육의 부담이 커서 자신의 연구 활동에 많은 시간을 할애할 수 없었다. 따라서 뛰어난 과학자들은 당연히 대학이 아닌 아카데미 소속의 연구소에서 봉사하려 하고 있다.

이와 같은 연구체계는 장점도 있고 단점도 있다. 활발하게 연구하고 있는 학자가 학생의 교육에 거의 참여하고 있지 않기 때문에 세대 간에 당연히 있어야 할 학술적 교류가 없다. 다행히 대학 졸업자가 석사 논문을 쓰기 위하여 아카데미에 소속된 연구소에서 연구를 할 수 있으므로 연구자가 그들을 지도할 수 있어, 세대간의 접촉은 어느 정도 유지되고 있다.

한편 러시아의 연구비의 배분 방법이 바뀜에 따라 과학아카데미 소속의 각 연구소와 대학에 배분되는 연구예산의 비율이 변하게 되었다. 소련 시대와 대조적으로 현재 국립대학의 자금 사정은 연구소보다 훨씬 좋아졌다. 따라서 대학교수의 평균 급여도 연구소의 연구자에 비해서 훨씬 높아졌다. 그리고 과학아카데미 소속의 연구자들은 연구소에서 연구를 계속하면서 교육활동에도 많은 시간을 할애하고 있다. 이러한 현상은 대학과 연구소 사이의 틈을 메우고 과학에 있어서 정상적인 세대 교체에 보탬을 주고 있다.

국가 교육기관의 재편성도 추진되고 있다. 국립대학이나 다른 고등교육기관 이외에 개인 또는 사회단체(종교단체를 포함하여)들이 대학이나 고등전문학교를 설립하고 있다. 물론 교육의 질적인 면에서는 새로 설립된 교육기관은 모스크바대학이나 피터스버그대학과 같은 전통 있는 명문 국립대학이나 모스크바물리공학고등전문학교와 같은 일류 단과대학에 비하면 일반적으로 낮다.

국립이 아닌 교육기관 중에서 특히 뛰어난 것은 모스크바자주대학 수학과이다. 이 학과의 창설에 즈음하여 두 개의 전통이 훌륭하게 통합되었다. 두 전통은 첫째, 니콜라이 콘스탄티노프가 수학의 재능이 뛰어난 중학생을 대상으로 오랫동안 시행해 온 전통과, 둘째, 우라지밀 아르노르드가 지도하는 모스크바 수학계의 전통이다. 수학 교육의 질적인 면에서 모스크바자주대학의 수학과는 다른 우수한 국립대학보다 그 수준이 훨씬 높다. 그러나 모스크바자주대학은 수학 이외의 과목 전반에 걸쳐서 교육할 준비가 되어 있지 않으므로, 학생들은 다른 국립대학에서 수강하고 있다.

모스크바자주대학 수학과에는 입학시험이 없다. 1학년은 수학 올림픽에서 입상한 학생 중에서 선발된다. 불가피하게 수학 올림픽에 참가하지 못했지만 수학을 전공하고 싶은 사람은 청강생으로 등록이 가능하다. 그리고 엄격한 학습이나 정기적으로 시행하는 시험에 통과하면 도중에 정식 학생이 될 수 있다.

교수들은 모두 아르노르드의 제자이다. 교과과정도 아르노르드의 의견을 따르고 있다. 두 사람 정도의 학생이 한 교수에게서 수강한다. 국립대학의 엄격한 조직 속에서는 자신의 교육 방침을 실현할 수 없다고 생각하고 있는 재능이 뛰어난 수학자는 모스크바자주대학 수학과에서 스스로의 구상에 따라 학생들을 교육하고 있다.

연구소의 재편성

RAS 소속의 연구소에서는 연구비 분배의 변화 이외에 조직상의 변화, 특히 연구소의 분할이 추진되고 있다. 레베데프 물리학연구소

(LPI)의 연구원은 1988년에 약 3,000명으로, 그 중 연구자가 약 900명인 종합연구소였다. 그러나 현재는 전문 분야마다 자치권을 가진 6개의 비교적 작은 부분 연구소로 나뉘어져 있다. 이러한 부분 연구소는 각각 300명에서 700명의 연구원과 특정한 연구 주제를 가진 연구소로 RAS에 소속하고 있다.

한편, 각 부분 연구소가 연구하고 있는 특정한 연구 주제 외에, 새로운 연구 프로젝트를 실현하기 위하여 LPI 소장인 레오니드 게르디쉬는 1992년에 레베데프 물리하연구센터(LRCP)라는 새로운 연구조직을 만들었다. 여기에 레베데프의 이름을 붙인 것은 LRCP가 LPI와 밀접한 관계가 있음을 강조하기 위해서였다. LRCP를 운영하는 최고 기관은 각 연구 프로젝트의 책임자로 구성된 학술협의회이다. LRCP는 RAS에 소속되어 있지 않다. 대신 운영·연구를 위한 자금을 국가 예산에서 지원받거나, 프로젝트의 지도자가 받아 오는 조성금에 의존하고 있다.

현재 LRCP에서 8개의 연구 그룹이 활동하고 있다. 각 그룹의 연구 프로젝트는 다양하다. 양자역학이나 블랙홀의 붕괴에 관한 연구로부터 핵물리학, 통계역학, 생물학에 이르기까지 물리학 전 영역을 연구한다. 이러한 프로젝트의 절반은 국제적인 성격의 것으로 미국을 비롯한 10여 나라의 과학자들이 참여하고 있다.

러시아 기초연구재단

러시아를 뒤덮고 있는 심각한 경제 상황에서 과학자들은 구 소련 시대처럼 연구자금을 풍족하게 받을 수 없다. 러시아에서는 이전처럼 연구비를 지원하는 것이 아니라 공정한 심사로 선택한 연구 프로젝트에 대하여 한정된 연구비를 지급하고 있다. 이를 위해 1992년 말 러시아 기초과학재단(RFFR)이 설립되었고, 그해 최초의 심사가 실시되었다. RFFR의 연구조성금은 소수의 연구자 그룹(10명 이하)이나 개개의 과학자가 제출한 독창적인 연구 프로젝트에 우선적으로 할당되고 있다. 구 소련 시대에는 대규모 연구소의 소장들에 의해서 연구비의 배분이 결정되었다. 따라서 RFFR의 이러한 방식은 러시아에서 전례가 없는 새로운 방법이었다. 지금은 과학자 누구나 RFFR에 대해서 연구조성금을 신청할 수 있다. 그러나 그것의 수용 여부는 재단의 전문위원의 협의에 의하여 결정된다.

독창적인 연구 프로젝트의 심사와는 별도로, RFFR은 다음과 같은 4개의 항목에 대하여 매년 심사하고 조성금을 지급한다. 1) 소수의 연구자 그룹(10명 이하) 또는 개개의 과학자의 연구성과의 출판, 2) 정보시스템 및 데이터베이스의 신설, 3) 기술적 연구의 기반 신설, 4) 러시아 국내 및 해외에서의 학술적 행사(회의 등)나 조직의 행사에 참가하는 것 등이다. RFFR이 운영하고 있는 자금은 별로 풍족하지 않다. 그러나 RFFR은 경제 상황이 개선되면 러시아 기초과학의 발전에 중요한 역할을 할 것으로 기대된다.

과학정책 관련기관

국가원수인 러시아 연방 대통령은 과학기술정책의 주요 목표를 결정하는 권한을 가지고 있다. 그리고 그의 자문기관으로 과학정책심의회가 있다. 이 협의회는 1995년 3월에 설립되었다. 한편 대통령 행정실에 대통령 프로그램분석센터가 소속되어 있고, 센터장은 국가과학기술정책의 수립과 추진, 과학기술 관련 대통령 포고령의 집행 등의 임무를 수행하며, 대통령 과학기술정책협의회가 필요로 하는 사항들을 지원하고 있다.

러시아 연방정부는 과학기술체제의 효과적인 관리를 위해 기타 부처 및 공공단체들의 긴밀한 상호관계를 유지하고 있는데, 기관의 조정 역할을 위해 과학기술정책위원회 일을 맡고 있다. 이 기관은 1995년 2월에 설립되었다. 주된 임무는 일관된 과학기술정책의 수립과 집행을 위해 과학기술과 관련하여 연방관료들과 RAS 및 기타 행정기관들의 활동을 조정하는 역할을 한다. 위원장은 총리가 맡고 있다.

또 과학기술정책을 수립하고 집행하는 핵심부처로 연방과학기술부가 있다. 그 임무는 과학기술 예측 및 과학기술 발전계획의 수립, 정부과학기술 프로그램의 수립 및 추진, 국가과학기술 인프라 개선과 연구개발 예산분배에 관한 제안서 제출, 과학 및 핵심활동을 고무시키기 위한 경제적 메커니즘의 개선, 과학기술 관련 법안의 제안, 국제 과학기술 활동의 조정, 과학정보체계의 개발 및 연구센터의 교육훈련 등이다. 특히 과학기술부는 기타 행정부처, 의회, RAS의 활동전개에 상호 긴밀한 협조를 하고 있다.

과학기술과 관련하여 경제부는 연방경제 프로그램의 추진과 조정, 과학기술 투자구조의 조정, 과학기술의 집약적인 장비나 기술에 대한 재원의 집중 등 임무를 수행하고 있다. 경제부는 이외에도 과학기술부와 상호협력하여 과학기술을 토대로 경제를 재구성하는 방안과 이에 필요한 재원의 분배방안 등을 결정한다.

끝으로 기타 행정부서들은 각 부서에 소속된 국영기업, 연구생산복합체, 연구소들의 과학기술을 조정하여 연방정부의 과학기술정책과 일관되도록 하고 있다.

Ⅵ. 전후 일본의 과학정책과 연구체제

1. 자립경제정책과 기술입국론

과학연구의 재편성

1945년 8월 15일 일본이 포츠담선언을 받아들임에 따라 15년에
걸친 침략전쟁은 끝이 났다. 일본의 생산능력은 제2차 세계대전으로
파괴적이라 할 만큼 크게 위축되었다. 더구나 국가가 전시동원체제로
과학기술을 철저히 관리한 나머지, 전시에 필요한 것 이외의 연구는
모두 중단되었다. 따라서 과학기술이 불균형하게 발전된데다가, 방사
능 관련 연구와 항공 관련 연구는 미국의 점령정책으로 패전 후 더욱
철저히 금지되었다.

한편 전시동원체제에서 해방된 과학기술자들은 생산을 부흥시키는
일과 일본의 장래에 대하여 신중히 검토하기 시작하였다. 우선 그들
은 전시동원체제 하의 과학기술의 위상을 비판하고 반성하였으며, 국
민을 위한 과학기술과 과학기술자의 위상을 새롭게 정립하는 데 온
힘을 쏟았다. 과학기술자들의 이러한 노력으로 전후 일본의 과학기술
체제는 전쟁 전과는 매우 다른 모습을 보이기 시작하였다. 점령군의
뜻도 그러하였고, 일본 정부 역시 전시동원체제의 본거지였던 제국학
사원을 존속시키려 하였다. 그러나 많은 과학기술자들은 이에 반대하
였고, 따라서 일본 정부는 1949년 제국학사원을 대신하는 심의기관으
로 총리부에 일본학술회의(JSC)를 설립하였다. 그리고 제1차 총회에
서 학문과 언론의 자유를 보장함을 명시한 성명을 발표하였다.

일본 정부는 1946년 12월 석탄산업과 철강산업에 중점을 둔 산업
부흥정책을 폈으나, 전쟁 후 생산설비가 극도로 파괴되고 기술이 낙
후하여 생산력은 회복되지 않았다. 그렇지만 부흥 4개년 계획에 따라
자립경제정책을 펴는 한편, 선진국가의 기술 도입을 추진하는 정책을

수립하였다.

일본 경제는 1950년의 한국전쟁으로 부활하기 시작하였다. 동시에 석유화학공업과 전자공업 부문의 기술의 도입을 급속히 진행시켰다. 더욱이 일본은 국제적으로 기술의 격차가 별로 없었고 저임금정책을 수립하여 국제경쟁력을 강화할 수 있었다.

이러한 상황에서 자본주의의 재편성을 시도했던 일본 정부와 과학기술자들은 과학정책을 둘러싸고 근본부터 대립하였다. 그 예로 원자력 문제를 둘러싼 격렬한 토론이 전개되었는데 히로시마, 나가사키의 피폭 때문에 일본이 원자력을 연구하고 개발하느냐의 여부가 토의되었다. 과학자들은 1954년 제16차 JSC에서 원자력 연구에 대하여 1) 무기의 연구는 결코 하지 않으며, 2) 연구상황을 발표하고 연구자의 상호협력을 보장하며, 3) 능력 있는 연구자는 누구든지 연구에 직접 참여할 수 있다는 세 가지 사항을 원칙으로 하는 '원자력 연구와 이용에 관한 공개·민주·자주의 원칙을 요구하는 성명'을 발표하였다.

원자력 정책이 거론되는 사이에 1956년 과학기술청이 설립되었다. 이 기관의 설립 목적은 과학기술에 관한 행정을 종합적으로 추진하고, 학술연구에 대한 국가의 통제를 강화하는 데 두었다. 이듬해에는 과학기술정책 결정기관을 설치하자는 여론이 정부와 재계로부터 나와 1959년 총리대신의 자문기관으로 과학기술회의(STC)가 발족되었다. 이 기관은 그 후 과학기술정책에 커다란 영향을 미쳤으며, 현재까지도 자문에 대한 답신은 커다란 영향력이 있다.

고도 경제성장 정책과 70년대 불황기

일본 국민과 정부의 대립은 미·일 안보조약의 체결로 인하여 1950년대보다 1960년대에 더욱 격렬하였다. 이러한 상황에서 STC는 자문 제1호로 10년 후를 목표로 하는 『과학기술진흥의 총체적 기본정책에 관하여』라는 보고서를 총리대신에게 보냈다. 여기에서 '10년 후의 목표'란 이공계 학생과 공업계 학생을 대량으로 양성하고 새로운 학과를 설치하기 위하여 대학을 확장하는 내용이었다.

한편 생산현장에서는 생산 제일주의를 지향하였고, 경제성장을 위해서는 무엇이든 하여도 좋다는 풍조가 나타났다. 이를 위하여 '동경올림픽'을 유치하였고, 토목건축과 교통기관 등에 많이 투자하였다. 특히 일반 가정의 내수를 촉진하기 위하여 가전제품을 개발하였다. 민간회사가 연구소를 설립하는 것도 특징적이었으나, 유감스럽게도 개발연구에만 중점을 두었기 때문에 기초연구에는 거의 투자하지 않았다. 그러나 생산제일주의 정책은 얼마 지나지 않아 커다란 모순을 낳았다. 안전성을 무시하고 값싼 설비를 투자하여 생산하려 하였기 때문에 1960년대 후반부터 1970년대에 걸쳐 공해문제가 나타났다. 도시의 대기오염, 미나마타병 등이 바로 그것이다.

STC는 이러한 이유로 1957년 제5답신을 발표하였다. 이것은 1960년대의 고도 경제성장 정책 때문에 등장한 공해문제에 관한 내용과 차세대 기술혁신의 싹이 되는 과학기술을 강화하는 내용을 담고 있었다. 그러나 일본은 1971년의 달러쇼크, 1973년의 오일쇼크로 경제적으로 큰 타격을 받았다. 이를 해결하기 위하여 필사적으로 노력하였으나 불황에서 탈출하기는 쉽지 않았다. 일본은 다시 생산의 합리화를 철저하게 추구하였고, 대량생산과 인건비의 절약(철저한 저임금)을 강화하였다.

일본 정부는 1970년대 후반부터 1980년대의 세계적인 불황을 어떻게 넘기며, 특히 어떠한 방향으로 21세기로의 과학기술정책의 기조를 몰고 갈 것인가에 대하여 문제삼았다. 정부는 그 해결방안으로 1974

년에 종합연구개발기구(NIRA)를 설립하였다. NIRA는 바로 '21세기의 과제'라는 주제로 거대한 프로젝트를 수립하고, 11가지 주제에 대한 연구를 민간 싱크탱크에 위탁하였다.

또 1977년에 『국제환경의 변화와 일본의 대응-21세기의 제언』이라는 보고서를 발표하였다. 보고서 제5장은 '보다 희망적인 삶의 방법으로서의 생존-기술입국'으로, 정부는 여기에서 처음으로 '기술입국'이라는 말을 사용하였고, 그 후 기술입국을 강조하는 정책을 폈다. 그리고 같은 해에 미국이 베트남이 전쟁 패배, 오일위기 등 국제환경의 급변에 대한 대응책으로 과학기술회의 제6답신을 내놓았다. 이로 인하여 생산현장에서는 산업의 합리화가 급속히 확산되고 집적회로의 연구에 관심이 모아졌다.

1960년대 후반부터 산업현장을 완전 자동화하는 데 성공하였고, 1970년대에는 자동차산업과 기계산업에 이르기까지 정밀한 컴퓨터를 도입하였다. 더욱이 컴퓨터의 고성능화, 소형화가 빠르게 이루어지자 인원감축이 점점 가속화되었다.

기술입국론

NIRA는 '기술입국'을 위한 정책방향을 설정하였지만, 어떤 기술을 중심으로 하는 기술입국인가가 명확하지 않았다. 그러나 일본은 첨단기술(하이테크놀로지)을 중심으로 한 컴퓨터, 항공우주, 생명공학, 정보통신, 도시개발, 원자력, 신기능소자, 산업용 로봇, 레이저, 파인세라믹 등에 초점을 맞추고, 이에 대한 연구개발을 어떻게 추진할 것인가를 구상하였다.

STC는 1984년 자문 11호로 '새로운 정세 변화에 대응하여 장기적 전망에서 본 과학기술진흥의 종합적 기본정책에 관한 답신'을 내놓았다. 이것은 기술입국의 추진을 시도하는 답신으로 구체적으로 세 가지 기본방침을 설정하였다.

첫째, 적극적인 연구개발이다. 산업, 정부, 학회에서 연구에 대한 역할분담을 확실히 하고, 연구개발의 중심을 민간인에게 옮기는 반면 기초연구는 대학이 분담한다. 둘째, 과학기술은 '인간 및 사회와의 조화'를 시도하면서 발전해야 한다. 지금까지의 과학기술은 물질적 풍요로움을 창조하는 것으로 인간과 사회에 커다란 편의를 가져왔고 인류 발전의 기대를 높였다. 그러나 경제성에 치우친 연구개발의 결과로 공해와 인간적 소외감이 등장하였고, 이것은 국민들 사이에 막연한 불안감을 조성하였다. 그러므로 '물량중심'에서 벗어나 '인간과 사회를 보다 조화하고 융합'시키는 것이 필요하다. 셋째, 국제성을 중요하게 여겨야 한다. 이것이 산업의 공동화에 활기를 띠게 하는 공장을 해외에 진출시켜 생산하는 '국제성'이다.

90년대의 과학정책

창조성이 풍부한 과학기술의 진흥　　일본은 21세기를 향한 새로운 문화와 문명의 기초인 과학기술에 대한 종합적 발전을 목표로 1) 창조성이 풍부한 과학기술의 진흥, 2) 과학기술 진흥의 기반 강화, 3) 과학기술에 대한 국제교류의 추진, 4) 국제개발 제도의 개선이라는 네 가지 기본적인 골격을 1990년대 과학기술의 기본 정책으로 삼았다.

이것을 위한 1990년대의 주요 연구개발 부문은 기초적·선도적인 과학기술, 경제의 활성화를 위한 과학기술, 사회 및 생활의 질적 향상을 위한 과학기술 등이다. 기초적이고 선도적인 과학기술로 첫째, 물질, 재료계의 과학기술의 연구를 추진하는 정책이다. 그것은 신재료가 경제사회에 미치는 영향이 매우 크며, 관련된 기술에 질적인 변화를 가져오고, 산업에는 물론 사회에도 큰 충격을 줄 것으로 판단되었기 때문이다.

둘째, 정보, 전자의 과학기술로 대규모 집적회로의 고도화와 고밀도화, 컴퓨터의 소형화와 고속화, 광디스크나 반도체, 레이저 등 기능성 전자재료나 전자 디바이스의 개발 등에 대한 첨단기술을 추진하는 정책이다.

셋째, 생명과학으로 여러 생물이 영위하는 복잡하고 치밀한 생명현상의 기구를 밝히고, 이러한 연구성과를 보건의료, 환경보전, 농림수산업, 화학공업 등 인간생활에 관련되는 여러 가지 문제를 해결하는 데 이용하도록 추진하는 정책이다.

넷째, 소프트계 과학기술로 지금까지 과학적 접근이 없었던 인간의 감성이나 창조성에 바탕을 둔 사고나 행동을 해명하며, 그 응용에 관하여 과학기술적 접근을 적용하고, 인간의 의지, 사고, 추리, 판단, 창조 등 지적 활동과 그에 따르는 행동의 기구를 밝히는 정책이다.

다섯째, 우주항공 과학기술로 우주개발 활동의 수행능력을 유지하기 위하여 선진국가와 적극적으로 협력하여 국제적 지위에 맞는 우주개발 활동을 펴고, 민간이 우주개발 활동을 추진하는 정책이다.

여섯째, 해양과학기술로 생물, 광물 등 다양한 자원, 특히 풍부한 에너지와 광대한 공간의 개발과 이용에 역점을 두고 해양과 지구환경, 해저지각의 이동과 지진, 화산활동 등을 연구하는 정책이다.

끝으로, 지구과학기술로 지구적 규모의 여러 현상을 해명하는 데 관련된 연구개발, 지구관측기술의 연구개발 등에 역점을 두는 정책이다.

한편 경제 활성화를 위한 과학기술의 추진 목표는 천연자원의 개발과 관리, 원자력을 비롯한 에너지의 개발과 이용, 생산기술과 유통 시

스템의 고도화, 자원의 재생과 활용, 사회와 생산에 대한 서비스 향상
이다. 또한 사회와 생활의 질을 향상시키기 위한 과학기술의 추진 목
표는 인간의 정신과 육체의 건강유지와 증진, 개성적이고 문화적인
생활의 향상, 쾌적하고 안전한 사회의 형성, 지구 전체의 시야에서 인
간환경의 개선 등이다.

과학기술 진흥의 기반 강화　사회의 요청으로 원활하고 효율적인
연구활동을 추진하기 위하여 과학기술 진흥의 기반을 강화하고 그것
에 충실하도록 한다.

이를 위하여 첫째, 정부는 연구개발자금을 확보하는 데 주력하고
있으며, 21세기를 향하여 양질의 과학기술을 축적하기 위하여 지속적
으로 연구개발에 투자하고 있다. 특히 국가가 추진하고 있는 기초연
구, 대형연구 프로젝트, 연구개발의 기초정비 등에 중점적으로 투자하
고 있다. 정부 부담 연구비는 GNP의 0.5%로 구미 여러 국가에 비하
여 매우 적으며, 특히 기초연구비의 비율은 13%로 매우 적다. 그러
나 민간부문의 연구개발 투자는 점점 증가추세를 보이고 있다.

둘째, 과학기술자의 처우를 개선하고 과학기술 인재의 양성을 위하
여 과학기술청에 해외유학제도를 설치하였다. 그리고 국립시험연구소
의 활성화와 함께 연구자의 질적 향상을 위하여 새로이 기초과학 특
별연구원제도를 창설하여, 독창성이 풍부한 젊은 인재들이 자발적이
고 주체적으로 연구할 수 있는 터전을 이화학연구소에 설치하는 등
인재양성에 힘쓰고 있다. 또한 대학원을 비롯한 고등교육기관을 확충
하여 보다 우수한 연구자의 양성을 꾀하는 한편, 일본학술진흥회의
사업으로 특별연구원제도를 창설하여 창조성이 풍부하고 우수한 젊은
연구자들의 육성을 시도하고 있다.

셋째, 연구교류의 촉진을 강화하였다. 지금까지의 여러 가지 법적인 제약 때문에 민간은 물론 외국 사람들과의 연구교류가 충분하지 않았다. 따라서 제도적으로 이것을 개선하여 학교, 정부, 기업 사이의 교류는 물론 외국과의 연구교류를 촉진하는 관련제도의 운영에 대한 기본방침을 수립하고 있다.

넷째, 과학기술정보의 유통을 강화하기 위하여 과학기술의 정보활동에 관련되는 기본 추진정책을 수립하였다. 과학기술 진흥을 위하여 과학기술청은 전국을 8개 지역으로 나누어 지역단위별로 지방과학기술신흥회의를 개최하였다. 이 회의는 과학기술에 관련되는 여러 기관과 산업계, 그리고 학계의 연대의식을 강화하고 있다. 또한 지역의 과학기술 진흥기반을 확립하기 위하여 관계자들이 한자리에 모여 국가와 지역의 정보교류, 그 지역의 과학기술의 진흥에 관한 여러 문제들을 검토하고 있다. 이외에 지역 첨단기술망, 중요지역 기술연구개발제도 등의 정비를 서두르고 있다.

과학기술에 대한 국제교류의 추진　　과학기술의 국제교류를 강화하는 데 중점을 두고 있다. 첫째, 선진국가와의 협력 활동으로 선진 2개국 사이의 협력 협정을 맺고 원자력, 에너지개발, 천연자원개발, 우주개발, 생명공학, 환경보전 등 선진국가 공통의 문제를 함께 연구하고, 한국을 비롯한 여러 개발도상국가와 과학기술협정을 맺고 여러 분야에서 협력하였다. 특히 구 소련과의 협력으로 1973년 10월에 체결한 소·일 과학기술 협력협정에 바탕을 두고 지금까지 6회의 합동위원회를 개최하여 원자력, 농업 등의 분야에서 정보교환, 전문가의 파견, 세미나 개최 등의 협력을 이룩하였다. 그 밖에 과학자의 교류가 일본과 구 소련 사이에 적극 이루어지고 있다. 나아가 동구 7개국과

도 과학기술협정을 맺고, 1990년 5월에 과학기술 협력조사단을 체코
에 파견하였다.

둘째, 다국 간의 협력으로 주요 국가 정상회담에 바탕을 둔 국제협
력에 참여하고 있다. 제8회 주요 국가 정상회담(베르사이유 서미트)
에서 미테랑 프랑스 대통령의 제언에 따라 과학기술의 협력문제가 처
음으로 대두되었고, 그 후 계속해서 이 문제를 거론하였다. 1991년 7
월 휴스턴 서미트에서 지구온난화에 대한 과학적이고 경제적인 조사
와 분석을 촉진하는 방안을 결의하였다.

셋째, 국제연합과의 협력으로 각종 위원회나 기관을 통하여 범지구
적 차원에서 해결해야 할 필요가 있는 천연자원, 에너지, 식량, 환경,
자연재해 등에 관련된 여러 문제에 대한 협력활동을 적극적으로 전개
한다. 특히 이러한 여러 문제에 심각하게 직면하고 있는 개발도상국
가와 과학기술협력을 강화하면서, 남북의 문제를 해결하기 위하여 노
력하고 있다.

일본은 OECD에 협력하고 있다. 과학기술에 관한 활동으로 과학기
술정책위원회(CSTP), 정보·전산기·통신정책위원회, 환경위원회, 공
업위원회, 국제에너지기관(IAEA) 등을 통하여 가맹국 사이의 의견,
경험, 정보, 그리고 인재를 교류하며, 통계자료를 작성하고, 공동연구
를 실시하고 있다. 특히 휴먼프런티어사이언스프로그램(HFSP)을 추
진하고 있는데, 이 계획은 생체가 지닌 우수한 기능을 해명하기 위한
기초연구를 국제협력을 통하여 추진하려는 것이다.

일본은 막대한 경제력에 힘입어 과학기술 분야에서 국제적인 공헌
을 시도하여 넓게는 인류 전체의 이익에 공헌할 뜻을 1990년 베네치
아 회의에서 밝혔다. 이러한 일본의 발의권은 국제적으로 높이 평가
받고 있다.

또 일본은 국제연구의 교류를 추진하고 있다. 일본은 예전부터 과학기술 협력협정의 범위에서 해외 여러 나라와 폭넓게 협력하고 있었다. 이것을 통하여 해외 여러 국가의 기대에 부응하고, 동시에 국제협력 속에서 일본의 과학기술의 진흥을 도모하고 있다.

끝으로 일본은 미래의 과학기술의 발전을 도모하기 위하여 각종 연구 개발제도를 실시하고 있다. 대형 프로젝트 개발제도를 비롯하여 과학기술진흥 정비제도, 창조 과학기술 추진제도, 차세대 산업기반 기술연구 개발제도, 후생과학 연구비 보조금제도 등을 마련하여 막대한 예산을 투입하여 이것을 실천하고 있다.

2. 과학정책 관련기관

자문 및 심의기관

일본은 고도의 과학기술을 바탕으로 산업을 성장시킨 결과 경제대국으로 성장하였다. 따라서 최근에 미국을 비롯한 선진국들은 일본의 과학기술의 발전의 배경이 되는 과학기술정책에 비상한 관심을 가지고 있다.

일본의 여러 과학정책 관련기관은 크게 넷으로 나눌 수 있다. 1) 과학의 기본정책에 대한 자문과 심의, 그리고 협의를 주목적으로 하는 자문·심의기관, 2) 기획·조정·심의, 그리고 경우에 따라 결정의 기능까지 지닌 기획·심의·결정기관, 3) 심의 결과에 따라 과학에 관한 행정실무를 수행하는 행정실무 수행기관, 4) 공적이 두드러진 과학자를 우대하기 위한 명예기관 등이다.

첫째, 자문·심의 기능을 맡고 있는 기관으로 과학기술회의(STC)

가 있다. 이것은 정부의 과학기술정책을 종합적으로 추진하기 위하여 1959년에 총리부의 부속기관으로 설치되었다. STC는 총리대신의 자문에 따르며, 과학기술에 관한 일반적이고 종합적인 정책 수립, 장기적이고 종합적인 연구목표 설정, 이것에 필요한 종합적인 정책을 수립하고 추진 방안의 기본적 결정을 맡고 있다. 이 회의는 의장과 10명의 위원으로 구성되며, 6개의 분과로 조직되어 있다.

또 일본학술회의(JSC)가 있다. 전쟁이 끝난 후 과학이 문화국가의 기초가 된다는 인식에서 이상적인 학술체제를 실현해야 한다는 소리가 높아졌다. 이에 따라 학술체제 쇄신위원회가 1947년에 설치되었고, 이듬해에 일본학술회의로 발족되었다. JSC는 각 부처 간 연락 및 조정이 필요할 경우에 이를 원활히 하기 위하여 과학기술행정협의회(STAC)를 그 아래에 두었다. 그러나 이 기관은 그 후 과학기술청이 설립되면서 폐지되었다.

JSC는 내외에 대한 과학자 대표기관으로 과학의 향상과 발전을 위하여 과학을 행정, 산업, 국민생활에 반영하고 침투시키는 것을 목적으로 한다. 그리고 이 목적을 달성하기 위하여 과학에 관한 중요 사항을 심의하고 그 실현을 꾀하는 심의적 기능과, 그 능률을 향상시키는 연구 연락의 기능을 지닌다. 210명의 JSC 회원은 다른 정부기관과 달리 3년에 한 번씩 유권자(연구자)에 의한 선거로 선출된다. 지금까지 일본학술회의가 정부에 권고한 항목 중 45%는 실현되었다.

또 교육부 아래에 있는 학술심의회는 1967년에 학술에 관한 교육부장관의 자문기관으로 설립되었다. 이 기관은 교육부장관의 자문에 따르며, 학술에 관한 중요사항을 조사하고 심의하며, 이에 관련된 사항에 대하여 교육부장관에게 건의하는 것을 목적으로 한다. 이 회의는 30명 이내의 학식이 풍부한 경험자로 이루어진 조직이다.

그 밖에 해양개발심의회, 산업기술심의회 등이 있다. 이들 학술회의
는 각 분야의 국제학술단체에 분담금을 지급하고 있는데, 현재 국제
학술연합회의(ICSU)를 비롯하여 44개 단체가 가입하고 있다.

둘째, 기획·조정·심의·결정 등을 맡고 있는 기관으로 원자력위원
회가 있다. 이것은 원자력법에 바탕을 두고서 원자력 연구, 개발 및
이용에 관련된 국가 시책을 계획적으로 수행하고, 원자력 행정을 민
주적으로 운영하기 위하여 1956년에 총리부의 부속기관으로 설립되
었다. 이 위원회는 위원장(과학기술청 장관)과 네 사람이 위원으로
구성되고, 6개의 전문분과가 있다.

셋째, 행정실무를 수행하는 기관으로 과학기술청이 있다. 이것은 과
학기술의 획기적인 진흥을 꾀하고, 일본의 경제발전과 국민복지의 향
상을 돕기 위하여 1956년에 설치되었다. 그리고 이 밖에 행정실무 수
행기관으로 교육부, 공업기술원, 일본학술진흥회(JSPS)가 있다.
JSPS는 계획국, 연구조정국, 진흥국, 원자력국, 원자력 안전국으로
구성되어 있다.

마지막으로 명예기관인 일본학사원이 있다. 이것은 학술상 공적이
두드러진 과학자를 우대하기 위한 기관으로 학술의 발달에 기여하기
위하여 필요한 사업을 하는 것을 목적으로 설립되었다. 회원은 150명
으로, 특히 영국의 왕립학회(자연과학 부문) 및 대영아카데미(인문사
회 부문) 등과 회원을 교류하고 있다.

종합연구기관·연구학원도시·이화학연구소

종합연구기관으로 종합연구개발기구(NIRA)가 있다. 이것은 미국
의 싱크탱크를 모방한 것으로 노무라 종합연구소, 미쓰비시 종합연구
소 등 민간 싱크탱크의 설립을 거쳐, 1947년에 정부차원의 종합연구

개발기구로 국가, 지방 공공단체, 민간이 출자한 기금으로 연구개발을 추진하는 법인체이다. NIRA는 현대사회가 직면하고 있는 여러 문제에 대하여 중립적인 입장에서 종합적인 연구개발을 추진하고, 국민복지의 증진에 기여하는 것을 목적으로 설립되었다. 특히 이 기관은 필요에 따라 각 계층의 두뇌를 그 때마다 동원하여 다양한 방식으로 유동적인 연구를 하고 있다.

한편 인재를 양성하고 연구를 함께 하는 연구학원도시가 있다. 현재 시기켄 쓰쿠바 지구에 건설된 쓰쿠바 연구학원도시는 새로운 일본의 두뇌도시이다. 이 도시에는 도쿄와 그 주변에서 이 지역으로 이전한 연구기관, 새로이 건설된 국립·시립연구기관, 대학연구기관, 민간연구기관, 교육기관 등이 꽉 들어차 있다. 따라서 높은 수준의 종합적이고 조직적인 연구와 교육이 가능하다. 그리고 일본 최초의 민간기업 연구단지의 건설이 이 근처에서 추진되고 있는데, 기술주도형 기업체들이 공동으로 이것의 설립을 모색하고 있다. 또한 쓰쿠바 연구학원도시의 건설에 자극을 받아, 관서지구(나라 근처)에 새로운 학술연구도시를 설치하려는 기운이 행정계, 재계, 그리고 학계에서 싹텄으며, 이미 건설이 끝나 일부 운영되고 있다.

1947년 과학연구소로 개편된 이화학연구소는 일본의 자연과학 연구기관 가운데 매우 특색 있고, 또한 물리학, 화학 두 부문에 걸친 거대 규모의 민간연구기관이다. 이 연구소는 초대 소장인 기쿠치(菊池)씨를 비롯하여 3대에 걸친 소장과 경영자의 탁월한 재능과 경영, 그리고 노력의 소산으로 창설 이래 끊임없이 많은 인재를 모아 훌륭한 업적을 올렸다. 연구소가 가속적으로 발전할 수 있었던 것은 당시 여러 방면에서 학계의 협력을 얻어 연구소의 육성에 주력하였고, 또한 이 연구소가 설립되는 과정에서 특별히 학계와 산업계의 원로, 특히

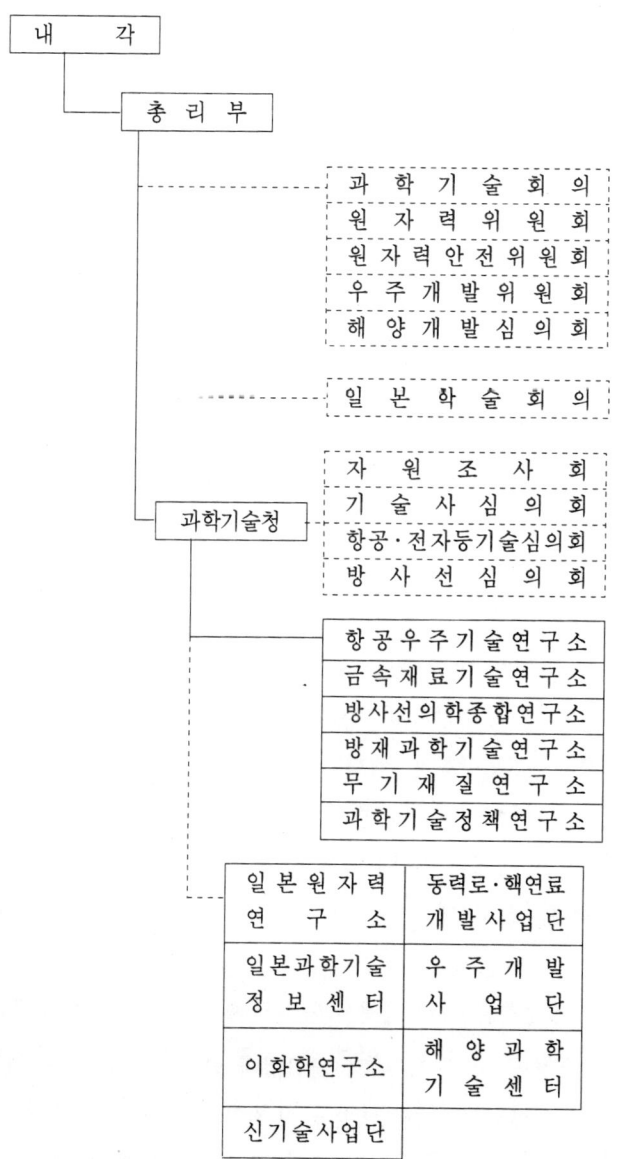

〈그림 8〉 일본 과학기술청 기구(1993년 10월 현재, STEPI 94-02)

금융계의 지도자가 연구소의 설립 취지를 충분히 인식하고 적극적으로 참여하였기 때문이다. 특히 각 분야의 재계인사들이 이 연구소를 적극 후원하였다.

이 연구소의 업적은 질적인 면과 양적인 면 모두에서 두드러졌다. 제2차 세계대전까지만 해도 특허 및 실용신안이 183건, 외국특허 193편, 그리고 2,756편의 논문이 나왔다. 그러나 전쟁으로 시설의 대부분이 파괴되었고, 운영 자체도 재정난으로 어려움이 많았다. 이러한 상황에서 연구소를 재건하려는 젊은 과학자들의 지지와 함께 물리학자 진카(仁科) 씨가 이 연구소의 제4대 소장으로 선출되었다. 그는 우선 연구소의 시스템을 재정리하는 한편, 페니실린을 연구하고 생산하는 데 역점을 두고 연구소를 육성해 나갔다. 그 결과 비영리사업만을 하던 이 연구소가 영리추구에 관심을 돌림에 따라 기초연구의 기능은 점점 마비되어 갔다. 그러나 그 후 연구소의 재정적 바탕이 확보되어, 다시 원래 기능인 기초연구에 역점을 두기 시작하였다.

이화학연구소는 우주방사선, 결정학, 원자물리학, 정보과학, 광공학, 지구과학, 유기합성화학, 핵화학, 생체물리학, 세포물리학, 제어분자계열, 곤충생리학, 미생물학 등 50개의 연구실로 구성되어 있다. 또한 부속기관으로 생명과학센터를 두어 유전공학 연구에도 힘쓰고 있다. 연구인력은 1991년에 모두 620여 명으로, 학위소지자는 268명에 이른다.

끝으로 '구조개혁을 위한 경제사회 개혁'이 1993년 12월 내각회의에서 결의되었다. 이것은 새로운 경제사회를 지지하는 기초로 '과학기술의 창조'가 자리잡고 있다. 그리고 이것은 독창적인 연구개발을 추진하며, 경제사회에서 과학기술을 효과적으로 응용하며, 또한 신규산업을 창출하고, 이를 통하여 경제를 개척하고 확대하여 활력을 지닌 풍요롭고 안정된 생활을 실현하는 사회를 구축하는 데 목표를 두고 있다.

이처럼 일본의 과학정책 기본 방향은 연구성과를 교묘하게 실용화, 산업화하고, 이후 기초적, 창조적인 연구성과를 이룩하는 데 초점을 맞추고 있다. 또한 기초연구와 응용연구, 그리고 개발연구의 조화를 시도하여 새로운 영역을 개척하여 21세기를 향한 경제사회를 발전시키는 데 주력하고 있다.

Ⅶ. 전후 우리나라의 과학정책과 연구체제

1. 과학정책의 형성과 전개

광복에서 한국전쟁까지 - 문교부 과학교육국의 설치

광복 직후 일본인들이 본국으로 돌아가자, 우리의 산업계는 완전히 마비상태에 빠졌다. 이런 상황 속에서 미군정은 나름대로 산업기술 부문에 관심을 기울였다. 우선 재건의 노력을 기울인 부문은 기상관측에 관한 것이었다. 그들은 중앙관상대를 재건하고 1945년 10월 단기과정의 기상관측훈련학교도 세웠다. 또한 상무부에 기술교육제도위원회를 설립하고 갖가지 정책을 수립하였으나 큰 효과를 거두지 못하였다.

또한 1948년 5월 문교부에 직업기술교육국(산업기술교육과와 과학진흥과)이 신설되어 산업기술에 대한 과제들이 본격적으로 다루어지기 시작하였다. 아울러 직업기술교육위원회도 설치되어 장단기 기술인력 수급계획안의 작성, 기술인력 양성 추진 및 지원, 기술자격증 제정과 심사, 이공계학생 해외유학 등에 관한 제반 정책이 시행되어 나갔다.

아울러 이공계 고등교육기관을 정비하기 시작하였다. 1946년 7월에 경성대학에서 국립 서울대학교로의 개편안이 발표되었다. 9개의 전문대학을 통합하여 종합대학교로 만드는 것이었다. 이를 통해 일본식 대학체제에서 미국식 대학체제로 바꾸었다. 우여곡절 끝에 서울대학교가 발족되면서, 미군정은 이 대학을 모델로 만들기 위해 집중적인 지원을 하였다.

한편 건국 초기 과학기술 관련기관이 탄생하였고, 문교부에 과학교육국이 설치되었다. 이 기구의 설립 목적은 학교에 따라 특수한 과학교육을 전문적으로 실시하기 위한 것이었다. 이 직제는 1950년 3월에 기술교육국으로 바뀌었다. 그 밖에 1949년 7월에 국립과학관이 발족하였다. 이 기간에 설립된 시험연구기관으로는 중앙공업연구소, 중앙지질·광물연구소(1946), 중앙농업시험장(1947), 중앙관상대 등 이었다.

그러나 과학기술에 관한 종합적인 정책을 세우고 이를 지원하며 조정할 통합된 행정체제가 없었기 때문에 어떤 적극적인 계획을 수립하고 추진할 수 없었다. 따라서 광복에서 한국전쟁까지의 기간은 과학정책의 공백시기라 볼 수 있다.

한국전쟁에서 5·16혁명 이전까지—원자력원의 설립

50년대 중반까지 한국의 과학기술계의 상황은 정책, 행정, 체계, 인력, 시설 등 거의 모든 측면에서 불모지의 상태였다고 볼 수 있다. 따라서 한국전쟁 이후에도 과학기술정책은 여전히 거의 부재했다고 볼 수 있다. 그러나 한편으로 과학정책에 대한 관심이 증대하였다. 그 예로서 1956년 중반에 원자력 연구에 대한 관심이 높아짐에 따라 즉흥적이나마 과학정책이 수립되었다. 1956년 3월 문교부 기술교육국에 원자력과가 새로이 설치되었다. 이를 통해 원자력에 관한 정부 차원의 행정체계를 갖추게 되었다.

한편 1958년 3월 원자력원이 설립되었다. 이는 전반적인 정책의결기관인 원자력위원회, 사무총국, 원자력의 연구개발기관인 원자력연구소 등 세 부분으로 구성된 대통령 직속의 독립기관이었다. 이로써 원자력원은 과학기술을 전담한 최초의 독립된 정부기구가 되었다. 이어서 1959년 원자력원의 직제와 구성이 완료되었고 의욕적인 계획도 수립되었으나 4·19, 5·16 등의 정치적 격변과 원자로건설의 지연으로 원자력 연구는 제대로 이룩되지 못하였다.

전쟁이 끝나자 황폐화된 제반시설의 복구 및 재건사업이 외국 원조 기관의 후원으로 추진되기 시작하였다. 1951년부터 1966년까지 한국이 받은 기술원조는 1) 미국의 국제개발처(AID/DG)에 의한 원조, 2) 국제연합 및 전문기구에 의한 각종 기술원조, 3) '콜롬보' 각 회원국에 의한 기술협력, 4) 서독을 비롯한 기타 외국 정부에 의한 기술협력이었다.

이와 같은 외국의 원조 중 30% 정도는 용역계약과 외국기술자 초청이 차지하였다. 특히 공무원과 기업체 직원들을 주로 미국에 1년 이내의 기간 동안 파견하여 기술에 관한 실습훈련을 시켰다. 또한 해외 유학에 의한 과학기술교육을 진흥시켰다. 1954년과 1955년에는 각각 1,000명을 넘는 유학생이 해외로 떠났다. 이공계 분야가 압도적으로 많았는데, 그것은 정부가 자연계 분야의 유학을 적극 장려했고, 전쟁을 치르면서 사회적으로 과학기술의 중요성이 널리 인식되어진 데 있었다.

60년대의 과학정책 - 경제기획원 기술관리국의 설치

1960년대로 접어들면서 "모든 사회·경제적 악순환을 시정하고 자립경제 달성을 위한 기반을 구축한다"는 목표를 세웠다. 우선 제1차 경제개발 5개년계획(1962~66)을 통해 산업구조의 개선과 산업의 근대화를 통한 공업화를 실천하게 되었다. 정부는 공업화 과정에서 과학기술이 차지하는 역할의 중요성을 인식하고, 그 저력을 배양하기 위해 경제개발계획과 병행하여 제1차 과학진흥 5개년계획(1962~66)을 수립하고 추진하였다. 이로써 정부는 과학정책이 종래의 교육정책적 차원을 넘어서 국가 경제발전을 위한 하나의 중요한 추진력이라는 것을 인식하게 되었다. 따라서 과학기술 행정체제의 구축이 시작되었다.

정부는 1961년 7월 과학기술 전담 행정기구로서 경제기획원 안에 기술관리국을 우선 설치하였고 1964년 2월 정책기구로서 경제과학심의회를 설치하였다. 제1차 기술진흥 5개년계획의 수립은 이 기간 중에 필요한 기술 인력의 수급과 기술도입 계획 이외에도, 과학기술진흥의 국가적인 제도화 방안이 제시되었다는 데 큰 의의가 있다. 이 계획은 과학기술의 획기적인 진흥을 위한 기본법으로서 '과학기술진흥법'을 비롯하여 기술사법, 직업훈련법을 제정하는 한편, 과학기술행정의 종합적, 합리적인 일원화를 위한 정책이 기술관리국에서 시행되었다. 이 기구는 우리나라 정부기구 내의 첫번째 과학기술 전담 행정부서가 되었다.

70년대의 과학정책 – 정부출연연구기관의 설립

정부는 60년대의 2차에 걸친 경제개발 5개년계획을 통해 수출주도형 압축성장으로 고도성장을 달성하였다. 따라서 70년대로 접어들어 정부는 이를 시행하기 위하여 우선 행정체제를 개편하였다. 그 예로 종합과학기술심의회를 설치하였다. 이 심의회는 우리나라의 과학기술에 관한 최고 정책조정기구로서 과학기술진흥정책과 투자계획의 종합조정을 위하여 국무총리 소속하에 설치되었다.

또한 정부는 연구조직을 육성하였다. 그 좋은 예로 정부출연연구기관을 설립하고 이를 육성해 나갔다. 출연(연)은 국가의 과학기술혁신 수요에 적극적으로 부응하고, 자체 기술개발 능력의 축적 및 향상을 도모하기 위해 우수한 연구인력과 최신의 연구설비를 갖춘 정부 주도로 설정된 연구조직으로서, 정부의 재정적 지원으로 설립, 운영되는 기관이다. 이 연구소의 목표는 1) 우리나라 과학기술의 기반 조성을 주도하고, 2) 선진기술을 도입하고 소화하며 국산화, 연구개발의 선도를 통한 국가 산업경쟁력 확보 및 복지사회 건설에 있다.

고급인력을 확보하기 위하여 이공계대학을 확충하고 발전시켜 나갔다. 70년대의 대학에 대한 국가 과학정책 중 주요 내용은 1) 국가 기술자의 주요 양성 공급원인 4년제 이공계의 확충 및 기능적, 지연 특성화, 2) 현장기술자의 원활한 공급을 위한 2년제 공업계 전문대학의 확대, 3) 이공계 대학원인 한국과학원(KAIS)의 설립 및 운영을 통한 고급 과학기술 두뇌의 양성을 주요 내용으로 하고 있다.

특히 크게 늘어나는 과학기술 두뇌의 수요에 효과적으로 대처하기 위한 시책의 하나로, 1968년 정부 예산으로 '재외 한국인 과학기술자의 유치 사업'을 처음으로 착수하였다. 이 사업은 지금까지도 계속하여 시행되어 많은 성과를 거두었다. 또한 정부는 해외의 한국인 과학기술자들이 현지에서 '재외 한국인 과학기술자협회'를 조직, 운영하는 것을 지원하고 있다. 이로써 국내 과학기술계와 서로 밀접한 유대관계를 맺게 하고, 필요한 정보의 교환, 해외 두뇌의 국내유치 및 현지 활용을 적극 추진해 왔다. 그리고 국내 과학기술 관련 단체와 해외과학기술자협회의 협조로 매년 정기적으로 국내외 과학기술자의 종합학술대회를 개최하는 등 상호간의 연구활동 증진 및 국내외 과학기술정보의 교환을 돕고 있다.

과학기술 인구의 저변확대를 위하여 1970년대 이전부터 지금까지 정부는 과학기술 풍토 조성사업을 계속 추진해 왔다. 과학기술처는 1967년 발족과 함께 우리의 경제 개발과 사회·문화의 근대화를 위해 국민의 과학기술에 대한 이해 증진과 과학기술의 생활화가 매우 중요하다는 인식 아래, 과학기술의 풍토를 조성하기 위한 구체적인 시책을 강구하였다.

1969년 새출발한 국립과학관은 그 좋은 예로, 주요사업의 하나는

1949년부터 전국과학전람회를 개최하였다. 또한 1969년 재단법인 한
국과학기술후원회가 설립되어 은퇴한 과학기술자들에게 재정적 지원
을 함으로써 과학기술자를 존중하는 사회적 풍토를 조성하는 사업에
착수하였다. 또 1967년부터 4월 21일을 '과학의 날'로 정하고, 1969
년부터 '과학의 날' 행사를 과학기술자대회와 병행하여 해마다 개최하
고 과학기술자를 포상하였다.

한편 한국과학기술단체총연합회는 1972년 4월 21일, 산하 123개
학회·협회 및 단체의 과학기술자를 중심으로 새마을 기술봉사단을
창단하여 당시 국민운동으로 추진중이던 새마을 사업을 지원하였다.
70년대 말부터 한국과학기술단체총연합회를 통한 정부의 재정지원 규
모가 크게 확대되어 학회의 활동을 크게 뒷받침하였다. 1974년부터
이 단체와 재외한국과학기술자협회가 공동으로 개최하는 국내외 한국
인 과학기술자종합학술대회를 재정적으로 지원해 왔다. 1987년에는
세계 정상수준의 연구성과를 낸 기초과학자를 포상하는 한국과학상이
제정되었다.

80년대의 과학정책-기술우위정책

80년대의 과학기술정책은 새로운 전기를 맞이하였다. 국가 최고 통
치권자의 강력한 뒷받침 속에서 기술우위정책을 통하여 가용자원을
과학기술 부문에 최대한 투입하고, 우리의 기술 수준을 단기간 내에
선진국 수준으로 끌어올리고 선진국 실현에 있어서 견인차 역할을 수
행하기 위한 정책들이 추진되었다. 대통령이 참석하는 기술진흥확대
회의를 통하여 과학기술 발전에 따르는 여러 과제들을 종합적으로 검
토하고 과학기술 발전방향을 정립하며, 이를 강력하게 추진할 수 있
는 정책대안들을 발굴, 실행할 수 있는 체계가 구축되었다.

기술진흥확대회의를 실무적인 입장에서 지원하면서 기술혁신시책의 종합성과 일관성을 조정·유지하기 위한 실무적인 정책협의체인 기술진흥심의회를 운영하는 한편, 기술개발과 관련된 시책과 제도를 산업현장에서 적극적으로 활용하여 기술혁신정책을 효율적으로 추진·보급하기 위한 기술진흥지역협의회를 운영하였다. 또한 제6공화국에 들어서는 과학기술진흥회의가 기술진흥확대회의를 대신하여 1989년부터 개최되었다.

80년대 이전까지 주로 이루어졌던 선진기술의 도입·개량의 토대 위에서 80년대에는 국내 주력산업과 주력제품의 기술집약화를 촉진하기 위한 핵심전략기술의 개발에 정책의 초점이 모아졌다. 즉 섬유, 석유화학, 전자, 기계, 조선, 자동차 등을 주력으로 민간기업들의 연구개발 투자의욕을 고취시킬 수 있는 각종 지원제도를 마련하였다.

또한 세제, 금융 등 정부의 기술개발 지원제도를 대폭 개편·강화하여 지원제도의 실효성을 높이도록 하였으며, 정부구매제도의 개선을 통하여 산업계의 기술개발 의욕을 고취하고자 하였다. 특히 산·학·연 협동체제의 강화를 통하여 연구개발의 실용화를 촉진하는 한편, 정부출연연구소 및 대학의 민간기업에 대한 지원활동을 확대하도록 하였다.

또한 민간주도 체제를 조기에 정착하기 위하여 산업계의 기술개발 활동을 간접적으로 지원하기 위한 기술개발의 기반 구축을 강화하는 조치들도 추진되었다. 먼저 출연(연) 및 대학의 연구 능력을 강화하기 위하여 정부주도 연구개발사업의 규모를 계속 확대해 왔다. 아울러 대덕연구단지 및 지역별 기술개발거점을 구축하기 위한 정책적 노력이 80년대에도 계속되어 각 지역별로 기업의 기술개발을 지원할 수 있는 거점의 형성을 지원하였다. 또한 기업들이 기술개발정보를 손쉽게 입수·활용할 수 있도록 국가 기술정보유통체제의 구축 및 정보 서비스 제공 기능의 확대가 추진되었다.

한편, 기업들의 선진기술 도입을 보다 원활하게 추진할 수 있도록 70년대 말부터 시작된 기술도입 자유화 정책을 80년대에는 더욱 적극적으로 전개하였다. 또한 기업들이 기술의 원산지인 선진국에 진출하여 현지에서 첨단기술을 직접 습득할 수 있도록 기업의 해외 연구개발 활동을 적극 지원하였다. 아울러 기업들의 선진국 기업들과의 기술협력을 촉진·지원하기 위하여 선진국 정부와 호혜적인 과학기술협력을 추진하기 위한 과학기술 외교 활동을 대폭 강화하였다.

또 한편 우선 선진국에 비해 크게 부족한 창조적 기술개발을 담당할 과학자의 양성·확보를 위해 한국과학기술원(KIST)의 석·박사과정을 크게 확대하였고, 과학영재를 조기에 발굴하기 위하여 4개의 과학고등학교를 설립·운영하면서 과학기술대학(KAIST)을 설립하여 과학영재를 위한 특수대학과정을 운영했다. 이리하여 과학고등학교→과학기술대학→한국과학기술원으로 연결되는 정예 인재양성 체제를 정립하여 창의력이 넘치는 20대 초반의 박사급 고급두뇌를 양성하는 체제를 갖추었다. 또한 대학원 중심의 대학체제로 유도하는 한편 장학금 지급을 확대함으로써 이공계 대학원 교육의 질과 양이 크게 향상되도록 하였다.

이러한 정부의 적극적인 기술도입 정책과 민간기업의 기술도입 의욕에 힘입어 80년대 중반 이후 기술도입은 급격한 증가를 보여 왔다. 이러한 기술도입 촉진 시책과 더불어 80년대에 들어오면서 기술의 원산지인 선진국에서의 연구개발 활동을 통하여 선진기술의 습득을 유도하기 위한 시책도 전개하였다.

그러나 전체적으로 볼 때 80년대에 기업체 해외연구조직은 미미한

<표 3> 해외연구센터 현황

	전기·전자	자동차	기 타	합 계
미 국	15	4	5	24
일 본	8	3	1	12
유 럽	7	2	4	13
러 시 아	1	-	1	2
합 계	31	9	11	51

자료 : 서중해·이명진,『민간기업의 해외 연구개발 활동 현황 및 과제』, 1995

편이었고, 90년대부터 크게 활기를 띠기 시작해 1994년 말 현재 우리나라 민간기업의 해외연구소 또는 기술개발 목적의 현지법인 수는 51개에 이르렀다. 그런데 이들 해외연구센터들은 대부분 90년대에 설립된 것이다.

한편 80년대에는 2000년대에 선진국 수준에 도달해 있어야 한다는 우리의 국가적인 목표를 달성하기 위해 2000년대를 향한 과학기술발전 장기실천계획을 1986년 제1회 기술진흥확대회의에 보고하여 확정하였다. 이 계획은 1987년부터 시작된 제6차 5개년계획부터 시책에 반영되었다. 이 계획의 기본목표는 2000년대 선진복지사회의 실현을 과학기술면에서 선도하기 위하여 세계 10위권의 기술선진국을 구현한다는 것이며, 반도체·통신·정밀화학·기계자동화기술을 포함한 특정 분야에서 세계 최선진국 수준에 도달하는 데 있다.

끝으로 과학기술처는 제6차 경제사회발전 5개년계획의 하나로 제6차 과학기술부문계획(1987~91)을 수립하였다. 제6차 과학기술부문계획은 2000년대를 향한 과학기술발전 장기계획의 제1단계 실천계획으로, 급속히 전개되고 있는 과학기술의 변화에 효율적으로 대처하여 2000년대 세계 10위권 기술선진국을 구현하기 위한 기반을 확고히

구축하기 위한 것이었다. 그러나 이 계획도 1988년 전체 6차 경제사
회발전 5개년계획이 재조정됨에 발맞추어 과학기술부문 수정계획
(1988~91)으로 바뀌었다.

90년대의 과학정책 – 과학기술의 고도화와 세계화

1990년대에 들어와 추진된 과학정책은 기본적으로는 80년대의 정
책을 계승하고 있지만, 변화된 국내외적인 환경에 능동적으로 대응하
기 위해 새로운 기조 위에서 전개되었다. 90년대에 추진되고 있는 과
학정책은 대체로 과학기술의 고도화와 세계화의 달성을 주된 기조로
하고 있다. 그래서 90년대에 들어와 추진된 각종 과학정책은 80년대
와 연속성을 유지하면서도 동시에 상당한 차이점들을 보여주고 있다.
과학기술의 세계화는 과학기술의 고도화와 더불어 90년대에 들어와
추진된 핵심적인 과학정책이다. 그것은 지역적 경제블록이 가속화되
는 등 90년대에 들어와 새로운 국제질서를 형성하는 수많은 변화가
전개되고 있다.

이러한 국제환경 속에서 우리나라도 자체적인 연구개발 노력과 함
께 해외 선진기술의 이전을 위해 기술개발의 세계화를 적극 추진하고
협력대상별 기술협력관계를 보다 강화하고 있다. 이는 사실 80년대까
지의 과학정책과는 근본적으로 달라진 모습이라 할 수 있다. 아울러
정상외교와 관련해서도 80년대와는 달리 90년대에 들어와서는 과학
기술이 정상외교의 핵심의제가 되고 있다는 점에서 커다란 차이를 보
여주고 있다. 그것은 크게 국제기술협력과 국제기술이전으로 나누어
생각할 수 있다.

과학기술처는 90년대에 들어와 과학기술에 대한 국민 이해를 제고
시키고 과학기술을 대중화하기 위한 다양한 정책을 추진하여 왔다.

이처럼 정부가 90년대에 들어와 과학기술 대중화정책을 추진하게 된 까닭은, 다가오는 사회가 과학기술이 지배하는 사회로 과학기술이 국가발전의 원동력이 되고 국가발전을 활력있게 추진하는 모체가 되기 때문이다. 뿐만 아니라 한 나라의 과학기술발전은 정부나 과학기술자들만의 노력으로 이루어지는 것이 아니라, 사회구성원 모두가 과학기술의 중요성을 깊이 인식하여 이를 생활 속에 수용하고, 나아가 과학기술이 지속적인 발전을 이룰 수 있을 것이라는 판단을 하였기 때문이다.

이를 위하여 지금 선진국 일부에서는 각급 교육기관에서 STS(Science/Technology/Society)교육을 실시하고 있다. 우리도 가능한 한 빨리 STS 교육제도를 도입해야 하는데, 이를 조직적으로 연구하기 위해서는 무엇보다도 과학학(Science Studies)의 연구가 선행되어야 할 것으로 생각한다. 그것은 과학학이 과학정책연구의 기초로서 역할을 하기 때문이다. 과학학은 과학사, 과학철학, 과학사회학, 과학정책, 과학경제학, 과학경영학 등을 포함하는 간학문적 성격을 띠고 있다.

2. 과학정책 관련기관

과학기술처

1967년 3월 과학기술처의 설치가 공포되었다. 최초에는 2실(기획관리실, 연구조정실), 2국(진흥국, 국제협력국)과 산하에 원자력청, 국립지질조사소, 중앙관상대를 둔 조직으로 출범하였다. 과학기술처는 "과학기술진흥을 위한 종합적 기본정책의 수립, 계획의 종합과 조정, 기술협력과 기타 과학기술진흥에 관한 다수를 관장한다"는 목적에 따라 설치하였다. 따라서 우선 과학기술진흥의 기본 방향을 설정하고 행정제도와 법령을 포함한 체제의 정비, 종합조정제도의 발전, 장기 발전방향 설정을 위한 과학기술진흥 장기계획의 수립을 위한 작업에 착수하였다.

첫째, 과학기술진흥의 전망을 제시하였다. 과학기술처는 발족과 함께 20년 앞을 내다보는 장기전망에서 우리나라의 과학기술이 도달해야 할 목표를 설정하고, 이 목표에 이르기 위한 개발전략을 모색하기로 하였다. 1967년에 착수한 과학기술개발 장기종합계획(1967∼86) 수립 삭업은 400여 명의 전문가들의 자문과 협력을 얻어 1968년에 완성되었다.

둘째, 과학기술처는 체계적인 개발행정을 추진하기 위한 기초정비 작업에 착수하였다. 우선 행정의 기초가 되는 법령의 기초작업에 착수하여 과학기술진흥법의 시행령을 비롯하여, 한국과학기술연구소(KIST)와 한국과학기술정보센터(KORISTIC)의 육성법을 포함한 모두 50여 건의 법령을 제정하였다. 또 과학기술처 장관의 정책결정을 자문하기 위해 과학기술진흥위원회, 인력개발위원회, 원자력위원회를 포함하여 14개의 각종 위원회를 신설하였다.

셋째, 과학기술처는 종합조정에 나섰다. 국가 전체로서의 과학기술 개발 투자의 방향을 제시하고, 과학기술개발 활동의 일관성, 유기성을 유지하며, 다분화되고 산발적인 과학기술개발 투자를 지양하여 낭비를 방지하고 투자의 효율성을 높이는 작업을 하였다.

한국과학재단

70년대 기초과학 분야에 대한 정부의 지원과 정책은 미흡한 실정이었다. 그러나 산업구조가 고도화되고 요구되는 기술 수준이 올라감에 따라 기초과학연구에 대한 필요성이 점차 증대되었다. 이러한 기초과학연구의 활성화를 위해 무엇보다도 대학연구활동의 강화 및 대학 교육내용의 질적 향상, 국공립시험연구기관과의 긴밀함 협조체제, 산학협동 정신에 입각한 산업계와의 긴밀한 유대강화, 그리고 국제간 학술교류활동에 대한 적극적인 지원이 중요하였다. 이러한 배경에서 1976년 과학기술처와 미국의 국립과학아카데미(NAS)가 공동으로 수행한 과학재단 설립법에 대한 타당성 조사를 토대로 '한국과학재단법'을 제정, 1977년 5월 한국과학재단을 설립하였다.

이 재단은 첫째, 과학기술연구 활동을 시작하고, 과제의 선정 및 평가의 실시를 통하여 연구활동을 국가발전 목표에 부합할 수 있도록 체계 있게 유도 지원하고, 둘째, 대학의 연구와 교육을 밀착 심화시키고 대학교육의 쇄신을 시도하며, 셋째, 국제공동연구와 과학기술자의 상호교류를 촉진하여 과학을 통한 국제협력의 증진을 위하여 사업을 국가적인 차원에서 조직적으로 지원하고 과학기술의 창조와 진흥에 이바지함을 목적으로 하고 있다. 과학재단의 사업은 대개, 연구지원금의 지급, 국제협력사업 추진, 연구장학금제도의 운영, 연구인력양성, 산학협력과 그의 지원 등이다.

국립중앙과학관

1949년부터 존속되어온 국립과학관은 1969년 문교부로부터 과학기술처로 이관된 것을 계기로 새로운 발전의 기틀을 다졌다. 1970년에는 지상 5층에 연건평 969m²의 본관건물이 완공되었고 또한 1978년 산업기술관이 완공됨으로써 과학관은 종합전시관으로서의 면모를 갖추게 되었다. 또 과학기술처는 우리나라 과학기술의 과거, 미래, 현재를 한눈에 볼 수 있는 국제 수준의 과학관 건립을 구상해 왔다.

1989년 충남 대덕연구단지에 중앙과학관을 완성하였고 1990년 대덕
연구단지에 이전하여 개관하였다. 이 국립중앙과학관은 주요 시설로
상설전시관, 특별전시관, 천체관, 영화관, 공개과학교실 등을 갖추고
있다.

국·공립연구기관

93년 말 현재 우리나라 이공계 연구개발과 관련된 국·공립연구기관
은 총 83개이다. 조직 형태별로는 중앙행정기관 소속 연구기관이 32개,
지방자치단체 소속이 51개 기관으로 연구분야별로는 농학분야가 65
개로 대부분을 차지하고 있고, 공학분야 7개, 의학 4개, 이학 3개 등
의 분포를 보이고 있다. 이를 업무성격별로 구분해 보면 연구업무나
시험만을 전문으로 하는 기관은 각각 2개, 8개에 불과하고, 시험과
연구업무를 병행하는 기관이 66개로 거의 대부분을 차지하고 있다.

정부는 90년대에 들어와 UR 등과 더불어 농산물협정이나 GR 등
일련의 국제 무역규범의 제정과 관련하여 국공립연구기관의 중요성을
강조하고 있다. 특히 국·공립연구기관이 표준과 관련된 시험이나 농
학, 국민보건과 관련된 의학 등의 분야에 집중되어 있다는 점을 감안
하고 이들 기관의 역할을 제고시키기 위한 방안들을 모색하고 있다.

한국과학기술연구소(KIST)

1963년도의 우리나라의 시험연구기관은 80여 개가 되었다. 그러나
그 주종은 국공립기관으로서 이들의 활동은 대부분이 행정지원적인
시험, 검정, 분석업무를 주축으로 하고 있었다. 소수의 대학부설연구
소도 기초과학 연구기능보다는 학생의 실험, 실습 위주의 교육적 기
능에 머물고 있었다. 또 산업기술 개발의 주역을 담당해야 할 민간기

업체는 기술축적이 없어 제품의 분석, 검사 등 초보적 품질관리 업무에 그치고 있었다. 따라서 경제개발계획의 추진과 함께 근대적인 과학기술개발 능력을 갖춘 새로운 공업연구기관의 출현이 필요하고도 적절한 전략으로서 대두되었다.

이러한 상황에서 1965년 5월 박정희 대통령이 미국을 공식방문하여 존슨 대통령과 제반 문제를 협의하는 자리에서, 양국 정부는 공업발전을 뒷받침할 수 있는 종합연구기관을 설립할 것에 합의하였다. 이에 따라 새로운 공업연구기관인 KIST의 설립 작업이 착수되었다.

KIST는 국내의 기존 연구기관이 갖고 있던 여러 문제점을 원천적으로 해결하고, 선진국의 성공한 연구소의 장점을 소화하고 흡수하여 연구의 자율성 확립, 연구의 안정성 보장, 그리고 합리적인 연구 분위기의 조성을 3대 기본이념으로 삼았다.

KIST는 그 설립목적과 사명을 다하기 위하여 운영에 필요한 원칙을 설정하였다. 여기에는 선진공업국가들의 연구기관의 성공적인 실적들을 참작하였다. KIST는 우선 국가경제개발계획 추진에 가장 기여도가 높은 연구개발 분야를 선정하였고, 이와 같은 연구과제를 수행할 수 있는 능력 있는 연구원의 충원과, 이들이 필요로 하는 연구시설을 완비하였다. 그리고 연구업무 수행에 적절한 기구 및 조직을 마련하였다.

KIST의 기구의 특성의 하나로 정부, 산업계, 학계의 대표로 구성되는 이사회를 두어 연구소 운영에 관한 정책결정과, 재정확보에 관한 책임 있고 영속적인 배려를 가능케 함으로써 연구소의 안정성이 더 확보되도록 하였다. 19개 기관 중 국방과학연구소, 한국과학기술정보센터, 한국과학재단의 3개 기관을 제외한 16개 연구소를 9개 기관으로 통합 개편하여 과학기술처 산하로 주무부처를 일원화하게 되었다.

정부출연연구기관

현재 과학기술계 정부출연연구기관[이하 출연(연)]은 과기처 산하
에 22개 기관(9개 부설기관 포함), 상공부 2개(1개 부설기관 포함),
건설부 1개, 농수산부 1개, 재무부 1개, 체신부 1개 기관으로 총 28
개 기관에 이르고 있다. 그런데 출연(연)은 90년대는 가히 격동의 시
대라고 할 수 있다. 80년대를 거치면서 이를 둘러싼 환경이 급격하게
변화하여, 90년대 들어와 이에 적극적으로 대응할 수 있도록 다양하
게 변신을 꾀하지 않을 수 없었다.

90년대에 들어와 출연(연)이 기업에 비해 연구생산성과 경쟁력이
크게 뒤떨어지고 있다는 지적과 함께 기관운영 및 연구관리상 비효율
적인 문제점들이 많이 표출되었다. 그리고 국가 경제·산업에 대한 기
여도가 저조하다는 많은 비판이 제기되면서, 국가 전체의 연구개발체
제 속에서 출연(연)의 위상을 시대적 상황에 맞게 재정립해야 할 필
요성이 대두되었다.

이에 따라 정부는 21세기 과학기술 선진 7개국 수준 진입이라는
국가발전 목표를 출연(연)이 적극 뒷받침할 수 있도록 출연(연)의
기능과 운영을 정밀 진단·점검하여 합리적으로 개선할 수 있도록 다
양한 정책들을 추진해 왔다. 그리하여 최근 새로운 정부의 출연과 함
께 출연(연)에 대한 통폐합 움직임을 보이고 있다.

한국과학기술대학(KAIST)

KAIST는 산업발전에 필요한 과학기술 분야에 심오한 이론과 실제
적인 응용력을 갖춘 고급 과학기술 두뇌의 양성을 목적으로 1971년

208

에 설립된 한국과학원(KAIS)을 모체로 설립되었다. KAIS는 '터만 보고서'에 따라 1970년 특수 이공계 대학원 설립을 위한 '한국과학원 법'을 제정, 공포하여 1971년에 발족하였다.

KAIST는 기존의 이공계 대학원과는 달리 자율적 학사운영 및 혁신적인 교육체제의 형성이 가능하였다. 그리고 질적, 양적으로 우수하고 풍부한 교수요원 및 최신의 실험실습 장비를 갖출 수 있는 자율성과 자금의 공급이 또한 가능하였다. 특히 병역특례 혜택 및 충분한 장학금과 연구비 지원, 기숙사 전원 제공 등을 통해 우수한 인재의 확보도 가능하였다.

우수과학연구센터(SRC)·우수공학연구센터(ERC)

1970년대로 접어들면서 정부의 경제정책이 종래의 경공업에서 중화학공업으로 전환되기 시작하자, 고급 과학기술 인력의 수요가 급증하였다. 1989년부터 과학기술처는 대학의 방대한 연구잠재력을 조직하고 체계화하였다. 그리고 기초과학분야의 발전과 대학연구의 활성화에 있어서 구심적이고 선도적인 역할을 담당하고 국제수준의 연구집단을 육성하는 것을 목적으로 우수연구센터의 육성을 추진하였다. 이 센터는 우수과학연구센터(Science Research Center)와 첨단기술분야의 기술개발 촉진을 위한 목적기초연구 및 다분야간 협동연구를 목표로 하는 우수공학연구센터(Engineering Research Center)의 두 가지 유형이 있다. 한 개의 우수연구센터에 교수 20명 이상과 석·박사과정 대학원생 100명 이상이 협동하여 연구에 참여하고 있다. 연간 20편 이상의 국제 수준급 연구논문을 발표할 수 있는 연구집단을 형성하도록 육성하기 위한 것이었다.

우수연구센터는 9년간 지원하는 것을 원칙으로 하고 3년마다 중간

평가를 실시하여 계속 지원 여부를 결정한다. 그 동안 우수연구센터의 지정현황을 보면 1991년 현재 17개가 선정되었고, 이 중 SRC가 7개, ERC가 9개이다.

동시에 대학부설연구소의 설립도 추진하였다. 1990년 현재 이 연구소는 375개에 이르고 있지만, 이들이 연구활동을 충분히 수행할 만큼의 연구조직으로 성장하도록 지원하지 못하고 있다.

기업부설연구소

우리나라에서 기업부설연구소가 본격적으로 설립되기 시작한 것은 1979년 민간기술연구소협회가 결성된 뒤부터였다. 당시 매출액 300억원 이상의 기업들이 모여 결정한 민간기술연구소협회(설립 당시는 민간연구소 설립추진협의회)는 앞으로 우리나라의 산업발전은 기술개발을 통한 산업구조의 고도화에 있다는 기본적인 시각을 가지고 있었다.

이 협회는 기업의 독자적인 연구소의 설립을 촉진하고 연구소 운영상의 애로요인을 신속하고 정확하게 파악하여 연구소 설립 및 운영의 효율화를 위한 집중적인 노력을 기울여 왔으며 기술개발의 분위기 조성을 위한 정책개선을 모색해 왔다. 이런 노력의 결과 1979년 말에는 모두 46개 연구소가 설립되었다. 화학·금속·비금속·기계 분야에서 각각 8개씩의 연구소를 설립하여 중화학공업 분야의 연구를 진척시키려 하였다.

더욱이 80년대에 들어서면서 정부의 정책 기조가 기술혁신에 있었으므로, 기업연구소가 크게 늘어나기 시작하였다. 1981년 불과 53개로 출발했던 기업부설연구소는 1988년 500개, 1991년 4월 현재 1,000개로 늘어났다. 그리고 연구원 수는 1981년 말의 2,086명에서 1990년 말 31,186명으로 크게 증가하였으나, 양적·질적으로 충분한 수준에 미치지 못하였다.

90년대 들어와 나타나고 있는 기업부설연구소 설립에 있어서의 주요 특징은, 중소기업에 의한 연구소의 설립이 급증하고 있으며, 분야별로는 전기·전자, 기계, 화학, 생명공학 등 첨단기술분야의 연구소 설립이 급증하는 추세를 보이고 있다. 그리고 기술개발의 국제화에 따라 해외 R&D 거점확보를 위한 해외사무소의 증가이다. 해외 기업부설연구소의 경우는 약 10여 개가 운영되고 있다.

산업기술연구조합

우리나라는 산업기술연구조합에 대한 법적 근거가 1977년에 비로소 마련되었지만 독립법으로 된 것이 아니었다. 그런데 1981년 말에 연구조합의 설립을 크게 촉진할 수 있는 계기가 마련되었다. 특정연구개발사업에 산업기술연구조합이 참여할 수 있게 되었다.

산업기술연구조합은 '산업기술연구조합육성법'의 규정에 의해 설립·운영되는 비영리 연구법인체이다. 동종기업간 또는 이종기업간의 협동연구를 통하여 산업기술의 개발과 선진기술의 도입·보급으로 어려운 기술을 공동으로 타개하고 기술혁신을 촉진하며, 연구시설·인력·정보의 공동활용을 통한 투자효율성의 제고를 그 목적으로 하고 있다. 이들 연구조합은 양적인 측면에서 크게 성장하여 94년 말 현재 57개의 조합이 운영되고 있다.

정부에서는 90년대에 들어와 기술개발촉진법 개정을 통해 이들 연구 및 개발업체들을 특정연구개발사업 지원대상기관에 포함시켰다. 또한 조세감면법 시행령 개정을 통해 기술 및 인력개발비 세액공제와 기술개발준비금 지급 대상에 포함시켰다. 앞으로 계속 기술개발 조세·자금·인력 등의 지원시책에서 기업부설연구소에 준하는 혜택이 돌아가도록 지원제도를 확충하겠다는 것이 정부의 정책적 목표이다.

대덕연구단지

정부는 국가과학기술 능력을 결집하여 산·학·연 협동으로 첨단기술을 효율적으로 개발하고 지역경제의 활성화 및 국토의 균형적 발전을 위해 73년부터 대덕연구단지를 건설하기 시작하였다. 1978년 선박연구소, 표준연구소, 핵공단, 화학연구소 등 4개의 정부출연기관들이 입주를 개시했고, 이어 충남대학교가 입주함으로써 연구단지로서의 모습을 갖추기 시작했다. 이어서 1983년 대덕연구단지는 전자통신연구소, 인삼연초연구소, 한국과학재단 등이 입주했고 국립과학관, 국립천문대, 한국과학기술대학 등이 입주지정을 받아 건설사업이 활기를 띠기 시작했다.

한편 국립종합과학관, 한국과학기술원, 한국조폐공사 기술연구소, 한국화약그룹 종합연구소 등 신규입주기관의 건축공사와 한국에너지연구소, 한국동력자원연구소, 한국전자통신연구소, 한국화학연구소, 한국표준연구소, 럭키중앙연구소 등 기존입주기관의 증축공사가 활발하게 진행되었다. 이에 따라 1987년까지 15개 연구·교육기관이 대덕연구단지에 이주하여 6,500여 명이 근무하고 있었으며, 22개 기관이 입주지정을 받아 입주를 준비하고 있었다.

1989년 2월에는 '대전 EXPO '93'의 개최지로 대덕연구단지가 선정되었다. 정부는 지난 17년간 조성 추진하여 온 대덕연구단지를 조기에 완공시키는 것이 선진과학기술입국의 기반구축과 대전 EXPO '93의 성공적 개최를 뒷받침하는 데 주요관건이 될 것이라 판단하고, 1990년 7월 10일 대덕연구단지에서 과학기술진흥회의가 개최되었다. 그 결과 1973년부터 20년간의 대역사를 마무리하고 1992년 11월

27일 준공식을 가지게 되었다. 따라서 1973년에 구상된 대덕연구단지는 연구·교육기능, 첨단산업기능 및 문화환경기능이 조화된 세계 수준의 쾌적한 과학기술문화도시 건설로 결실을 맺게 되었다.

92년 12월 말 현재 대덕연구단지에 입주한 기관의 현황은 국가기관 5개, 정부출연연구기관 17개, 투자기관 8개, 교육기관 3개, 그리고 민간연구기관 19개로 되어 있다. 입주기관을 분야별로 분류해 보면, 정보·전자 6개, 항공우주·해양·기계 3개, 생명공학 3개, 신소재·정밀화학 13개, 에너지 및 자원 8개, 표준·기초 4개, 교육·연구 3개, 종합연구기관 3개, 국가기관 및 기타 9개이다.

한편 정부는 90년대에 들어와 대덕단지 이외에도 광주, 부산, 전주, 강릉 등지에 과학산업연구단지를 조성하고 있다. 과학산업연구단지는 종래의 생산기능 위주의 공업단지 개념에서 탈피한 연구개발단지를 조성함으로써 선진국의 기술보호주의에 대응하고 있다. 또한 본격적인 지방화시대를 맞이하여 지역균형발전에도 크게 기여할 수 있을 것으로 기대되고 있다. 이들 과학산업연구단지는 모두 2001년 준공을 목표로 하여 건설이 추진되고 있다.

또 한편 지방화시대의 도래라는 시대적 요청에 부응하여 정부는 농어촌종합대책의 하나로 새로운 농공단지의 조성을 추진하여 균형된 지역개발을 위한 지역 기술개발거점 구축에 노력을 하고 있다.

Ⅷ. 과학정책에 있어서 주요 과제들

1. 영국의 캐번디시 연구소

연구체제의 모델

19세기 후반, 영국의 과학자들은 노동자와 밀접한 관계를 맺고 때때로 과학기술의 위기를 현명하게 넘겼다. 그래서 20세기에도 전통 있는 과학기술의 역사를 유지하고 발전시킬 수 있었다. 20세기에 접어들어 구 소련은 독일과 미국에 이어 영국을 상대로 과학기술을 발전시켜 나갔다. 따라서 영국은 더 이상 과학에서 지도적인 위치에 서 있기 어렵게 되었다.

그러나 영국은 지금도 원자물리학 분야에서는 세계 학계에서 지도적인 역할을 하고 있다. 특히 케임브리지의 톰슨(J. J. Thompson)과 러더퍼드(E. Rutherford)를 중심으로 한 캐번디시 연구소(Cavendish Laboratory)의 연구 그룹은 20세기를 대표하는 과학인 원자물리학 분야에서 세계의 학계를 이끌어 나갔다. 그래서 이 연구소의 민주적인 연구조직은 새로운 시대의 연구체제에 대표적인 모범이 되고 있다.

캐번디시 연구소는 과학자들의 적극적인 계몽운동의 결과로 설립되었다. 옥스퍼드대학은 1866년에 실험물리학 강좌를 설강하였고, 케임브리지대학은 교육개혁운동으로 1868년에 실험물리학 강좌를 신설하기로 결정하였다. 이 계획은 당시 대학총장 데본샤이어 공의 기부에 힘입어 1871년에 물리학자 맥스웰(J. C. Maxwell)을 영입하여 강좌를 개설하였고, 그 부속 실험연구소를 1873년에 완공시켰다. 이 강좌와 연구소의 설립은 데본샤이어 공의 선조이며, 1세기 전의 고독한 실험물리학자였던 캐번디시(H. Cavendish)의 이름을 따서 캐번디시 연구소라 하였다.

캐번디시 연구소의 제1대 소장은 맥스웰이었다. 그 당시 캐번디시 연구소는 실험물리학에서 내세울 만한 성과를 올리지 못하였다. 이 시기는 국제적으로 실험물리학 연구체제를 정비해 가는, 이른바 19세기 말부터 시작된 여러 가지 혁명적인 발견을 준비하는 시대였기 때문이다. 뢴트겐(W. K. Röntgen)은 1895년에 X선을 발견하였다. 이로써 실험물리학에서의 혁명적인 발견의 시대가 시작되었다. 동시에 이것은 캐번디시 연구소의 제3대 소장인 톰슨의 지휘 하에 실험물리학이 혁명을 맞이할 시대적 배경과 일치하고 있었다. 당시 캐번디시 연구소에는 우수한 젊은 연구생들이 많았다. 게다가 톰슨은 이러한 연구생들을 유효 적절하게 지도하는 능력이 있어 연구에 있어서 매우 유리한 위치에 있었다.

캐번디시 연구소에 젊은 연구생들이 많이 몰려들 수 있었던 것은 과학운동과 민주화운동의 결과였다. 초창기인 맥스웰 소장 시대에 이 연구소의 연구생은 단지 두세 명에 불과하였다. 이 시대에 대학을 졸업한 후에 실험물리학을 계속 연구하는 사람은 많은 재산을 지닌 칼리지의 펠로우(칼리지의 펠로우는 중세의 성격을 지닌 것으로, 19세기에 들어와서도 성직에 관계되어 있어야 했고, 미혼이어야 한다는 조건이 붙어 있었다. 이 조건은 1882년까지 지속되었다)가 된 극히 소수였다. 더구나 실험물리학은 대학에서 필수과목이 아니었다.

그 후 과학운동의 진전과 함께 물리학의 기초적인 강의와 실험에 대한 요구가(특히 의과대학 학생을 위하여) 늘어감에 따라 물리학 교수의 수요가 급증하였다. 따라서 과학 강의와 실험은 하나의 교육적인 직업이 되었다. 그리고 여기에 따르는 새로운 과학연구를 위한 각종 장학금제도가 생겨 과학연구의 기회가 확대되었다. 최초의 장학금제도는 1856년 오웬스칼리지에서 시행한 돌턴 장학금제도이며 톰슨도 이 장학금의 혜택을 받았다.

한편, 1851년에 열린 런던국제박람회는 영국 과학기술의 위기에 대한 계몽운동의 한 계기가 되었다. 예상대로 이 박람회 사업은 많은 이익을 가져왔고, 그 수익금을 바탕으로 과학연구를 위한 장학금제도가 1891년부터 시행되었다. 나아가 당시까지 귀족적인 특권을 누리던 케임브리지대학이 새로운 시대의 흐름에 맞추어 1895년에 학제를 개혁하였다. 그리고 다른 대학의 졸업생에게도 케임브리지대학에서 2년간 연구활동을 할 경우, 학위를 받을 수 있는 대학원 제도를 마련하였다.

케임브리지대학이 과학연구에 대하여 이와 같은 기회를 확대하였기 때문에 캐번디시 연구소는 크게 발전할 수 있었다. 이 장학금과 케임브리지대학의 문호개방으로 뉴질랜드의 캔터베리대학을 졸업한 러더퍼드가 1896년에 이 연구소에 올 수 있었다. 또 같은 해에 맥스웰장학금의 혜택으로 물리학자 윌슨(C. T. R. Wilson)도 맨체스터대학에서 이 연구소로 올 수 있었다. 영국 과학의 위기를 부르짖었던 과학자들의 운동은 이렇게 열매를 맺었다.

자유로운 연구 분위기와 그 변질

캐번디시 연구소는 바로 실험물리학의 혁명 전야에 이렇게 해서 생겨났다. 톰슨은 자신의 연구를 그의 연구생들에게 맡기는 일이 거의 없었다. 그는 1893년에 캐번디시학회라 부르는 자유로운 회합을 자주 가졌고, 연구생들을 이러한 회합과 톰슨의 제안을 통하여 자신의 연구 방향을 결정하였다.

톰슨의 이러한 연구방침이 옳았다는 사실은 그 후 이 연구소에서 많은 대발견이 있었고, 유능한 과학자들이 많이 배출된 것만으로도 충분히 입증되었다. 이전까지만 해도 한 연구소에서 20명 이상의 연구자가 활동한 적은 거의 없었기 때문에 연구자들이 자유롭게 토론할 수 있는 기회가 그리 많지 않았다. 그러나 이 연구소에는 빠르게 진보하는 연구 속에서 기본적인 문제를 확인하며, 각자의 개성을 반영하는 연구를 행한다는 지도방침이 수립되어 있었다. 이러한 집단적인 연구가 급속하게 발전하는 과학연구에 있어서 매우 적절하였다.

그러나 이러한 학풍은 톰슨 개인이 조성하였다기보다는 오히려 이 연구소에 감돌고 있었던 국제적인 분위기로 자연스럽게 조성되었다고 생각하는 것이 좋을 것이다. 왜냐하면 1895년부터 다른 대학의 졸업생들을 자유로이 영입할 수 있는 대학원 제도가 시행된 이후, 세계 각지에서 캐번디시 연구소로 연구생들이 모여들었고, 그러한 분위기가 케임브리지의 폐쇄적인 학풍을 연구 본위의 자유로운 풍토를 조성시켰기 때문이다.

톰슨은 연구를 위하여 일부러 학파를 만들지 않았지만, 러더퍼드는 일부러 회의를 조직하고 집단적인 연구를 강력히 추진하였다. 이러한 집단적 연구방법은 덴마크의 원자물리학자 보어(N. Bohr)에 의해 코펜하겐의 이론물리학연구소에서도 진행되었다[이러한 학풍은 보어에게 배운 일본의 물리학자 진카(仁科)를 통해 일본으로 들어와 앞서 기술한 이화학연구소가 설립되는 기초가 되었다].

1951년까지 노벨상을 받은 영국의 물리학자는 16명이고, 화학상 수상자 1명을 포함하여 17명이다. 이 중에서 7명은 케임브리지대학 출신이고, 나머지 사람들은 모두 다른 대학을 졸업한 후에 캐번디시 연구소에서 연구한 사람들이다. 따라서 케임브리지대학과 캐번디시 연구소는 적어도 20세기 전반에 걸쳐 원자물리학 분야에서 영국을 대표하였고, 뿐만 아니라 원자물리학의 세계적인 거점이 되었다.

그러나 20세기 후반에 이르러 상황은 크게 달라졌다. 본래 캐번디시 연구소에서는 연구비에 관계없이 모든 실험이 거의 손으로 섬세하게 조작되어 실시되었다. 사실 노벨상을 수상한 16명의 물리학자는 한 사람을 제외하고 모두가 실험연구로 노벨상을 받았다. 이렇듯 영국 과학은 직관적인 실험 연구에 강했고, 추상적이고 이론적인 연구에는 약하였다. 따라서 연구가 더욱더 추상화되고 대규모화되어 가는 요즘에 손으로 조작하여 실험하는 캐번디시 연구소의 전통을 재검토하지 않으면 안된다.

2. 독일의 카이저 빌헬름 연구소

베를린대학의 창립과 100주년 기념식

1910년 10월, 독일의 수도 베를린에서 베를린대학의 창립 100주년을 기념하는 축전이 열렸다. 그 당시 베를린대학은 교원수 510명, 학생수 1만 명을 자랑하는 독일 최대의 대학으로 발전하였다. 그리고 유럽 최고의 대학, 나아가 세계적인 대학으로 학문적 명성을 떨친 지도적인 대학이 되었다. 창립 100주년 기념사업의 하나로 간행된 『베를린대학 100년사』의 표현을 빌리자면, 베를린대학은 '세계대학'으로 발전하였다.

이러한 베를린의 학문적 명성 때문에 세계 각지에서 많은 유학생들이 몰려왔다. 세계 각지의 대학교수들도 베를린대학에서 어떤 연구가 진행되고, 어떤 학문상의 발견이 이루어지고 있는가에 큰 관심을 가지고 지켜보고 있었다. 베를린대학은 말 그대로 세계 학문의 중심지가 되었다. 물론 독일에 베를린대학 만큼 역사가 깊은 대학이 없는 것은 아니다.

베를린대학은 독일의 봉건국가 중의 하나인 프러시아와 그 역사를 함께 한다. 당시 독일은 많은 봉건국가들로 분열되어 있었는데, 프러시아도 그 중의 하나였다. 프러시아를 비롯한 독일의 여러 봉건국가는 1806년에 나폴레옹 앞에 무릎을 꿇어 프랑스의 지배를 받았다. 이 지배라는 굴욕 앞에서 철학자 피히테는 프러시아인의 애국심에 호소하면서 "이 지상에서 잃은 것을 정신 세계에서 다시 찾을 수 없을까" 라고 주장하였다. 이것은 단지 피히테의 주장만은 아니었다. 많은 사람들이 이 주장에 공감하였다. 베를린대학은 바로 "이 지상에서 잃은 것을 정신 세계에서 다시 찾을 수 없을까"라는 이상을 바탕으로 창설되었고, 이것은 당시 지도자층과 프러시아인의 한결같은 바람이었다.

19세기 초까지 독일의 대학은 침체의 늪에 빠져 있었다. 학생은 공부하지 않고 교수는 실의에 빠져 있었다. 당시 지도자들은 대학을 어리석은 사람들의 낙원이라고 생각하여 대학을 철저히 개혁하려고 하였다. 베를린대학의 창립에 지도적인 역할을 한 훔볼트(K. W. von Humboldt)는 당시의 대학과는 성격이 전혀 다른 대학을 세우려고 결심하였다. 그의 구상 중 한 가지는 대학을 단순히 기성의 지식을 가르치는 곳이 아닌 새롭고 창조적인 지식을 생산하는 곳으로 만드는 것이었다. 그는 이를 가리켜 '교육과 연구의 통일'이라는 말로 표현하고, '지식이란 항상 미래를 해결할 수 있는 것이어야 한다'고 생각하였다. 그리고 이것을 대학 설립의 목표로 삼았다.

마침내 베를린대학은 이와 같은 훔볼트의 이상을 바탕으로 창립되었다. 그로부터 100년 후 베를린대학은 창설자들의 이상을 실현하였고, 세계 학문의 일대 거점으로 성장하였다. 100년 전에 체험한 비극에서 나온, 지상에서 잃은 것을 정신 세계에서 되찾자라는 기대가 점차 실현되었다. 뿐만 아니라 훔볼트의 기본이념인 '교육과 연구의 통일'이 옳았다는 것이 전세계적으로 입증되었다. 그러므로 베를린대학 창립 100주년 기념은 훔볼트의 영광을 찬양하는 의식과도 같았다.

그런데 베를린대학의 영광을 찬양하는 창립 100주년 기념축전의 자리에서 의외의 일이 일어났다. 그것은 황제인 빌헬름 2세의 창립기념 축사에 담겨져 있던 내용으로, 요약하면 다음과 같다.

"지금의 학문은 프러시아 국경을 넘고 독일 국경을 넘어 국제적인 의의를 얻는 데까지 이르렀다. 훔볼트의 계획은 대학의 테두리를 넘어 모든 학문 세계를 영위하고 있다. 그러나 그의 목표는 아직 완성되지 않았다. 이 축복해야 할 순간이야말로 그가 안고 있는 궁극적인 목표를 완성시키기 위한 첫발을 내딛는 때이다. 따라서 이를 실현하기 위해서는 아카데미나 대학과 나란히 하는 학문의 유기체의 일부로서 없어서는 안될 독립된 연구소의 설립이 필요하다. 프러시아의 역사를 보면 대학은 커다란 발전을 이룩했지만 연구소의 설립은 불충분하였다. 학문의 급속한 발전과 함께 이러한 불충분함은 특히 자연과학에서 명백하게 나타났다. 우리들에게 필요한 것은 대학이라는 테두리를 넘어, 가르치는 의무에서 해방되어 오로지 연구만을 목적으로 하는 연구소를 만드는 일이다. 이러한 연구소를 되도록 빨리 설립하는 것이 현대의 신성한 과제이며, 이러한 과제에 대한 관심을 널리 환기시키는 것이야말로 국왕의 의무이다."

그런데 황제의 이러한 생각은 훔볼트가 주장한 '교육과 연구의 통일'의 이념을 따르는 것이 아니었다. 이제는 '통일' 대신 '분리'가 필요하다는 것이었다. 훔볼트를 칭찬해야 할 자리에서 훔볼트의 이상과는 분명히 다른 주장이 당시 권력자의 입에서 나왔다. 역사적으로 100년 사이에 엄청난 변화가 일어난 것이다. 그러한 구상은 황제 스스로가 착상한 것이 아니다. 이러한 착상에는 배후의 인물이 있게 마

련인데, 그가 바로 바나크 교수이다. 베를린대학의 신학교수이자 국립
도서관 관장이었던 그는 황제의 신임이 두터워 황제의 학술고문으로
도 활동하였다. 그는 본래 신학교수인데도 자연과학 분야에 관심이
깊어 연구소의 구상까지 했던 것이다. 그리고 그의 배후에는 베를린
대학의 화학과에 밀 피셔(Fisher) 교수와 추밀위생원 고문인 바서만
교수가 뒷받침하고 있으므로 이러한 구상이 더욱 가능하였다.

카이저 빌헬름 연구소의 창설

베를린대학의 창립 100주년 기념축전에서 황제의 연설의 핵심은
두 가지였다. 첫째는 대학과는 별도로, 학생을 가르치는 의무에서 벗
어나 오로지 연구에만 전념할 수 있는 연구소를 설립하는 것이고, 둘
째는 이를 위해서 민간기금을 모으는 것이 필요하다는 것이다. 이 기
념축전이 개최된 후, 수개월이 지난 1911년 1월 11일에 황제가 표명
한 구상을 구체화하기 위한 움직임이 일어나기 시작하였다. 그날 프
러시아 문무성장관은 '학술진흥을 위한 카이저 빌헬름 협회'를 창설하
기 위한 위원회를 소집하였다. 후에 이것이 이 협회의 정식 명칭이 되
었다.

소집된 사람은 당시 정계, 관계, 재계의 중심인물들로 모두 83명이
었다. 그 외에 학계를 대표하여 바나크와 화학자 에르리히도 참가하
였다. 또 문무성, 대장성 등 관계 행정부의 대표자들도 참석하였다.
이 창립위원회 석상에서 바나크는 미리 준비한 협회의 기본구상을 알
리고, 위원회가 이를 승인해 줄 것을 요구하였다.

창립위원회는 황제를 이 협회의 보호자(Protektot)로 추대할 것을
결정하였다. 여기에 카이저 빌헬름 협회의 성격이 잘 나타나 있다. 따
라서 이 협회의 정점에 서 있는 사람은 바로 황제였다. 그러나 이것은

결코 이 협회에만 한정된 것은 아니었다. 그 당시 어떤 조직을 결성할 때는 이에 권위를 붙일 목적으로 황제를 '보호자'로 추대하는 예가 많았다.

창립위원회는 협회의 운영에 책임을 맡을 10명의 평의원을 5년 임기로 선출하였다. 이외에 바나크가 준비한 협회의 구상안은 황제가 10명 이상의 평의원을 직접 지명할 수 있도록 하였다. 그 후 황제는 이 규정에 따라 10명의 평의원을 임명하였다. 또한 이 협회 정관 제1조는 '학술의 진흥, 특히 자연과학 연구소를 설립하고 이를 유지하는 것'이 골자였다. 따라서 이 취지에 찬성하는 사람은 협회를 위해서 자금을 내놓아야 했다.

카이저 빌헬름 협회의 기본성격

카이저 빌헬름 협회의 기본성격을 제대로 알기 위해서는 베를린대학 창립 100주년 기념축전이 개최되기 1년 전에 바나크가 황제에게 제출한 '건의서'를 살펴볼 필요가 있다. 이 건의서를 가리켜 이 협회의 '마그나칼타'라고 부른다. 따라서 이 '건의서'는 이 협회의 목적과 성격을 이해하는 데 없어서는 안될 기본적인 문서라 할 수 있다.

바나크는 "독일의 자연과학은 오늘날 중요한 분야에서 다른 국가에 뒤지고 있으며, 그 경쟁력이 위기에 처해 있는 것은 두말 할 나위가 없는 사실이다. (중략) 오늘날 우리나라의 자연과학 연구 분야는 지도력을 상실하고 있을 뿐만 아니라, 이를 외국에 넘기고 말았다. (중략) 예전과는 달리 우리는 국민들이 항상 과학의 연구성과를 평가하는 시대에 살고 있다. 그리고 국민들도 이제는 새로운 과학상의 진보가 나타나면 이것에 원산지의 증명서를 붙이는 일에 특별한 가치를 두고 있다. 이러한 시대에 자연과학 분야에서 지도권을 잡는 것은 단

지 이념상의 가치뿐 아니라, 탁월한 국가적·정치적 가치와 연결되어
야 한다. 그리고 이것이 경제적으로 미치는 영향이 큰 것은 말할 것도
없다."라고 말하였다. 이처럼 이 건의서에는 강한 위기감이 일관되게
흐르고 있다.

바나크는 되풀이해서 독일 과학이 뒤처진 것을 지적하고, 지금 현
재 다른 국가에 지도권을 빼앗기고 있는 것에 경종을 울렸다. 그리고
이러한 상황에 대한 근본적인 이유를 한 마디로, '오로지 결정적인 태
만'이라고 간결하게 지적하고, "이 태만이란 바로 과학연구소의 설립
이 과학의 진보와 발을 맞추어 진보하지 못한 것이다."라고 지적하였
다. 또한 그는 "이에 반하여 다른 문화 대국은 일찍이 시대의 변화에
따라서 자연과학 연구의 촉진을 위해 거액을 투자하고, 동시에 교육
상의 의무를 면제하였으며, 오로지 새로운 사실을 규명하는 데만 전
력을 다하는 대연구소를 창립하였다. 오늘날 이러한 연구소는 자연탐
구의 경쟁과 연구소의 우위를 지향하는 경쟁에 있어서 강력한 통일전
선을 형성하고 있다."라고 강조하였다. 요컨대 바나크는 독일의 '태
만'을 지적하고, '무기력'의 극복을 주장한 것이다.

바나크는 태만과 무기력을 극복하기 위해서 "자연과학 연구소의 설
립이 절대적으로 필요하고, 이의 실행에 필요한 조직은 간단하지만
그 효과는 확실하다. 물론 여기에는 거액의 자금이 필요하다. 100년
전 조국이 매우 곤란한 상황에 처했을 때에 베를린대학의 건설이 가
능했던 것을 생각하면, 가령 지금의 재정상태가 불리하더라도 예전의
과학 수준을 유지하기 위해서라면 그 정도의 자금 조달은 당연하다.
국방력과 과학은 독일 국가의 우위를 유지하는 강력한 기둥이다. 프
러시아 연방은 그의 영광스러운 전통에 따라 이 양자에 전념할 의무
가 있다."라고 강조하였다.

이런 의미에서 베를린대학의 기념축전은 태만을 버리고 동시에 과학연구의 새로운 단계를 향하여 초석을 다지는 절호의 기회였다. 따라서 이제는 프리드릭 빌헬름 대학(베를린대학)과 함께 카이저 빌헬름 연구소가 필요하다고 바나크는 주장하였다. 또한 그는 이를 위한 재정적인 가능성에 대해 언급하면서, "국가가 이 의무를 인식하고 이를 실행하고자 하는 준비가 되어 있으므로 국가는 다시 한 번 민간의 참여를 기대할 수밖에 없다. 국가가 과학상의 모든 요구를 따르는 것은 거의 불가능하다."라고 역설하였다.

끝으로 바나크는 "우리의 군주, 황제, 국왕폐하가 할 일은 대규모 과학의 장래와 위협받고 있는 우리 국가의 자연과학의 지도권 보호에 대하여 국민의 주의를 환기시키고, 베를린대학 기념식 당일에 때를 맞춰 카이저 빌헬름 연구소를 창설하여 그의 조직에 대한 초석을 다지는 일이다. 그러므로 베를린대학 창립기념일은 점차 고귀하게 되며, 장차 큰 활동을 해야 할 독일의 과학계에 있어서 재생의 날이 된다"라고 결론을 맺었다.

이상이 바나크가 황제에 제출한 건의서의 골자이다. 건의서에서 바나크는 반복해서 '독일과학의 낙후'와 '위기적 상황'을 호소하고 있다. 또한 그는 건의서에 당시 해외에서 활동을 개시한 다수의 연구소들을 소개하여, 이제 세계는 '연구소 경쟁의 시대'로 들어갔다고 역설하였다.

카이저 빌헬름 연구소의 조직

카이저 빌헤름 협회는 창립된 이후 1918~19년까지 약 3,800만 마르크(약 240억 원)의 자금을 모았다. 그리고 이러한 기금으로 모두 8개의 연구소를 설립하였다.

1911년 동물학연구소

1912년 물리화학·전기화학연구소

1912년 화학연구소

1913년 실험치료학연구소

1913년 노동생리학연구소

1913년 로마 헤르치아나도서관(1914년 카이저 빌헬름 연구소 편입)

1914년 석탄연구소

1915년 생물학연구소

그리고 기타 9건의 개별 학술사업에서도 성공하였다. 그러나 8개 연구소 중에서 화학연구소가 그의 핵심이었다. 1909년 11월, 바나크는 건의서에서 설립 예정인 연구소로 화학, 생물학, 물리학연구소를 거론하였다. 그 외에 실험치료연구소도 구상이 잡혀 있었다. 그는 화학연구소의 창설을 우선적으로 계획하고 있었다. 그것은 카이저 빌헬름 연구소가 창설되기 이전부터 이미 화학연구소의 창립이 구상되고 있었기 때문이다. 이러한 생각을 하게 된 것은 1905년 무렵이었다. 그해 10월, 당시 독일의 쟁쟁한 화학자인 피셔, 네른스트, 오스트발트는 연명으로 '제국화학연구소'를 창립할 구상안을 발표하였다. 당시 화학자들은 대학 밖에 독립된 연구소를 창설하지 않고서는 열강 국가와의 과학경쟁에 맞설 수 없다는 위기의식을 가지고 있었던 것이다. 그들이 제안한 제국화학연구소는 1887년에 창설된 제국물리공학연구소를 모델로 삼았다.

그러나 프러시아 정부는 화학자 에밀 피셔를 위해 이미 거액의 자금을 투자하여 베를린대학 화학교실을 만들었다. 또한 제국물리공학연구소를 창설하는 데 이미 거액을 투자하였기 때문에 정부예산에는 한계가 있었다. 이러한 이유로 이 연구소의 구상은 일단 좌절되었다.

카이저 빌헬름 연구소가 설립되자 화학연구소의 구상은 다시 활기를 띠었다. 그 때까지 정부측에서 부담하던 자금을 카이저 빌헬름 협회가 대신함에 따라 이 구상은 드디어 실행가능성을 띠었다. 그리고 프러시아 연방, 사단법인 제국화학연구소, 카이저 빌헬름 연구소 3자의 공동출자로 화학연구소가 창립되었고, 1912년 10월 23일에 베를린 교외인 다렘에서 이 연구소의 개소식이 거행되었다.

카이저 빌헬름 연구소의 운명

1936년 카이저 빌헬름 연구소는 창립 25주년을 맞이하여 모두 33개의 연구소를 그 산하에 둔 거대한 연구소로 발전하였다. 연구소들은 독일 각지에 흩어져 있었다. 그 중 다렘에는 물리학, 화학을 비롯하여 8개의 연구소가 건설되었다.

카이저 빌헬름 연구소의 운명은 파란만장하였다. 그의 운명은 1911년 창설 시기에 이미 예상되어 있었다. 창설 후 얼마 되지 않아 제1차 세계대전이 일어났고, 따라서 많은 연구소의 설립이 탁상공론으로 끝이 났다. 그뿐 아니라 이 연구소에서 근무하던 대부분의 과학자들은 전선에 동원되었고, 나머지 연구자들은 군사연구에 동원되었다. 그 전형적인 예가 하버(F. Haber)와 한(O. Hahn)이다. 하버는 1911년~33년까지 카이저 빌헬름 연구소의 물리화학·전기화학연구소의 소장을 지냈다. 그리고 한은 1912~24년까지 화학연구소 연구원을 거쳐 1924~45년까지 화학연구소 소장을 지냈다. 전쟁이 시작되자 한 사람은 독가스 연구에, 한 사람은 방독 마스크의 개발에 종사하였다.

바이마르공화국 수립 후에는 전후 혼란과 천문학적인 인플레이션 때문에 연구활동 자체가 또다시 위기에 빠졌다. 그래서 카이저 빌헬름 연구소는 그의 존속 자체가 위태로웠고, 설상가상으로 1933년 나치가 정권을 장악하자 나치가 이 연구소를 지배하였다. 많은 유태계 과학자들은 외국으로 망명하였다. 그 결과 이 연구소는 많은 지도적인 연구자를 잃었다. 그러나 이러한 상황에서도 이들 연구소는 많은 과학자들에게 연구의 장을 제공하였다. 그 중 어떤 사람은 그 연구 성과를 바탕으로 노벨상을 받기도 하였다. 결국 카이저 빌헬름 연구소의 등장은 독일의 과학연구와, 또 세계의 과학연구에 일대 충격을 주었다.

3. 미국의 국립과학재단과 록펠러재단

국립과학재단(NSF)의 설립

현재 세계적으로 기초과학을 담당하고 있는 나라는 앵글로색슨 계인 미국과 영국인데, 그 중에서도 미국이 제일이다. 학술 관련 노벨상 수상자 수를 예로 들면, 미국이 전 수상자 수의 약 36%를 차지하고 있으며, 특히 전후에는 전체의 약 절반을 차지하고 있다. 이처럼 미국에서 많은 노벨상 수상자가 나올 수 있었던 이유는 기초과학에 대한 미국정부의 적극적인 추진정책 때문이다. 미국은 산업기술 뿐만 아니라 창조와 발견의 분야에서도 세계를 이끌고 있다고 자부하고 있다.

그 까닭은 1945년의 '부쉬 보고'나 1947년의 '스틸먼 보고' 이후에 기초과학의 진흥을 시도해 오던 전통이 뿌리 깊게 남아 있기 때문이다. 그리고 OECD는 그의 보고서 『과학·성장·사회』에서 모든 가맹 국가는 능력이 허락하는 한 기초과학의 전세계적인 풀에 공헌할 의무가 있으므로 기초연구를 위한 계획을 수립해야 한다고 규정하고 있기 때문이다.

미국에는 기초과학의 진흥을 위해 중요한 역할을 하고 있는 기관으

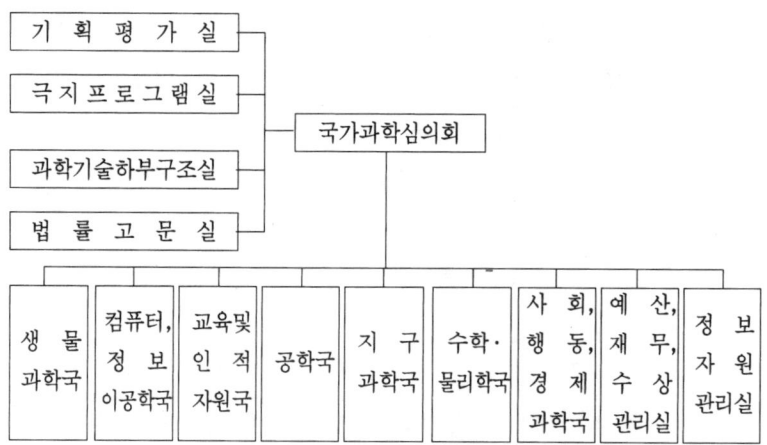

〈그림 9〉 **국립과학재단(NSF) 조직**(자료 : STEPI)

로 국립과학재단(National Science Foundation)과 록펠러재단을 비
롯한 여러 재단이 있다. 미국은 기초과학을 발전시키기 위하여 1950
년 5월에 연방정부의 행정기관으로 국립과학재단을 설립하였다. 이것
은 루즈벨트 대통령에 대한 자문을 얻기 위하여 1945년에 제출된 부
쉬 박사의 『과학－끝없는 프론티어』에 그 뿌리를 두고 있다. 그는 여
기에서 주로 기초연구에 대하여 원조하는 학술진흥재단의 설립을 주
장하였다.

NSF는 기본적으로 과학연구를 조성하고 과학교육의 개선을 장려하
며 원조하고 있다. 특히 수리과학, 물리과학, 환경과학, 생물과학, 사
회과학, 행동과학, 공학 관계 분야에 관련된 연구나 교육을 장려하고
원조한다. 그러나 임상의학, 예술, 인문학(Humanities), 비즈니스 부
문, 그리고 사회활동에 관한 프로젝트는 취급하지 않는다.

NSF는 주로 1) 기초연구와 특정분야의 응용연구를 달성하고, 2)

장래에 있어서 기초연구와 응용연구의 양 부문을 달성하기 위한 국가 잠재능력을 장기적으로 유지하고 강화한다. 그리고 이러한 임무를 수행하기 위하여 연구분야와 활동의 종류에 따라 연구비를 할당하고, 투자할 만한 개인의 프로젝트를 선정하며, 연구시설을 직접 건설하고 관리하는 일 등을 한다. NSF장관은 기초연구와 기초과학 교육의 진흥에 관한 국가정책을 대통령에게 권고한다.

그러나 1960년대에 들어와 과학기술의 발달로 환경문제가 심각하게 나타났다. 따라서 이것의 응용을 제한하자는 소리가 높아졌고, 이에 따라 NSF를 대폭 개혁하기 위한 수정안이 1968년 7월에 의회를 통과하였다. 그 결과 NSF는 공공의 이해와 관련된 국가적 과제를 해결하기 위하여 영리기업도 연구를 위탁할 수 있도록 길을 열어주었다. 그리고 현행의 공학, 응용과학의 전신인 응용연구 부문이 발족되었다. 그러나 단지 이 개혁에 의해 시작된 국가적 요구에 대한 응용연구사업은 신청자가 적어서 수년 전에 폐지되었다.

NSF의 기구와 예산

NSF의 기구는 장관(Director)을 정점으로 그 아래 수리·물리과학, 천문·대기·지구·해양과학, 생물·행동·사회과학, 과학교육, 공학 및 응용과학, 과학·기술·국가 업무 등 7개의 국(Directorate)으로 구성되어 있다. 그리고 국은 다시 몇몇 부(Division)로 나뉜다.

NSF에는 약 1,300명의 직원이 있으며, 그 중 과학전문직(Scientific Member)을 포함한 전문인은 약 800명이 있다. 각 분야의 과학전문직 중 프로그램 디렉터나 프로그램 오피서는 과학자이며, 이들 대다수는 박사학위를 소지하고 있다. 이들 대부분은 대학과의 인사교류를 통해 2~3년의 임기로 NSF에서 근무한다. 특히 NSF와 대학의 인사

교류를 쉽게 할 수 있도록 공무원법 상의 특별한 배려가 마련되었다.

NSF의 상급기관으로 대통령의 자문기관인 국가과학위원회(NSB)가 있다. NSB는 NSF의 정책을 결정하고, 200만 달러의 채무나 50만 달러 이상의 연지출을 요하는 새로운 NSF의 프로그램, 조성금, 계약에 대하여 승인한다. NSB는 대통령이 의회의 동의를 얻어 선출한 24명의 위원으로 구성되며, NSF의 장관도 관직지정 위원으로 여기에 참여하고 있다.

앞에서 말한 바와 같이 NSF는 연방정부의 행정기관이므로 그 예산은 국가가 전액 부담한다. 이들 연구 부문 중 수리·물리과학, 천문·대기·지구·해양과학, 생물·행동·사회과학 부문에 가장 많은 예산이 배정된다. 주요 프로그램에 관한 추이를 보아도 위 분야에 대한 예산 배정이 비교적 크다.

레이건 대통령은 취임 후에 '값싼 정부'(Cheap Government)를 겨냥한 정책을 실시하였다. 정부지출의 전반적인 삭감정책을 발표함으로써 NSF의 예산 역시 1981년과 1982년에 약간 삭감되었다. 레이건 정부는 카터 정권에 비하여 1981년에 830만 달러, 1982년에 32,000만 달러를 삭감하여 NSF 예산안을 제출하였다. 레이건 정부의 NSF 예산안에 대한 의회의 사정방침은 엄격하였다(미국의 경우에 대통령이 의회에 제출한 예산안이 그대로 통과되는 일은 드물다). 그 원칙은 1) 신규 요구의 전액 삭감, 2) 물리학, 화학 등 하드 사이언스의 연구설비의 유지, 3) 사회과학, 행동과학 등 소프트 사이언스의 예산 삭감, 4) 과학교육의 예산 삭감 등이다.

특히 각 연구 분야마다 설치되어 있는 자문위원회는 예산의 치중 분야를 결정한다. 이 자문위원회는 각 분야에서 선출된 15명의 연구원과 학식 있는 경험자로 구성된다. 위원은 사실 자기가 소속된 연구

영역의 이해에 관계되어 있으므로, 때때로 결론이 나오지 않는 경우가 있다. 이러한 경우에 NSB는 이를 최종적으로 조정한다.

사업 프로그램
NSF는 주로 기초연구의 추진을 중심으로 하는 연구조성 활동과 과학교육의 진흥을 중심으로 하는 교육활동을 한다.

과학연구 조성금(Grants for Scientific Research)   1) NSF의 설립 취지에서 나타난 바와 같이 기초과학연구에 대한 지원으로 기초과학연구의 추진을 중점 사항으로 들고 있다. 그래서 이를 위하여 전체 예산의 약 4분의 3을 투자하고 있다. 지원 대상과 연구영역은 19개 영역으로 응용연구, 천문학, 대기과학, 행동신경과학, 화학·프로세스공학, 화학, 토목, 기계공학, 지구과학, 전자계산기와 시스템공학, 환경생물학, 정보과학과 공공기술, 재료연구, 수리·컴퓨터과학, 해양학, 물리학, 생리학, 세포·분자생물학, 극지과학, 문제집중연구, 사회·경제과학이다.

2) NSF는 특수시설에 대하여 지원한다. 즉 대학이나 연구소가 자체 자금으로 시설을 확보할 수 없는 특별한 경우와 또는 대형 연구시설을 제공하기 위하여 원조한다. 예를 들어 핵물리학을 위한 대형가속기, 해양학 연구선, 주요 환경조절시설, 특수 생물·사회과학시설 등이 이에 속한다.

과학교육의 진흥   NSF는 과학교육의 진흥을 위해서 학부의 과학코스나 교육 프로그램의 개선을 목적으로 대학교나 칼리지를 지원하고 있다. 동시에 과학교육자금, 교육실천, 연구성과의 최근 정보를 초·중등 교육기관의 정책결정자에게 제공하고 있다. NSF는 구체적으로 다음과 같은 프로그램을 실시하고 있다.

1) 과학교육자원의 개선으로 학교, 칼리지, 대학교의 과학분야의 교육이나 연구 훈련의 능력을 개선하기 위해 각종 사업을 하고 있다.

2) 과학전문직원의 개선안(SPI)으로 다음 프로그램을 겨냥하고 있다. ① 유능한 대학원생을 제일선의 과학연구자로 양성하기 위하여 필요한 교육을 받도록 원조한다. ② 국가적 요청에 일치하도록 과학적으로 직원을 훈련하고 그의 수준향상을 시도한다. ③ 과학 교사에게 새로운 지식이나 경험을 제공한다. ④ 과학상 유능한 고교나 칼리지 학생을 연구활동에 접촉시킨다.

3) 이 프로그램은 과학과 사회의 관계로서 다음과 같은 사항을 겨냥한다. ① 과학기술에 대한 시민의 이해 및 과학이 현재 생활에 미치는 수단을 개선한다. ② 과학기술 발전의 민족적·사회적 의미에 관한 지식과 이해를 증진시킨다. ③ 과학기술의 뜻 있는 국면에 있어서 정책문제의 해결을 시도하고, 과학자나 비과학자의 참여를 장려하고 그들에게 편의를 제공한다. ④ 시민이나 시민 단체가 과학기술을 포함한 정책문제에 관한 결정을 이해하고, 또 여기에 참여하는 능력을 기를 수 있도록 이들에게 과학기술에 관한 지식을 제공한다.

과학정보 교류 및 국제교류 활동　　NSF는 과학기술 정보서비스를 개선하기 위해서 이 분야에 관한 연구, 개발, 실현, 조정, 분석 프로젝트의 추진을 도모한다. NSF의 과학정보 프로그램의 연구영역은 과학정보기술, 분석과 조정활동, 평가와 보급 등이다.

NSF는 한·미 과학협력사업 이외에 여러 국가와 협력하여 과학 프로그램을 추진하고 있다. 또한 남극관측사업, 국제심해굴삭계획 등 국제협력 사업에도 적극 참여하고 있다. NSF는 다음과 같은 목적으로 연구자들을 해외에 파견할 때, 이들에게 필요한 여비를 지급하고 있다. 1) 국제적인 과학회의(Congrees, Meeting)에 참여시킬 때, 2) 기초연구나 과학에 관한 정보, 국제적인 과학 프로그램, 회원활동에 관련된 정보를 입수하고 교환시킬 때, 3) 국제 과학활동에 협력시킬 때 등이다.

산업혁신을 위한 특별 프로그램 1) 독립적인 소규모 사업혁신 연구(Small Business Innovation Research)가 있다. 소규모의 회사가 창조적인 과학기술을 지향하여 그의 연구에 성공할 경우, 공공이 익을 가져다 줄 중요한 과학기술상의 문제가 혁신적이나 위험도가 높을 경우 연구를 수행할 수 있도록 기회와 자극을 주기 위한 프로그램이기도 하다.

이 프로그램은 세 가지 단계로 나뉘어 있다. 제1단계로 회사의 연구개발 능력을 조사하기 위하여 특정한 연구과제를 제공하고, 고용자 500명 이하의 작은 회사(100개사)를 대상으로 6개월 동안 실시한다. NSF는 이들 회사에 일정한 금액을 한도로 조성금을 교부한다. 제2단계로 참신한 아이디어를 제공한 회사(25개사)를 선정하고, 특정 연구과제에 관한 아이디어를 개발시킨다. NSF는 한 회사당 평균 20만 달러의 조성금을 교부한다. 마지막 제3단계는 몇몇 벤처·비즈니스(신기술의 기업화, 독자의 영업방법의 개발 등 창조적 활동을 하는 중소기업)의 실용화를 위하여 제2단계에서 개발된 유망한 아이디어를 이들이 연구, 개발할 수 있도록 한다. 연구개발을 위한 경비는 벤처·비즈니스 스스로가 부담한다.

2) 산학협동연구 프로젝트(Industry/University Cooperation Research Project)가 있다. 이것은 기초적이고 응용적인 과학·공학상

의 문제에 초점이 모아지는 연구(단 기술개발이나 임상적 연구는 제
외된다)를 추진하기 위하여 설치되었다. 이에 의하여 생산이나 생산
공정을 혁신하는 데 장기적으로 공헌할 수 있는 연구나, 새로운 또는
개선된 기술의 기초를 굳히는 데 제공된 의견을 연구하고 실행할 때
에 그 예산은 1,000만 달러로 한 프로젝트당 평균 15만 달러이다.

3) 기술혁신 프로젝트(Technological Innovation Projects)로 앞
에서 설명한 것 이외에, 기술혁신에 초점을 맞추어 대학과 산업이 결
합한 실험그룹에 의한 프로젝트가 있다. 이것은 NSF가 후원하는 대
학연구 상의 발견을 산업에 적용하고 촉진하기 위하여, 또한 그 분야
의 정책개발을 위해 자료를 제공하기 위한 것이다.

이와 같이 NSF는 미국의 기초과학 및 응용과학의 진흥을 위하여
큰 역할을 하고 있다. 따라서 미국의 과학과 산업의 발전에 크게 기여
하고 있다. 세계 각국도 이 제도를 도입하거나 모방하고 있으며, 특히
과학정책의 주요 과제 중의 하나로 꼽히고 있다.

심사기준

NSF는 과학연구 지원금을 심사하기 위하여 '연구프로젝트의 선택
을 위한 판단기준'을 설정하고 있다. 이 기준은 NSB에 의하여 승인
되며 1979년에 개정된 기준은 다음과 같다.

1) 카테고리 A(연구의 창조적 실시—실시자의 기술 적응력과 설
비의 적합성에 관한 것)

실시·경험·훈련에 관한 최근의 실적으로부터 과학자는 장차 달성
하여 얻을 수 있는 잠재능력이 있는가. 문제에 대하여 이전에 실시하
거나 다른 것으로 대체하여 얻은 접근을 명확하게 인식하고 있는가.
기기, 준비자료, 과학자를 위한 기술적 원조가 충분히 이용되고 입수

되고 있는가.

2) 카테고리 B(과학 자체의 내부구조에 관한 것)

그 연구가 과학 분야에서 중요한 발견이나 의미 있는 개념의 보편화를 가져올 가능성이 있는가, 또한 다른 과학 분야에까지 확장될 가능성이 있는가. 그 연구가 다른 과학 분야의 연구 수법에 의의 있는 개선 혹은 개혁을 가져올 가능성이 있는가.

3) 카테고리 C(국가 목적에 있어서 유용성과 적용성에 관한 것)

그 연구가 새로운 발명 또는 개선된 기술을 위한 기초로서 유용한 효과를 줄 가능성이 있는가. 그 연구가 직접·간접으로 아니면 의도하지 않았는데도 불구하고 기술의 효과를 평가하고 예측하는 데 본질적인 공헌을 할 가능성이 있는가. 예시된 연구성과가 곧바로 프로그램화될 상황에 있는가, 또한 그것을 이용하는 측과 제휴할 수 있는가. 그 연구가 과학기술이 필요한 국가정책을 위하여 의견의 기초를 개선하고, 또는 과학의 국제협력에 대한 관심을 촉진시키는 바탕 위에서 특별한 문제 해결에 도움이 될 가능성이 있는가.

4) 카테고리 D(장기적으로 장래 미국 과학의 잠재력에 관한 것)

그 연구가 참여하는 대학원생이나 박사후 과정의 연구생 혹은 기타 연구자의 능력, 관심, 경력에 긍정적인 영향을 미칠 가능성이 있는가. 그 연구가 해당 분야의 전통에 크게 공헌할 가능성이 있는가. 미국의 과학제도 상의 구조에 대하여 희망을 가져올 효과가 있는가. 그 연구가 국가가 특정 지역에 연구비를 집중하는 것을 피할 수 있도록 조장할 가능성이 있는가.

록펠러재단

재단 설립 과정　이 재단은 학술연구 보조단체로 본래 독점자본의 이윤을 바탕으로 만들어진 것이다. 일단 재단법인으로 인정되면 독자적인 정책을 시행하지만, 그의 기능은 기업보다 정부에 가까워진다. 특히 카네기, 록펠러 재단은 연방정부의 권력이 약한 미국에서 가끔 국가가 해야 할 일을 대신하기도 한다.

19세기 후반에 미국은 학문 분야에 있어서 후진국이었지만 경제력은 이미 유럽을 훨씬 능가하였다. 황제나 귀족이 없었던 미국에서는 록펠러나 카네기와 같은 자본가가 자유로이 자본을 축적할 수 있었다. 또한 당시에는 오늘날처럼 소득세나 독점금지법이 없었기 때문에 더욱 자본가가 성장할 수 있었다. 따라서 눈에 띄게 빈부의 차이가 나타났고, 사회·불안도 초래하였다. 그래서 19세기 말부터 저널리즘을 선두로 자본가를 비난하는 소리가 높아졌다. 이와 같은 국민의 공격을 약화시키기 위하여 자본가들 사이에서 기부행위가 유행하였다. 자선행위에 의하여 사회가 '교정'된다는 낙관론이 당시 자본가들 사이에서 나타났다.

기부행위가 비난을 무마시키는 데 얼마나 효과적이었는가는 알 수 없지만, 이러한 자선행위는 곧 유한계층의 명예욕을 만족시켜 주었다. 특히 학문·과학연구는 적절한 기부의 대상이 되었다. 그러나 기부자가 많아지면서 모든 판단이 기부자 개인의 한계를 넘어섰으며, 때로는 사기행위로 치닫는 일도 있었다. 그 결과 이를 합리화하기 위하여 전문가들로 구성된 위원회가 설립되고, 전문가에 의해 독립재단법인으로 운영되었다.

사업내용　이렇게 하여 만들어진 비영리조직(Nonprofit Organi-

zation)의 사업 내용은 기부자에 관계없이 재단 직원의 운영에 따랐
다. 첫째, 명예욕이 동기가 되어 있으므로 일반적으로 정부보다 편파
적이고 단기적인 계획을 원조하였다. 둘째, 박애주의 이념을 바탕으로
지원을 국내에 한하지 않고 국제적 사업에까지 확대하였다. 셋째, 정
부가 출자하는 연구기관은 실용적이고 응용 분야에 한정하였으나, 재
단의 사업은 기초연구에 중점을 두었다.

  록펠러재단은 기초과학의 발전을 위하여 국내는 물론 국제적인 규
모의 활동을 하였다. 1920년대에는 1901년에 설립된 록펠러의학연구
소 이외에 록펠러재단 관계의 4개 단체, 즉 록펠러재단, 일반교육재
단, 해외교육재단, 로러·스펠먼 기념재단이 활동하였다. 1928년에는
재단이 재편성되어 록펠러재단과 일반교육재단만이 남았다. 그리고
이 재단은 자연과학부, 사회과학부, 인문과학부, 국제보건부, 의학부
등 새로운 5부로 구성되었다.

  이 중 자연과학부의 창립으로 기초과학의 촉진은 재단의 주요 사업
의 일부가 되었다. 자연과학에 대한 재단의 관심은 보건과 의학에 대
한 이해관계에서 생겼다. 제1차 세계대전이 끝나자 재단이사였던 록
펠러의학연구소의 프렉스너(S. Flexner)는 당시 의학연구자에게 물
리학이나 화학에 관한 충분한 교육이 결여되었다는 사실을 깊이 느끼
고, 록펠러의학연구소와 유사한 물리학 및 화학연구소의 창립을 구상
하였다. 그러나 그 후 이를 포기하고, 대신 NRC를 재정적으로 지원
하였다. 그리고 1919년에는 젊은 과학자를 양성하기 위하여 국립연구
장학금(National Research Fellowship)을 발족시켰다.

  첫해에 NRC는 선발에 의해 물리학에 6명, 화학에 7명, 총 13명을
선발하고 이들에게 장학금을 지급하였다. 이로써 록펠러재단의 자연
과학에 대한 원조는 첫발을 내딛었다. 1923년에는 장학금의 기금범위

가 넓어져 생물학도 그 대상이 되었고, 그 후에는 천문학, 지질학, 지리학도 포함되었다. 이 장학금을 받은 사람들은 명문 대학의 학부 최고의 지위를 차지하거나, 정부 연구의 열쇠를 장악하였다. 이들 중에서 세 사람이 노벨상을 받았는데, 로렌스(E. O. Lawrence)는 사이클로트론을 발명하여 1939년에 노벨상을 받았다.

록펠러재단은 1933년에 실험생물학의 연구를 주요 분야로 선정하고 원조할 방침을 수립하였다. 재단은 물리학, 화학, 기타 자연과학의 연구가 생물학 지식의 진보에 중요하다고 인식하여, 그 후 생물학과 물리학, 화학의 경계 영역의 연구에 많은 보조금을 지급하였다. 또한 종래의 생물학 분야 중에서 실험유전학에 가장 많은 원조를 하였다.

4. 50년대 미국 과학정책의 형성

과학정책의 새로운 모습

앞에서 이미 50년대 미국의 과학정책을 대강 살펴보았다. 여기서는 이를 더욱 상세히 논의하기로 한다. 역사적으로 볼 때 미국 연방정부의 과학에 대한 태도는 매우 적극적이었다. 과학의 최초의 공공적 기능은 제퍼슨이 특허국을 만들었던 시대부터 발전과 복지를 위해 갖가지 기술적 봉사를 하는 것이었다. 그러나 남북전쟁 이후에 과학은 점차 국방과 연결되었고, 제1차 세계대전을 거쳐 제2차 세계대전 이후에 기초연구의 가치가 국가적으로 인정받아 순수과학은 정부의 지원을 받았다. 정부는 이 분야의 연구를 위하여 유능한 인재의 육성에 관심을 보이기 시작하였다.

과학과 정부의 관계는 이러한 흐름에 따라 발전하였고, 정부나 산업계는 고도의 경제성장시대에 따르는 기술적 요구를 충족시키기 위해 과학을 통해 새로운 협력체제를 이끌어내기 시작하였다. 이리하여 연구체제는 적극 뿌리내리기 시작하였고 단단히 구축되었다.

한편 중대한 정책결정이 점차 전문적 성격을 띠게 되자 미국의 정책심의회의는 과학상 권고가 필요함을 인식하였다. 그리고 대부분의 과학정책문제 역시 당시까지 경험하지 못했던 중요성을 부각시켰다. 이에 여러 정부기관, 기업체, 교육기관은 과학연구를 어떻게 조정해야 할 것인가, 정부는 순수연구, 응용연구, 기술개발에 연구기금을 어떻게 분배해야 할 것이며 군사, 후생, 농업연구에는 어떻게 분배해야 할 것인가, 정부는 과학연구의 방향을 어떻게 결정할 것인가, 국내외의 정책 목표에 있어서 과학은 무엇을 해야 할 것인가, 정부는 군부의 사병이나 물품조달, 사회보장, 농업가격 유지, 도시재건 등의 공공예산에 비추어 볼 때, 일반 과학시설에 어느 정도의 예산을 배정해야 할 것인가가 문제시되었다.

이와 같은 커다란 문제는 궁극적으로 국가의 최고 정책기관과 행정부, 그리고 의회에서 다루어지게 되었다. 그러나 선출된 대통령과 의원은 과학 분야의 전문가가 아니므로 과학자의 의견을 받아들여야 할 필요가 있었다. 그 결과 정책 피라미드의 정점에 있어서 과학의 위치는 특히 그들의 관심과 논의의 대상이 되었다.

과학과 대통령

제1차 세계대전과 대공황 사이의 일시적 기간을 제외하면, 제2차 세계대전 전까지 대통령은 정책심의회의에서 과학에 대한 실질적인 정책을 펴지 못하고 있었다. 그러나 제2차 세계대전 중에 처음으로 부쉬가 이끄는 과학연구개발국(OSRD)이 과학을 대통령과 연결시켜 주는 매개 역할을 하였다. 그러나 OSRD는 전쟁이 끝난 뒤 해산되었고, 1946년 이후에 과학을 백악관에 복귀시키려는 경향이 서서히 나타나기 시작하였다. 과학문제는 OSRD의 폐지와 함께 대통령으로부터 국방성 수준의 연구개발평의회로 옮겨졌다. 대통령이 관여할 수 있는 곳은 연구 실행기관인 예산국뿐이었으나 한정된 재정문제로 그쳐 버렸다.

1947년에 스틸먼은 그의 보고서에서 과학행정상의 틈을 메우기 위하여 중요한 두 가지 권고를 하였다. 첫째, 그는 과학연구개발에 가장 깊이 관여하고 있는 국방, 과학연구개발에 관련된 정부직원으로 구성되는 연락위원회를 만들 것을 대통령에게 권고하였고, 둘째, 이미 존재하고 있는 연방정부 연구기관 내의 과학상의 경고·심의가 중요한 문제로 관여될 수 있도록 수단을 강구할 것을 권고하였다. 나아가 연락위원회의 집단적 판단이 갖가지 긴급한 중요 문제(정부의 종합과학정책의 형성, 정부의 여러 과학적 활동의 조정, 직원들이 행정문제에 관여할 것인가 등에 관한 문제)에 강력한 발언권을 갖도록 권고하였다. 또한 본 위원회는 넓게 국가의 이익이라는 관점에서 특정한 성이나 기관보다도 훨씬 더 큰 권한을 가질 것을 권고하였다.

또한 이 권고에 따라 트루먼 대통령은 1947년 말에 각 성 연락위원회를 창설하였고, 과학연락위원을 백악관의 과학고문으로 임명하려 했지만 이를 이룩하지 못하였다. 그것은 스푸트닉이 발사되기 이전에 관계 각 성 연락위원회가 정부의 과학시설 목록을 작성하려 했을 때, 연락위원의 행정적 지위로 인하여 문제가 발생하였고, 또한 기관의 장관과 같은 정책 작성급 인사가 아니고 거의 국장급 인물이기 때문이었다. 따라서 관계 각 성 연락위원회의 위원은 정부의 일꾼에 지나지 않았다.

또 이 무렵 NSF의 창설을 둘러싸고 논의가 발생하였다. 부쉬가 『과학-끝없는 프론티어』에서 밝힌 바와 같이, 재단의 가장 중요한 기능은 과학연구와 과학교육에 대한 국가적 정책을 전개하고 추진하는 일이었다. 이러한 조직의 방법에 대하여 오랜 법제상의 논쟁이 오래 지속되다가, 1950년에 이르러 NSF가 탄생하였다. NSF는 일반 정책형성의 기능의 하나인 연방정부기관이 실시한 과학연구를 평가하도록 요청받음으로써 NSF는 과학연구를 조정하고, 대통령에게 과학을 자문하는 기관으로 발돋움하였다. 이처럼 효과 있는 조정기관의 역할을 하려 했지만 이는 좌절되고, 결국 NSF는 1957년에 조정권을 포기하였다. NSF는 단순한 행정기관 이상의 것도, 다른 성이나 기관을 감독하며 최고 수준의 정책을 권고하는 정부 조직에서의 특수한 위치를 차지하고 있는 것도 아니었다.

트루먼 대통령은 비교적 높은 수준의 인물을 외부에서 고문으로 영입하기 위하여 1951년에 과학자문위원회를 설치하고 이를 국방동원국(ODM)에 부속시켰다. 이로써 6년의 공백 끝에 과학은 잠시 행정부 안으로 복귀되었다. 그러나 대통령은 단지 ODM의 국장을 경유하여 과학에 간접적으로 접촉하였을 뿐이었다. 과학자문위원회는 모두 비전임위원으로 구성되어 있지만, 그들은 사회적 명성이 높은 사람들이었다. 과학교육자 코넌트(J. B. Conant), 물리학자 오펜하이머(R. Oppenheimer)가 그 명단에 처음으로 올랐다. 그리고 과학자문위원회는 아이젠하워 정부 이후에 점차 그 중요성이 인식되었다. 더욱이 스푸트닉이 발사되어 과학문제는 정책적으로 취급되었다.

과학기술 특별보좌관 제도

아이젠하워 대통령은 1957년 11월 7일 과학기술 특별보좌관 제도를 창설하고 초대 보좌관으로 MIT의 킬리언(J. R. Killian) 교수를 임명하였다. 이것은 텔레비전을 통해 전국적으로 방송되었다. 동시에 대통령과학자문위원회(PSAC)를 만들어 ODM을 통하지 않고 직접 대통령과 접촉할 수 있도록 하였다. 특별보좌관은 폭넓은 권한을 가지고 과학에 관련된 모든 정책에 관하여 대통령의 개인고문으로서 역할을 하였다. 특별보좌관은 행정부나 국가안전보장회의에 참석하여 대통령 앞에서 직접 과학에 관련된 사항을 보고하고, 또한 PSAC의 임무에도 관여하여 위원회와 대통령 사이의 연락을 맡았고, PSAC의 의장으로서 활동하였다. PSAC는 17명의 상임위원 외에 과학자와 전미과학재단, 장관, 국방성 연구기술장관 등 정부의 여러 행정부서와 상담하는 역할을 하였다.

한편 특별보좌관과 PSAC는 국가의 과학정책 수립을 돕는 제3의 행정적 조치로 연방과학기술평의회(FSTC)를 설치할 것을 권고하였다. FSTC는 대통령령으로 1959년 3월 17일에 설치되었다. 이 기구는 과학기술 특별보좌관, 국방, 내무, 농무, 상무, 보건·교육·복지의 각 성 정책결정 수준의 대표자, NASA 국장, AEC 위원장으로 구성되었다. 또한 국무장관, 예산국장의 대리가 업저버로서 FSTC에 출석할 수 있었다. 이처럼 정부 고위관으로 구성된 FSTC는 연방정부 기관의 모든 과학기술 상의 문제를 다루고, 정부의 과학계획의 일반행정에 대해서도 권고하였다. 공식적으로 정해져 있지 않았지만, 특별보좌관은 이 FSTC의 의장을 맡았다. FSTC는 낡은 과학연구의 개발에 관련된 각 성의 연락위원회를 대신하였고, 국장급 위원은 그 밑에 있는 상임위원회로서 FSTC의 일을 맡았다.

요컨대 1950년대 미국의 새로운 과학정책기구는 PSAC를 통해 대통령에게 전문적인 과학적 권고를 하고, FSTC를 통해서 과학활동을 조정하였다. 또한 특별보좌관은 PSAC와 FSTC의 의장직을 맡았고, 대통령과 개인적으로 접촉하여 이 기구의 핵심적 역할을 하였다. 이렇게 해서 과학은 대통령이 정책결정을 하는 행정부로 들어서게 되었다.

의회와 과학성 설치의 논쟁

국가의 과학정책을 맡아 실시하는 행정기구가 설립되자, 입법부도 과학 문제에 대한 활동을 시작하였다. 행정부에 과학성을 설치하려고 하는 움직임이 의회에서, 그 중에서도 특히 상원의 정부운영위원회의 재조직소위원회에서 일어났다. 이것은 과학성을 설치하려는 소수의 유력한 인사들의 생각을 기초로 미네소타 주 출신 험프리 상원의원의 발안으로 시작되었다.

스푸트닉 충격 직후에 생긴 과학성 구상의 원형은 여러 행정부서의 거의 모든 과학연구와 관련된 사항을 총괄하는 것이었다. 위원회에서 검토한 뒤에 구체적으로 제안된 기관은, 1) 당시 기존의 성에 소속되어 있지 않은 3개의 행정기관, 즉 AEC, NASA, NSF, 2) 당시 국방성이 맡고 있던 기초연구활동, 3) 국립표준국, 기술국, 특허청을 포함한 상무성의 다수의 과학 관련 부서, 4) 박물관과 워싱턴 동물원, 스미소니언연구소의 모든 운영기관 등, 이를 모두 과학성으로 통합하는 데 그 목적이 있었다.

이와 같은 규모의 과학성 설립에 관한 제안은 많은 지지를 얻었다. 과학성 장관은 각료급으로 그가 관할하는 과학활동에 대하여 보다 큰 국가적 임무를 부여하였다. 또한 과학적 관심을 정치적으로 추구할 즈음의 지도자라는 독자적 위치를 가졌다. 따라서 과학성은 과학적 인재의 불필요한 중복을 피하고, 이들을 보다 합리적으로 활용할 수 있었다. 또한 과학성은 당시 과학적 권고가 백악관에 집중되어 있어서 등한시되고 있던 의회와 대통령 사이를 정책적으로 연결하는 장소가 되기도 하였다. 험프리 상원의원은 당시 특별보좌관과 PSAC의 제도는 정부의 과학정책에 정통한 과학자가 오히려 대통령에게 독점되어 있어서, 의회가 과학 분야의 전문가의 의견을 듣는 것을 방해받고 있다고 진술하였다.

그러나 과학성 설치에 대한 반대 여론이 공동 전선의 형태로 급속히 형성되었다. 미국과학진흥협회(AAAS)가 1958년에 주최한 과학연례회에서 과학성의 설치안은 많은 비난을 받았고, 많은 과학자 집단도 과학성 설치를 반대하였다. 다수의 과학자들은 개인 자격으로 의회의 공청회에서 과학성 창립에 대하여 반대 증언을 하였다. 이어서 행정 면에서도 대통령 과학기술 특별보좌관이나 전미과학재단을 통하여 과학자의 의견을 반영하였다. 동시에 이를 부인하는 성명을 발표하여 재조직소위원회의 제안을 좌절시켰다. 일반적으로 과학성 설치에 대한 반론의 실질적 배경은 중앙집권에 대한 과학자 집단의 혐오와 많은 행정적, 정치적 원칙에서 생긴 것이었다.

좀더 깊이 자세히 분석해 보면 과학성 설치의 제안에는 분명히 의문점이 있다. 가장 큰 문제는 정부의 과학시설이 국방, 농무, 보건, 교육, 복지와 같은 특이한 임무를 지닌 성의 관할 아래에 있는 것이 대부분이라는 점이다. 그리고 위의 각 행정부서가 자기의 과학시설을 유지해야 했으므로, 과학성은 나머지 관영 과학의 극히 일부를 인수받는 데 불과하였기 때문이다. 따라서 과학성은 일반적 조정자보다 오히려 기존의 각 성에 대한 경쟁자로서 역할을 수행할 수밖에 없었다.

또한 당시 각 성에 속해 있지 않았던 세 개의 큰 과학관련 기관, 즉 AEC, NASA, NSF를 포함시키는 것도 큰 문제가 되었다. 세 기관은 모두 개개의 역할과 임무를 위한 독립기관으로 의회가 서둘러 창설한 것이었다. 그 중 AEC와 NASA는 적어도 행정부에 자리잡고 있는다른 성과 같은 위치와 정치적 중요성을 지니고 있었다. 그런데 이를 하나의 행정부서 안에 포함시키는 것은 성내의 권력 다툼을 불러일으킬 소지가 있고 장관의 **활동**을 제약할 수 있었다. 또한 AEC나 NASA가 실용적 임무에 주력할 경우, NSF의 기초연구가 위험에 처할 가능성도 있었으므로 NSF는 과학성 설립을 강력하게 반대하였다. "응용연구는 기초연구를 추월한다."라는 과거의 경험에 비추어 보면 연구에 대한 관심은, 한 성 내의 자금 획득의 줄다리기 속에서, 사업계획의 성공에 직접적으로 공헌하는 응용연구에 집중하지만, 그것은 불확실한 기초연구의 희생 위에서 이루어졌다는 점이다.

이러한 과학성 설치에 대한 반대 의견이 확산되자, 대학연합의장인 바크너(L. V. Bacner)는 그 조직에 관한 타협안을 제출하였다. 그는 각 행정부서에 귀속되어 있지만 행정부의 임무와 밀접하게 연계되어 있지 않은 작은 과학기관만을 과학성에 포함시킬 것을 제안하였다. 바크너의 구상을 바탕으로 한 과학성에 기상청, 국립표준국, 연안측량부, 수로부, 어류야생동물국, 해군천문대와 같은 기관만을 포함시키자는 것이다. 그의 말에 의하면 "이러한 기관은 실제 각각 소속되어 있는 행정부서와는 아무런 유기적 관계가 없고, 단지 역사적 우연으로 어느 성에 속해 있을 뿐이다."라고 하였다. 바크너의 제안에도 일리가 있었다.

하지만 단점도 있었다. 이와 같은 부서는 매우 작아서 각 성의 권위 싸움 속에서 소속기관을 지키는 것이 어렵다는 점이다. 왜냐하면 이러한 사업기관이 소속되어 있던 기존의 성은 의회와 오랫동안 관계를 맺어 왔으므로 어느 정도 기성의 이점을 획득하고 있었기 때문이다.

바크너의 의견에 어느 정도 접근하고 있는 것은 브로드(W. R.

Brode)의 의견이었다. 그는 당시 몇 개의 성이나 기관에서 맡고 있는 기초연구 부분만으로 과학성의 기능을 한정하려고 하였다. 그러나 브로드가 구상한 과학성은 정치 권력이 너무 약하다는 이유로 AAAS 의 과학회의는 과학성을 만드는 것을 배척하였다. 다시 말해 브로드가 구상한 과학성은, "기초연구만을 위한 과학성을 만드는 것은 정치 문제와 관계가 가장 적은 과학 부문만을 선택하게 되고, 편의상 정치적으로 임명된 관료의 지배 아래 놓이게 되므로 바람직하지 않다."는 이유로 과학자 사회에서 지지를 받지 못하였다.

과학성의 구상에 찬반 양론이 있었지만, 결과는 반대하는 쪽의 의견이 분명히 우세하였다. 당시 과학성의 설립은 정치가, 행정가, 과학자 누구에게도 직접적인 지지를 받지 못하였다. 과학성 설치에 관한 논의는 이후에도 있었지만, 과학성의 설립만으로 백악관 내에서 정책 결정을 하는 데에 만족할 수 없다는 점은 분명하였다. 이처럼 당시 과학은 경제와 마찬가지로 정부의 모든 중요 시책에서 중요한 요소로 등장하고 있었으므로, 장관 한 사람이 과학을 관장한다는 것은 너무 무리였다.

양원 합동 위원회

과학성 창설의 제안에 많은 어려운 점이 있다고 해서 연방정부가 과학시설에 대한 모든 구조의 개혁안을 포기한 것은 아니다. 과학성 창설이 중요한 문제로 떠올랐다는 것은 당시 많은 유력자가 조직개혁의 필요성을 느끼고 있었다는 점을 말해 주고 있다. 이러한 관심은 다음 두 가지 점으로 향하였다. 그것은 바로 의회와의 연락문제와 대통령 자문기관의 강화였다.

과학에 대한 의회의 관심은 점차 바뀌어 가고 있었다. 의회가 과학과 대화를 시작한 것은 얼마 되지 않았다. 스푸트닉 발사 이후에 의회의 과학에 대한 관심이 높아졌고, 과학연구의 확장과 응용, 특히 국방이나 보건과 같은 국가적 목표에 관한 것에 대해서는 더욱 관심을 보였다. 조직상 의회의 위원회는 이를 담당하는 행정기관의 임무와 병행하고 있었다. 따라서 농무, 군사, 노동 후생 등 각 위원회는 각 행정기관의 과학정책을 포함한 입법에 매달려 있었다.

의회는 1956년부터 AEC의 문제를 취급하는 양원 원자력협의회를 두고 있었다. 또한 스푸트닉의 결과로 두 개의 새로운 위원회, 즉 상원 항공우주과학위원회와 하원 과학천문항법위원회가 창설되어 과학과 보다 확고한 관계를 맺게 되었다. 후자의 위원회는 그 이름처럼 보다 넓은 과학 분야를 관할하였고, NASA, 국립표준국, NSF도 그와 관계하고 있었다.

의회와 과학의 밀접한 연락이 필요하다고 강조한 험프리 상원의원과 같은 유명한 대변인들도 다른 분야에 대해서도 많은 조직상의 대안을 준비하고 있었다. 의회는 상원항공우주과학위원회와 하원과학천문항법위원회의 범위를 넓혀서, 양원은 각각 정부의 연구개발에 대한 모든 것을 관장하는 위원회를 설립하려고 하였다. 이 제안으로 선임된 의원은 과학조직을 전체적으로 파악하는 것이 가능하였으므로, 의회는 과학자에게 공청회 출석의 기회를 주었다. 그러나 그것은 특수한 임무를 지닌 각 성의 정책을 감독하기 위한 기존의 위원회와 관할상의 문제를 끌어내어 불필요하게 중복되었다. 이처럼 양원의 의원을 포함한 합동위원회도 분명히 장단점이 있었다.

양원합동경제보고위원회와 유사한 위원회를 창설하자는 의견이 대두되었다. 이 위원회는 입법의 책임이 없고 순수한 정보, 교육, 자문의 역할을 하였고 대통령의 연차경제보고에 주의를 기울이며, 기업가,

관료, 경제학자의 증언을 들으며 기본적인 경제문제를 취급하는 중요한 많은 연구를 지원하였다. 이 위원회는 과학기술 특별보좌관을 통하여 대통령으로부터 연차보고를 받았고 과학정책결정에 있어서 당시 이상으로 행정·입법 양 부문을 밀접하게 연결시켜, 국가 전체로서 과학문제에 보다 큰 관심을 갖게 하였다.

물론 과학은 의회가 경제와 맺고 있는 것과 같은 관계는 아니었다. 의원은 선거구민의 생활과 직접 관련된 경제정책에만 관심을 가졌고, 과학에는 관심이 없었다. 그러나 의회는 경제적 복지나 국가의 안전에 관계되는 과학을 점점 높이 평가하기 시작하였다. 이처럼 양원합동원자력위원회의 지속적인 노력과 하원과학천문항법위원회의 지원에 의한 연구, 특허·상표·판권에 관한 상원위원회의 조사 등은 과학적 내용의 국가정책에 대한 의회의 관심의 증대를 보여주는 것들이었다.

잭슨 소위원회의 비판

의회와 과학자의 연락문제가 정당한 주목을 받고 있는 한편, 백악관의 새로운 과학자문기구가 계속해서 논의의 대상이 되었다. 1950년대 초기의 3, 4년 동안의 활동을 보아도 특별보좌관, PSAC, FSTC의 임무를 평가하는 데는 약간의 무리가 있었으므로, 이에 대한 일반적인 비판이 있었다. 그 예로 잭슨(H. M. Jackson)을 위원장으로 하는 정부운영에 관한 상원위원회의 국가정책기구인 소위원회는 연구 끝에 비판적인 대안을 내놓았다.

이 소위원회에 의하면 특별보좌관과 PSAC는 눈부신 과학적 진보의 새로운 분야를 계획하고 개발하며 지원하는 임무를 완벽하게 수행한 것은 아니라는 것이다. 즉 과학자문관이 소수의 요원으로 한정되어 있는 사실을 망각하고 있으며, 또한 PSAC위원은 그 일에 많은 시

간을 할애하는 데도 불구하고 비전임이라는 이유로 과학정보를 입수
하는 범위가 좁아지고 있다고 지적하였다. 또한 소위원회는 과학프로
그램의 조정에 관하여 FSTC와, 그의 전신인 관계 각 성의 연락위원
회에 대하여 비판하였다. "대통령을 보좌하고 있는 여러 기관의 프로
그램을 감독하는 FSTC의 활동에 한계가 있다. 이런 종류의 기관 사
이를 조정하는 위원회의 활동에는 제약이 있는데, FSTC도 마찬가지
이다. 각 성의 장관은 프로그램의 규모가 크고 기관 사이의 도랑이 깊
으면 심의형 기구를 무시하는 습관이 있다. 그것은 관료의 권력이
FSTC보다도 훨씬 크기 때문이다."

 잭슨 소위원회는 특별보좌관, PSAC, FSTC와 더불어 백악관 안에
과학기술청을 설치하고 위의 어려운 점을 극복하려 하였다. 그리고
과학기술청에 당시 주어지지 않은 보다 안정된 지위를 자문관에게 주
었다. 과학기술청 장관인 특별보좌관은 1, 2년의 임기로 PSAC를 통
하여 그 당시에 비해 많은 보좌직원을 활용할 수 있었다. 특히 이 기
관은 예산국에 기술적 조언을 주는 임무를 부여하여 과학계획에 보다
면밀한 조정을 가할 수 있었다.

 잭슨 소위원회의 권고 범위는 한정되어 있지만, 그 중에는 주목할
만한 요소가 들어 있다. 소위원회는 당시 조직의 변경을 주장하지 않
았다. 그러나 이러한 권고는 소위원회의 비판에 더해져 과학정책 형
성을 위한 국가기구의 개선이 끊임없이 시도되었다. 당시 과학에 관
계되는 문제는 매우 중요하고 복잡해서, 정부는 항상 과학조직의 틀
에 주의하지 않으면 안되었다.

 과학은 정부 조직상 특별히 심각하고 어려운 문제를 불러일으켰다.
과학은 성격상 자문, 권고를 거쳐 정책결정에 즈음하여 고도의 기술
적인 조언을 하였다. 그것은 몇 십억 달러라는 돈이 과학개발에 투자

되고, 그 결과가 국가발전에 이바지하는 사업계획에 과학이 말려들기 때문이다. 특히 복지와 국방 정책이 강한 국가의 과학조직은 한층 중대한 책임을 안고 있다. 조직의 규모와 그 비용이라는 측면에서 생각해 볼 때, 국가는 지도적 역할을 해야 하며 공사의 기관 사이에는 협력이 유지되고 강화되어야 한다. 이를 위해서는 일반 시민이나 과학자들이 협력하여 의회나 행정 관료에게 조언을 해야 하며, 이는 곧 국가정책의 바탕을 마련하는 계기가 되는 것이다.

5. 스푸트닉 충격과 미국 과학교육의 개혁

연구조수 제도

미국 대학의 연구에 있어서 재정문제는 입법부와 행정부로부터 계속해서 주목을 받아왔지만, 문제의 중요성에도 불구하고 공적인 논의 대상이 되지 않을 정도로 관심이 없었다. 그것은 재정문제가 복잡하고 또 일반이 쉽게 이해할 수 있도록 제안할 수 없었기 때문이었다. 이와는 대조적으로 과학분야에서 인재 문제는 스푸트닉의 덕택으로 국민들에게 폭넓은 관심사였다. 구 소련이 1957년 가을에 세계 최초로 인공위성을 쏘아 올리자 미국은 그들의 과학에 대한 위기감과 패배감을 깊이 느꼈다. 이 사건으로 정부는 사회 여러 분야로부터 비난을 받았다. 행정부는 재정문제의 빈약성을 질책받았고, 군부의 뒤늦은 전술개념이나 군의 역할에 관한 유치한 논쟁 또한 혹평을 받았다. 특히 미국의 과학자들도 비난을 면치 못하였다. 결국 국민의 관심은 미사일 영역에서 미국이 뒤진 이유가 교육제도, 특히 과학교육 때문인 것으로 집중되었다.

과학자의 양성에 관한 사회의 관심은 비로소 그 때 모아졌다. 정부는 20년 동안 과학교육을 지원해 왔다. 예전부터 군 관계 학교, RO-TC 프로그램, GI빌(예비군 장학제도) 등 인재를 양성하고 이를 장려하는 조치가 있었다. 그리고 이와는 별도로 일반 과학자 양성에 대한 정부의 두 가지 공헌을 지적할 수 있다. 그 하나는 정부의 연구계획이나 조성금에 바탕을 둔 연구조수 제도이고, 하나는 NSF, NIH, AEC, 기타 기관이 지원하는 대학원 장려 제도이다.

제2차 세계대전 중, 정부는 대학에 대규모의 연구자금을 지원하였나. 이 때부터 연구조수 제도는 자연계 대학원생을 보조하는 주요한 재원이 되었다. 대부분의 주임 연구원은 계약이나 조성금으로 실험조수를 고용할 수 있었다. 주임 연구원의 대부분이 교수여서 자신의 대학원생을 조수로 임명하였다. 조수들은 교수의 연구를 돕고, 동시에 자신의 논문의 기초가 되는 연구성과를 모을 수 있었다. 이렇듯 연구조수 제도는 교육과 연구 사이를 밀접하게 연결시켜 주었다.

정부가 연구조수에게 주는 지원 금액은 연구 분야와 학생에게 할당되는 시간에 따라 달랐다. 1958년 당시 연구조수는 보통 매년 1,500달러에서 2,000달러의 지원금을 받았다. 당시 정부가 지급하는 조성금이나 계약에 따른 연구비의 총액은 연간 4,000만 달러 가까이 추정된다. 그러므로 이 연구비는 대학원 학생이 받는 지원금 총액의 약 5분의 1이 되는 셈이다. 과학자들을 양성하는 데 있어 계약이나 조성금이 얼마나 중요한가가 분명해졌다.

그러나 연구조수 제도는 과학 연구나 그의 업적을 위한 이상적인 자극제가 아니라는 비난도 있었다. 그것은 조수의 임무가 박사과정에 반드시 이로운 것이 아니고, 오히려 대학원 학생의 연구기간을 길게 할 것이라는 이유에서였다. 더욱 심각한 이유는 이 조성금이 연구조수의 생활에 직접 관계되므로, 학생의 관심이 매우 현실적인 문제로 돌려져 창조력을 요구하는 학위논문의 주제와 그 연구가 멀어진다는 점이었다. 또한 대학 학부에서 연구조수 제도가 교육조수의 자리를 대부분 밀어내고, 대단위 기초과목을 개선하기 위해 필요한 인재를 줄인다는 불만도 있었다.

장학금 제도

연구조수 제도는 대학을 위한 정부의 연구보조금과 관련된 부산물일 뿐이었다. 그러므로 직접적인 인재양성의 프로그램이라고는 볼 수 없다. 그러나 전후에 대다수의 기관, 특히 자연계의 대학원은 연구를 장려하려는 뜻에서 장학금 제도를 실시하였다.

NIH는 당시 최대의 프로그램을 실시하였는데, 1960년에 기초보건학, 공중위생, 그리고 그와 인접한 과목의 연구를 장려하기 위해 약 6,000만 달러의 장학금과 조성금을 마련하였다. 또 NSF는 대학원 장학생 프로그램을 만들어 중등학교의 과학교사를 양성하기 위하여 지원하고, 또한 초등학교에도 출자하였다. 1960년에 NSF의 장학금은 1,300만 달러로 높아졌고, 기타 인재양성계획에는 5,000만 달러를 추가로 출자하였다. 또 AEC는 1,000만 달러 이상의 지원금을 물리학과의 여러 장학계획에 매년 출자하였다. 스푸트닉의 발사 후, 인재개발에 대한 정부의 관심이 커져 NSF의 장학금이 1957년 이후 4배로 늘어났고, NIH의 장학금도 3배 이상 늘어났다.

국방교육법

미국이 스푸트닉의 발사에 대응하여 계획한 최대 산물이 국방교육법이다. 이 법률은 일반적인 규모로 교육을 촉진하려는 최초의 노력이었다. 물론 정부가 교육에 원조하는 것은 전후에 항상 논의되었다. 또한 스푸트닉 발사 이전에도 학교나 대학에 재정적 지원을 하기 위한 의회의 승인을 얻으려고 많은 시도를 하였다. 실제로 스푸트닉이 발사되기 10주 전에도 15억 달러의 학교건설법안이 5표 차이로 하원에서 부결된 일이 있었다. 그러나 국방교육법은 당시 긴장과 혼란의 분위기 속에서 비로소 통과되었다. 이러한 사정 때문에 이 법안은 비판을 받을 만한 조항이 무질서하게 포함된 채로 통과되었지만, 어느 정도 흥미로운 방향을 제시해 주었다.

요긴대 국방교육법은 정부가 교육프로그램의 여러 가지 시행방안에 대하여 10억 달러를 출자하려 했던 제도이다. 이 자금은 1958~62년까지 4년 동안에 지출하도록 하였는데, 그 기한이 의회에서 1964년까지로 연장되었다. 이 법안은 학생에 대한 직접적인 보조를 하는 것과 교육기관이나 주정부에 여러 가지 명목으로 조성금을 지급할 것을 규정하고 있었다. 학생에 대한 보조방법은 2중으로 되어 있다. 대학생에 대한 대여와 특정한 대학원생에 대한 급여를 조합시키고 있다. 총액 2억 9,500만 달러의 대여프로그램이 의회에서 통과되었다.

주정부는 이 자금을 직접 교육기관에 할당하였다. 그리고 각 주정부의 전체 인구에 대한 학생수와, 국가 전체의 인구에 대한 학생수의 비율로 나누었다. 반면에 대학은 대여금의 사무를 맡고 정부자금 9달러당 1달러의 비율로 출자하였다. 학생은 매년 1,000달러씩 총액 5,000달러까지 빌릴 수 있었다. 대여를 받은 학생은 졸업 후 20년(병역에 복무하는 기간과 다시 학업에 전념하는 기간은 제외하고) 이내에 원금을 환불해야 하고 매년 3%의 이자를 내야 했다. 그러나 교직에 있을 경우에는 대여금의 반절이 면제되었다.

국방교육법에 의하여 대학원에서 5,500명의 장학생을 선발하고, 처음 1년에는 2,000달러를, 3년이 넘으면 2,400달러를 지급하였다. 거기에다 학생의 부양 가족 1명에게 400달러를 지급하였다. 학생 한 사람당 지급되는 장학금 2,500달러의 자금을 수입자인 대학이 직접 지불하도록 한 것은 큰 의의가 있다. 이처럼 NDEA는 정부가 학생을 원조하고, 이로 인한 대학의 부담을 줄이기 위하여 그 학생의 수업료보다 많은 금액을 정부가 대학에 보조하려는 시도였다.

국방장학금은 대여프로그램과 마찬가지로 많은 과학교사를 배출하려는 데 목적이 있었다. 이 법률은 고등교육기관의 교직 희망 신청자에게 우선권을 주도록 규정하고 있다. 그러나 대여금과 달라서 장학금은 대학을 거치지 않고 교육위원장이 직접 지급한다. 장학회 규칙 중에서 중요한 조항은 규모가 큰 기존의 대학보다도 대학원의 모든 연구영역을 갖추지 않은 작은 대학원을 강화하는 점이다. 특히 이 법률의 중요한 목적은 "대학을 졸업한 교사를 대학원에 입학하게 하여 그 대학의 시설을 보강하고, 이러한 모든 시설이 널리 여러 곳으로 분산되는 것을 촉진하는 것"이다.

위와 같은 학생보조에 관한 법규 뿐만 아니라, 각급 학교나 다수의 연구 분야의 교육시설을 증보하는 법규도 마련되었다. 공립학교의 과학, 수학, 어학 과정에 필요한 설비비를 2억 9,600만 달러로 할당하였다. 이 금액은 조성금 형식으로 주정부에 지급되며, 주정부는 할당액에 따라 금액을 분담해야 하였다. 각 주에 배당되는 조성금은 각 주의 학령인구에 따라 결정되는 경우가 있고, 학령아동마다의 국고세입액에 각 주의 세입 비율에 따라 결정되는 경우도 있었다. 후자의 경우는 빈곤한 주정부의 낮은 재정능력 때문에 부유한 주 수준의 학교시설을 갖추기 힘드므로 연방정부의 자금을 많이 출자하도록 하기 위함이다.

특히 다음 두 가지 프로그램은 주정부의 협력출자가 반드시 필요하
였다. 그것은 초중등학교 학생의 지도상담법의 개선과 직업교육인데,
여기에는 각각 7,000만 달러ㅊ와 6,000만 달러가 필요하다. 지도상담
을 위해 승인된 기금은 학생을 자신의 능력에 가장 알맞은 길로 이끌
기 위한 테스트와 조언 방법의 개선을 위하여 적절히 분배되었다. 특
히 이 자금은 우수한 학생을 발굴하여 그들이 중등교육을 마칠 수 있
도록 하고, 또한 고등교육기관에 진학할 수 있도록 그에 필요한 과목
을 수업받도록 하고, 대학 입학을 장려하기 위하여 적절하게 쓰였다.

또 이 자금은 당시까지 적절한 기회가 주어지지 않았던 지방 주민
의 직업교육에 할당되고 직업교육의 기회를 제공하였다. 뿐만 아니라
교사의 봉급 수준에서 설비 구입비까지의 여러 형태로 보조되었다.
의뢰의 의도는 과학기술의 발전에서 그 영향력이 특히 강한 분야나
국방성의 요구에 맞는 재능을 발휘할 수 있는 인재를 양성하는 데 있
었다.

이 프로그램에 참가한 1,357개의 고등교육기관은 1960년에 115,450
명의 학생에게 대여금을 지급하였다. 국방장학금은 139개 대학원의
2,500명에게 지급되었고, 여러 연구 분야에 널리 지급되었다. 1960년
에 지급된 장학금 중 약 57%는 인문사회과학 분야에, 36%는 자연
과학과 기술 분야에, 7%는 교육 분야에 배당되었다. 과학 이외의 분
야에 장학금이 높은 비율로 배당된 것은 NDEA가 불균형하게 원조하
는 일반적인 경향을 수정하려는 국방교육법의 의도 때문이었다. 이것
은 학교의 과학, 수학, 어학의 설비분야만 보아도 알 수 있다. 이 법
률은 1960년 회계년도에 47,976개의 프로젝트가 가능하도록 하였다.
같은 해에 46개의 언어·지역연구센터, 42개의 교사양성기관, 598개
의 직업교육 프로그램 등을 원조하였다.

연구센터의 설립

제2차 세계대전과 전후 정부나 산업계 뿐만 아니라 대학 연구에서
도 재정상이나 조직 상의 변혁이 일어났다. 1938년 한해 동안 정부는
대학 연구에 약 1,800만 달러를 지원하였는데, 이것은 대학 외부의
자금지원 중 가장 중요한 부분이었다. 이에 대하여 1958년에 연구출
자금은 7억 3,600만 달러로 많아졌고, 그것의 3분의 2 이상은 연방
정부가 지원하였다. 그리고 3년 후인 1961년에 연방정부의 연구출자
금은 8억 7,900만 달러로 증액되었다. 연방정부의 급격한 자금 유입
은 주로 연구가 중요하다는 인식의 증대와 연구시설이나 설비자금이
상승했기 때문이었다. 현재 이러한 자금은 과학 분야의 인재를 양성
하기 위하여 다시 증액되고 있다.

연방정부는 주로 두 가지 방법으로 대학의 연구를 지원하였다. 정
부는 우선 대학의 개개의 연구계획을 계약이나 조성금의 형태로 지원
하였고, 연구센터를 설립하고 대학이 이를 관리하도록 하였다. 정부와
대학 간의 일반행정계약에 의하여 생긴 연구센터는 정부의 협력업체
인 샌디어 코퍼레이션과 같은 사기업에 의한 것과 거의 형태가 같았
다. 정부기관(보통 원자력위원회나 군부)은 자금을 지급하여 센터의
큰 목적을 결정하고, 대학은 센터의 관리운영과 전체의 방침을 기술
적으로 준비하였다. 정부는 단독의 대학(로스 아라모스 연구소는 버
클리의 캘리포니아대학교 아래에 둔다)이나 대학의 그룹(브룩헤븐 국
립연구소는 하버드를 비롯하여 약 10개교로 구성되는 대학연합 아래
둔다)과 계약을 체결하였다. 정부는 1961년에 대학이 관리하는 연구
센터에 약 3억 9,000만 달러를 지원하였다. 연구센터는 실제로 반자
영의 형태로 운영되었다. 보통 대학의 캠퍼스에서 떨어진 곳에 설립
되었고, 항상 관리직원을 고용하였다.

연구센터는 대학의 내부 문제에 거의 관여하지 않지만, 개개의 연구계획에 대한 위탁계약이나 조성금은 실험실 예산으로, 교수회나 학생에까지 대학의 운영에 깊은 영향을 미쳤다. 연구계획은 대학 자체 내에서 진전되고, 이와 같은 계획에 대하여 정부는 1961년에 4억 9,000만 달러를 지원하였다. 이는 전에 없었던 대학에 대한 최대의 자금지원이었다.

정부가 대학의 연구를 지원할 때, 정부는 '구입연구'(정부기관의 특정한 필요에 바탕을 둔 연구계획)와 '지원연구'(대학의 연구자가 일반의 지적 가치의 추구를 위해 제안한 연구계획)를 구분하였다. 그러나 이 구분은 매우 미묘한 것으로 원조 방법에 대한 사무상의 의미는 다르다. 전자의 경우는 정부가 보통 연구성과를 구입하려고 할 때에 위탁계약을 하고 이것을 지원할 경우에 조성금을 내놓는다. 후자는 법적 수속이 적고 정부와 대학 간의 특수한 이해를 바탕으로 성립하였다.

정부와 대학 간의 관계는 정부와 기업 간의 그것과 분명히 다르다. 기업은 (사적) 이윤을 추구하는 것을 목적으로 한다. 따라서 정부와 기업 간의 주된 문제는 이윤 추구와 공공적 기능의 수행을 어떻게 조화시키는가에 있다. 반면에 대학은 지식의 보급과 축적, 즉 연구와 교육을 목적으로 한다. 또한 고등교육에 대한 국가의 관심이 높아지자, 대학은 공공정책의 중요한 분야에서 부각되었다. 그러므로 대학은 다수의 공공 기능만을 위하는 것처럼 보이고, 교육의 기능은 단지 그것들 중의 하나일 뿐인 것처럼 보였다.

그러나 정부와 대학의 관계는 서로 다른 두 가지 공적 기능을 한데 모으는 것으로, 그 사이에서 일어나는 주된 문제는 서로 다른 공공의 목표에서 생기는 갈등이었다. 정부의 연구(혹은 인적 양성 계획) 지원이 대학의 이념을 따를 때, 정부는 고등교육기관이 지닌 공공 임무에 기여한다. 그러나 정부가 대학의 이념에서 벗어날 때, 고등교육은 별도의 공적 기능 때문에 본래의 기능을 잃게 된다. 분명히 연방정부의 자금은 구입 연구의 경우 고등교육의 목표와 서로 다르다. 이 때문에 정부와 대학 간의 재정이나 행정 분야에서 긴장이 생겼다. 하지만 특정 정부기관이 인류의 지식에 공헌하는 것을 무시해서는 안 된다.

충성, 기밀 유지의 요청

행정상 대부분의 갈등은 연구직원의 충성이나 발견의 기밀유지에 관한 규정에서 비롯된다. 결국 이 문제는 모든 과학자들에게 해당되지만, 그 관심사로 특히 자유로운 지적 연구의 요람인 대학이 떠오르고 있다.

어떻게 보면 충성과 기밀 유지의 요청은 결국 이익과 희생의 문제이다. 국가의 안전에 이바지한다는 것은 다른 곳에서의 커다란 손실을 의미한다. 어떤 지식이 기밀로 지정되면 연구상의 발견을 공개할 수 없으며, 때로는 그 발전이 늦춰지는 결과를 가져온다. 그리고 과학의 급속한 진보에 꼭 필요한 자유로운 사상의 교환이 불가능해진다. 충성이나 기밀 유지를 요구하면 중요한 분야에서 과학의 인재(충성심을 의심받는 과학자)를 잃게 되고, 또한 충성스런 인재도 심리적으로 임무에서 멀어진다.

이처럼 충성과 기밀유지의 문제에는 많은 어려움이 뒤따른다. 그래서 정부는 군사적 요구에 직접 관계가 없는 지원 연구에 대하여 충성하기를 바라는 태도를 재고하였다. 그 결과 정부는 1956년에 다음과 같은 법령을 공포하였다. "불충성의 이유만으로 학문적으로 유능한 연구자에게 기밀 지정 이외의 연구에 관련된 조성금이나 계약 면에서 행정적 조치를 받는 근거가 될 수 없다.”

　이러한 적절한 규정으로 적어도 연구에 있어서 충성을 요구함으로 인하여 생긴 문제는 줄어들었다. 그러나 기밀 유지의 문제는 여전히 남아 있었다. 모든 교육기관은 대학 내에서 기밀 지정 연구를 하는 것을 싫어하였다. 기밀 지정 연구는 연구의 자유라는 지적 원칙을 침해하고, 뿐만 아니라 매우 현실적인 문제를 발생시키기 때문이었다. 기밀 유지는 대학의 정신을 어지럽힌다. 건물의 일부 또는 전부를 일반인이 사용하지 못하게 하는 것에서부터, 문에 열쇠를 채우거나 수위를 두는 경비체제에 이르기까지 모든 경비대책이 필요하였다.

　특히 기밀 지정은 연구진에게 매우 해롭다. 자신의 연구계획을 완성했더라도, 자신의 발견이 구체적인 군사적 가치를 지니고 있는지 없는지에 관계없이 기밀 지정이 해제될 때까지 발표를 미뤄야 하기 때문이다. 젊은 과학자의 경우에 기밀 지정은 학위 논문의 완성에 큰 영향을 준다. 가끔 어떤 주제의 논문 연구는 금지되는 경우가 있다. 이와 같은 어려움 때문에 하버드대학에서는 모든 기밀 지정 연구를 거부하였다. 그러나 정부가 출자하는 대학연구의 약 10~15%는 기밀로 지정되었는데, 그 대부분은 핵물리학 분야였다.

　대학의 압력으로 정부는 대학 내의 기밀 유지를 줄이기 시작하였다. 그래서 정부는 많은 기밀 유지를 연구센터나 산업계에 위임하고 때로는 기밀 유지 사무를 줄이는 노력을 하였다. 군사 목적을 띤 연구도 엄밀한 규정을 만들어 기밀의 지정을 줄였다. 또한 기밀의 의미가 사라진 후에는 기밀 지정이 오래가지 않도록 사무기구의 임무를 신속화하였다. 기밀 지정의 사무를 신속화하여 연구 능력을 높이기 위하여 이를 개선하는 데는 경비가 거의 들지 않았다. 그것은 거의 사무적인 수속 문제이기 때문이었다.

복잡한 간접비 문제

충성·기밀유지의 문제는 세상 사람들의 주목을 받아왔지만, 정부와 대학 간에 잘 알려져 있지 않은 재정문제가 있다. 그것은 정부가 출자한 간접비의 상환여부의 문제이다. 간접비의 문제는 일반 대학의 예산 편성에 정부가 개입하므로 좋든 싫든 대학 전체의 운영에 영향을 미쳤다. 물론 정부의 연구계획은 모든 직접비(주요 연구자와 조수의 급여, 시설 기타 비용)를 부담한다. 그러나 기타 특정한 연구 계획에 할당되지 않는 여러 잡비가 있다. 그것들은 일반사무, 회계비, 도서비, 토지건물 관리비 등이다(간접비, 또는 경상비).

정부는 처음에 대학의 연구에 대해 직접비만을 지출하였다. 간접비는 연구성과에 따라 대학이 분담하였다. 그러나 정부의 출자 증가로 정부의 간접비 분담도 늘어났다. 1947년에 미국 정부는 처음으로 군부가 분담할 간접비의 세목을 지정하려 하였다. 국립보건연구소(NIH)도 직접비의 15%까지 간접비의 분담률을 점차 늘렸다. 전미과학재단(NSF)도 조성금 분배 방법을 NIH 방식으로 재정비하였다.

대학의 불만은 정부가 출자하는 연구가 해마다 증가하는 데 비례하여 늘어났다. NSF, NIH의 간접비 지출과 군부나 기타 정부기관 사이의 불균형이 불만의 주된 원인이었다. 그러나 간접비 정책은 대학의 요구로 점차 개정되어 갔다. 1958년 후반에 미국교육협회와 예산국이 시행한 연구 결과, 간접비 세부지침을 어느 정도 자유도를 가지는 방향으로 개정되었다. 정부는 여러 조항 중, 특히 사무직의 급여를 분담하는 것을 인정하고 도서비의 상환율을 늘렸다.

설비투자

앞에서 말한 것은 운영비에 관한 문제이다. 그러나 여기에 일반 실험실에서 고도로 복잡하고 값비싼 장치에 관한 설비투자의 문제가 있다. 여러 기관, 특히 군부나 원자력위원회는 대학의 과학자가 사용할 수 있는 여러 가지 크기의 원자로를 건설하였다. 이러한 시설은 브룩헤븐 국립연구소처럼 단독이거나, 아니면 여러 대학과의 청부계약으로 관리되는 연구센터의 일부로서 만들어졌다. 또 시설이 특정한 연구계약용으로서 대학 내에 건설되기도 하였고 또 어떤 종류의 고유재산은 의회의 여러 입법안을 통해 연구기관에 주어지기도 하였다.

최근에 정부는 특정계약이나 연구센터와 관련되지 않은 연구시설에 재정적 원조를 하기 시작하였다. 의회는 1956년에 보건연구시설법을 통과시켜 의학연구 시설을 쇄신하고 건설하는 데 기여하였다. 이 법률에 따라 NIH는 연 3,000만 달러의 조성금을 지출하였다. 그리고 승인된 연구계획 경비의 2분의 1을 지출하는 방식으로 대학에 주었다. 그 때까지 각각(연구시설)의 필요에 따라 매우 특수한 시설에 대하여 조성금을 지급한 전미과학재단은 1960년에 다목적 실험실의 경비분담이라는 프로그램을 대학에서 실시하였다.

그런데 스푸트닉의 발사 이후 기존시설의 노후문제가 등장하였다. 기존시설에 대한 대부분의 연구투자는 제2차 세계대전 중에 OSRD와 계약 당시부터 시작되었다. 실험실 건물은 19세기에 건설된 것도 많이 있었다. 지금처럼 과학이 급속히 진보하고 있는 것에 반하여, 아직까지 건설되지 않은 시설이나 시대에 뒤떨어진 것들도 많이 있었다.

따라서 연방정부의 연구시설에 대한 정책은 재검토를 해야만 하였다. 그 예로 과학시설의 감가상각에 대한 손실지불이 있다. 계약 연구에 사용되는 대학 소유의 설비류의 감가상각에 대하여 정부는 보통 등기 가격의 2%까지 인정하였다. 이것은 그 시설이 50년 동안 유지된다고 여기고 계산한 것이다. 반면에 사기업은 세금공제의 이익을

받고 있다. 감가상각을 높이면 대학도 시설 근대화를 위한 기금을 진
척시킬 수 있다.

NSF나 NIH가 현재 채용하고 있는 새로운 조성금 방식은 의의가
있다. 정부의 경비분담 방식은 잔액의 사적 기부를 장려하기 위하여
기획되었다. 그러나 예상대로 현재의 경비부족을 보충하는 데 충분할
만큼 기부금이 들어오느냐가 문제이다. 만일 부족하다면 정부의 조성
금을 받지 못한다. 1959년 아이젠하워 대통령은 스탠퍼드대학에 1억
달러의 원자로를 건설하는 데 필요한 모든 경비를 정부가 부담하도록
하였다. 이것을 물리과학의 일반적 연구를 위하여 국립 시설로 사용
하기 위해서였다. 의회는 이 제안을 검토하였고 권고의 선에서 움직
였다. 그리고 이와 같은 원대한 계획과 연계되지 않은 연구시설에 대
해서도 장차 대규모로 자금을 지급할 조짐이 보였다.

6. 미국의 거대과학정책

원폭개발 계획(The Manhattan Project)

루즈벨트 대통령과 망명 과학자   1930년대 초 히틀러 정권의 유
태인 과학자 추방정책으로 미국으로 건너온 과학자들은, 원자물리학
이 미국에 미칠 영향에 대하여 토론하는 모임을 만들고, 1939년 3월
에 미국 해군성 대표자와 함께 원자력 개발에 대하여 토의하였다. 한
편 미국의 경제학자이자 루즈벨트 대통령의 친구이며 조언자인 삭스
(A. Sachs)는 이전부터 원자력의 가능성에 대하여 구상하면서, 정부
가 자신의 구상을 적극 지원하고 개발해야 한다고 생각하고 있었다.

그는 이 문제를 콜롬비아대학의 과학자들 및 아인슈타인 박사와 상의
하였고, 만일 아인슈타인 박사가 대통령에게 보낼 적절한 서한을 마
련한다면, 그것에 동의하겠다는 뜻을 암시하였다.

아인슈타인 박사는 1939년 8월 2일, 루즈벨트 대통령에게 다음과
같은 내용의 편지를 보냈다.

"페르미와 질러드의 최근 몇 가지 연구 결과를 원고 그대로 받아보
았습니다. 이 내용으로 보아, 머지않아 우라늄 원소를 새롭고 중요한
에너지원으로 전환하는 것이 가능할 것 같습니다. 이로 인해 몇 가지
상황을 고려할 때 경계할 필요가 있으며, 정부는 신속한 대책을 세워
야 할 필요가 있다고 생각합니다. 따라서 다음 사실과 권고에 대하여
대통령께서 관심을 갖도록 하는 것이 제 의무라고 생각합니다.

최근 4개월 동안 프랑스의 물리학자 졸리오·퀴리, 그리고 미국의
페르미와 질러드의 연구를 통하여 다음과 같은 사실을 알게 되었습니
다. 대량의 우라늄 중에는 중성자에 의해 핵분열을 일으키고, 그것이
연쇄적으로 일어나(연쇄반응) 막대한 에너지가 발생하게 되고, 우라
늄과 비슷한 새로운 원소가 대량으로 만들어질 가능성이 있다는 것입
니다. 이것이 가까운 장래에 실현되는 것은 지금 거의 확실합니다.

특히 이러한 원리는 폭탄의 제조에도 사용될 수 있으며, (확실하지
않지만) 이런 방법으로 만들어진 매우 강력한 신형 폭탄을 실은 배가
항구에서 폭발하는 일이 발생할 수 있습니다. 한 개의 폭탄이 항구 전
체 및 주위의 지역을 파괴할 가능성은 매우 큽니다.

미국에는 우라늄을 함유한 광석이 조금 있지만, 그 함유량은 매우
적습니다. 캐나다, 체코슬로바키아에 양질의 광석이 약간 있고, 벨기
에령 콩고에서 최고 양질의 우라늄을 얻을 수 있습니다.

이와 같은 상황을 고려할 때, 연쇄반응을 연구하고 있는 물리학자

들과 영구적인 접촉을 갖는 것이 좋으리라 생각합니다. 이를 실현할 수 있는 한 가지 방법은 대통령께서 이 일을 신뢰하고, 비공식적인 자격으로 이에 종사할 수 있는 사람에게 이 일을 위임하는 일입니다. 그 경우에 그들이 할 일은 다음과 같은 일일 것입니다.

1) 정부 각 성과 연계하여 관계 각 성에 이들의 새로운 연구동향을 끊임없이 보고하고, 정부가 취해야 할 조치에 대하여 권고하며, 특히 미국을 위하여 우라늄광의 공급 및 확보 문제에 착수 하는 일.

2) 현재 대학의 여러 연구실의 예산 범위 내에서 진행되고 있는 이 실험작업을 추진하고, 만일 자금이 필요할 경우에 이 대사업을 위하여 지원할 수 있는 민간인과 접촉하여 자금을 조달하며, 또한 연구에 필요한 설비를 갖춘 산업연구소의 협조를 얻는 일.

또한 독일은 그들이 점령한 체코슬로바키아의 광산에서 우라늄을 매각하는 일을 실제로 정지하였다고 들었습니다. 독일이 이처럼 민첩한 조치를 취한 이유는 베를린의 카이저 빌헬름 연구소장에 독일 외무차관 폰 바이제커의 아들(C. F. 바이제커 박사)을 임명한 것으로 미루어 보아 대략 이해할 수 있을 것입니다."

부쉬와 국방연구회의 이 편지를 받은 루즈벨트 대통령은 1940년 6월 15일 아인슈타인 박사의 편지에 대하여 국방연구위원회(ND-RC) 위원장인 부쉬 박사에게 다음과 같은 내용의 편지를 보냈다.

"나는 최근(1939년 10월)에 원자과학 분야에서의 최근의 발견, 특히 우라늄 핵분열이 국방에 대하여 가질 관계를 연구하기 위하여 표준국의 브릭스 박사를 위원장으로 하는 특별위원회를 설립하였다. NDRC의 임무는 위의 특수문제를 포함하고 있다. 나는 NDRC가 이 문제에 관련된 특수연구를 원조하는 것이 최선책이라 생각한다. 그래

서 특별위원회가 당신에게 직접 보고하도록 지시할 것이다. NDRC의
임무는 현재 국내 민간기관에 있어 매우 중요하다. 요즈음의 전쟁 방
법과 무기는 예전과 많이 달라졌고, 미래에도 지금 이상으로 달라질
것이다. 그것이 우리나라 국민의 이익, 과학자의 지식과 숙련, 생산
구조의 유연성, 그리고 평화를 유지하기 위한 여러 뛰어난 기술에 필
요한 것이라면, 우리나라의 과학자 및 기술자들은 위원회의 지도를
받고, 군부와 밀접한 협력을 추진하여 우리의 현임무를 수행하는 데
실질적인 도움을 줄 것이다. 이후 NDRC에서 이를 추진하는 동안 나
는 그 기획에 끊임없이 관심을 갖겠다." 루즈벨트 대통령은 삭스의
의견에 따라 우라늄자문위원회를 설립하고 원자력 개발 상황에 대하
여 보고하도록 하였다.

우라늄자문위원회는 상무성 표준국과 육·해군 대표자로 이루어졌고,
때때로 물리학이나 화학 분야의 학자들과 원자력이나 원자무기의 개발
에 대하여 토의하였다. 그리고 이 위원회는 이 토의를 바탕으로 육·해
군에서 연구에 필요한 재료를 구입하는 경비를 마련하도록 권고하였
다. 이 위원회는 1940년 4월에 베를린의 카이저 빌헬름 연구소가 우
라늄에 관한 큰 계획을 추진 중이라는 사실을 알고 활기를 띠었다. 우
라늄자문위원회는 부쉬 박사를 위원장으로 하는 NDRC 하부기구의 한
분과위원회가 되었다. 그리고 창설과 함께 거대한 연구계획이 시작되
었다. 처음에 이 일은 육·해군에서 이관된 경비로, 후에는 NDRC의
예산에 의하여 대학, 민간 및 국립연구소와 연결되었다. 그리고 1941
년 11월에는 16가지의 계획을 총 30만 달러의 예산으로 진행하였다.

그해 봄과 여름, 과학과 기술 두 부문에서 원자폭탄의 전체적인 계
획이 신중하게 검토되고, 원자폭탄이 군사적으로 사용될 수 있다는
가능성이 강조되었다. 이러한 검토를 통하여 부쉬 박사는 이 분야에

관련된 영국 과학자들의 낙관적인 견해를 지적한 뒤, 미국은 원자에 너지 면에서 개발의지를 강화해야 한다고 결론을 내렸다. 그는 대통령과 이 문제를 상의한 후, 이에 관한 계획을 세우고 기구를 개선하는 승인을 얻었다. 그리고 특별경비를 확보한 후, 영국과 정보를 교환하는 허가도 얻어냈다.

그 무렵 루즈벨트 대통령은 최고의 정책그룹을 창설하였다. 이 그룹은 대통령을 비롯하여 워레스 부통령, 스팀슨 육군장관, 과학자 코넌트 박사로 이루어졌다. 우라늄 계획의 중요성은 나날이 커져갔다. 부쉬 박사는 1941년 11월 우라늄자문위원회를 NDRC의 권한 밖에 두도록 결정하고, 국방조사위원회와 대등하게 과학연구개발국(OSRD)의 직속기관으로 만들었다.

드디어 1941년에 이르러 원자폭탄개발이 적극적으로 검토되었다. 한편 원자폭탄개발은 OSRD의 발족과 함께 이 기관의 중요한 과제가 되었다. 1942년 그로브스(L. R. Groves) 장군이 지휘하는, 이른바 맨하탄계획이 수립되고, 다른 행정기관과는 완전히 독립하여 비밀리에 원자폭탄개발이 추진되었다.

맨하탄계획은 연합국의 승리를 조기에 종결하기 위하여 추진된 비밀 무기개발계획이었다. 정부는 이 계획에 관련된 인재·자금·자재 등의 모든 면에서 우선적인 특혜를 주었다. 그러나 목표를 이루는 데는 장애물이 많았는데, 그것은 원자폭탄의 원료인 U-235와 Pu-239의 확보문제였다. 결국 어려운 여러 고비를 겪은 후에 이 두 원료를 확보할 수 있었고, 이것은 당시 미국의 기초과학과 고도로 숙련된 기술 수준을 잘 입증해 주었다. 그리고 페르미의 지도 아래 핵분열 실험이 1942년 12월 2일에 시카고대학에 설치된 원자로에서 성공적으로 이루어져 핵무기 제조에 한 발 다가서게 되었다.

한편 원자폭탄 원료의 제조와 폭탄의 설계·개발을 위한 연구소가 뉴멕시코 주 로스 아라모스에 설립되고, 이론물리학자 오펜하이머가 소장으로 임명되었다. 이 연구소야말로 원자력이 무기로 이용될 수 있는지의 여부를 결정짓는 곳이었다. 그러나 핵분열 임계점(임계량)이 또 다시 문제가 되었다.

오크리지 공장에서는 U-235를 농축하고, 한포드 공장에서는 Pu-239가 제조되었다. 그리고 로스 아라모스에서는 정부와 군부의 전면적인 지원으로 과학자들과(그 중에는 유럽에서 망명한 많은 과학자가 포함되어 있었다) 듀퐁, 유니언 카바이트, G. E. 등 대기업의 과학자·기술자들이 협력하여 연구를 진행하였다. 맨하탄계획의 모든 계획은 지도자격인 군인이나 과학자에게만 알려져 있었다. 이 계획에 동원된 대다수의 사람들은 자신들이 하는 일이 전쟁 수행에 있어 매우 중요하다는 사실조차 알지 못하였다.

프론티어 정신을 가진 과학자와 기술자의 노력으로 처음에는 어렵다고 생각했던 장애들이 점차 극복되었다. 뉴멕시코 주 아라모고드 사막에서 1945년 7월 16일―포츠담회담 하루 전날―최초로 원자폭탄(Pu-239)의 실험이 실시되었다. 계획부터 폭발 실험까지 3년이 채 못 걸렸다. 맨하탄계획은 전형적인 군부·산업·대학의 협동연구로 전례 없던 거대과학(Big Science)이었다. 20억 달러가 넘게 투자되었고, 한창일 때는 53만 명의 기술자·과학자들이 이 계획에 참여하였다.

그러나 원자폭탄이 완성된 1945년 7월은 이탈리아와 독일이 이미 항복한 후였고, 동맹국 중 일본만이 연합국과 전쟁을 계속하고 있었다. 승패는 이미 결정되어 있었기 때문에 일본에 원자폭탄을 사용할 것인가에 대하여 논의가 제기되었다. 일부 과학자들은 원자폭탄 투하를 강하게 반대하였으나, 1945년 8월 6일과 9일 히로시마와 나가사

키에 우라늄폭탄과 플루토늄폭탄이 각각 투하되었다.

맨하탄계획은 과학기술과 사회, 그리고 정부가, 전쟁이라는 특수한 상황하에서 밀접한 관계를 맺기 시작했다는 사실을 확실히 보여주었다.

인간 달착륙 계획(The Apollo Project)

스푸트닉의 충격   NASA의 역사는 구 소련의 인공위성 스푸트닉의 발사와 때를 같이 한다. 구 소련은 1957년 10월 4일의 스푸트닉 1호에 이어 11월에 스푸트닉 2호를 쏘아 올렸다. 그것은 스푸트닉 1호의 6배에 해당하는 508킬로그램의 위성으로, 라이카라는 개를 싣고 있었다. 이 성공은 구 소련의 우주기술이 미국보다 훨씬 앞서 있다는 사실을 증명한 것으로, 미국은 매우 큰 충격을 받았다.

당시 미국의 아이젠하워 대통령은 곧 대통령 과학기술고문과 과학자문위원회를 설치할 것을 결정하고, 과학기술고문에 MIT총장 킬리언 박사를 임명하였다. 그리고 킬리언 박사와 과학자문위원회를 중심으로 우주개발의 추진 방향에 대하여 검토하기 시작하였다. 이것은 미국의 정치에 과학기술이 처음으로 등장한 역사적 사건이었다.

아이젠하워 대통령은 1958년에 우주 개발을 담당하는 기관으로, 국가항공자문위원회를 개조하여 새로운 기관을 설립할 것을 결정하였다. 국가항공자문위원회는 미국이 항공기술의 후진성을 벗어나기 위하여 1915년에 설립한 기관이다. 이것은 그 후 미국의 항공기술의 발전에 중요한 역할을 하였다. 12명의 비상근위원이 운영하고 있어 자문위원회의라 이름하였지만, 실제로는 3개의 연구소와 2개의 실험장, 8,000여 명의 직원(NASA 설립 당시)을 거느린 큰 연구기관이었다.

한편 의회도 상원, 하원에 각각 특별위원회를 설치하여 우주개발의 문제를 검토하기 시작하였다. 양원 모두 다수당인 민주당의 원내총무를 위원장으로 임명하였다. 당시 상원위원회의 의장은 그 후 부통령을 거쳐 대통령이 된 존슨이었다.

대통령이 제안한 '항공우주법'은 3개월 동안의 심의를 거친 후, 의회를 통과하여 1958년 7월 29일 대통령의 서명을 얻어 법률로 공포되었다. 이 법률은 국가항공우주회의와 NASA의 설립에 대하여 규정하고 있다. 국가항공우주회의는 대통령자문기관으로, 대통령을 의장으로 국방장관, 국무장관, NASA 장관, 원자력위원장 등으로 구성되어 있다. 그리고 이 회의는 항공우주 분야에 대하여 대통령에게 조언한다. 또 항공우주활동을 기획·지도·실시하는 기관으로 NASA를 설립하면 국가항공자문회의를 폐지한다는 규정 때문에 군사 관계의 우주활동은 국방성이 맡아 실시하였다.

NASA의 설치에 관련하여 주목할 두 가지 규정이 있다. 첫째, 정부는 우수한 과학자, 기술자를 채용하기 위하여 연방공무원의 급여 등을 규정한 직무분류법의 예외 규정을 NASA에 적용하여, 60명의 직원을 최고 19,000달러(10명은 21,000달러)의 연봉으로 채용할 수 있는 권한을 주었다(당시 연봉 21,000달러는 차관급 급여). 이는 우수한 인재를 확보하기 위한 중요한 규정이었다. 또한 정부는 장관에게 과학자, 기술자를 직무분류법의 규정보다 2등급 높은 급여로 채용할 수 있는 권한을 부여하였다.

둘째, 특허규정으로 NASA와의 계약으로 획득한 특허는 국가 소유라는 것이다. 이 규정은 정부에는 없었지만 납세자의 권리를 보호한다는 관점에서 의회가 부가한 것이었다.

아폴로계획의 결단　민주당의 케네디는 1960년 11월의 대통령

선거에서 공화당 후보를 근소한 차이로 누르고 이듬해 1월에 대통령이 되었다. 아이젠하워 정권은 우주개발을 적절한 속도로 개발해야 하며, 또한 구 소련의 우주개발 성공이 미국의 안전 보장에 별다른 영향을 미치지 않는다고 주장하였다. 반면에 케네디는 선거전에서 스푸트닉으로 자존심이 상한 미국 국민의 감정을 바탕으로, 아이젠하워 정권의 우주정책 때문에 미국이 세계 제2의 국가로 떨어졌다고 주장하고 그들의 정책을 격렬히 비난하였다.

케네디 대통령은 우선 NASA 장관에 트루먼 정권 당시 예산국장이었던 웹(J. E. Webb)을 임명하고, 드라이딘 부국장의 유임을 결정하였다. 또 이전의 정권이 거의 활용하지 않은 국가항공우주회의를 강화하기 위하여 부통령을 의장으로 하는 대통령 직속 전임사무국을 설치하는 등 항공우주법을 개혁하였다. 이것은 상원의원 때부터 우주개발을 추진해 온 존슨 부통령이 주관하면서 대통령을 도왔다. 그러나 케네디 대통령이 아폴로계획의 추진에 대하여 중대한 결심을 한 것은 그 자신이 구 소련의 가가린 소령의 '우주비행'이라는 엄숙한 취임 축하를 받은 때부터였다.

케네디 대통령은 1961년 5월 25일 일반 교서를 연설하는 자리에서 지금이야말로 우주개발에 커다란 진보가 있어야 할 때라고 강조하였다. "나는 인류가 1960년대 말까지 달에 착륙하고, 지구로 완전하게 귀환한다는 목표를 이룩하는 데 자신이 있다."라고 선언하였다. 이 때부터 NASA의 큰 사업이 시작되었고, 이 거대한 작업은 순조롭게 진행되었다. 웹 장관은 1961년 9월 유인비행센터를 텍사스 주 휴스턴에 건설한다고 발표하였다. 또 루지애너 주 뉴올리언스 근처에 거대한 새턴(Saturn) 로켓 조립공장을 건설하고, NASA의 계약자가 사용하도록 허락하였다.

이러한 시설이 건설되고 개발이 진전됨에 따라 NASA의 예산과 인원은 급격히 증가하였다. 1961년 회계년도에 9.7억 달러이던 예산은 1964년에는 51억 달러로 증가하였고, 1967년까지 거의 같은 수준이었다. 이 자금의 90%가 산업계, 대학 등 NASA의 계약자에게 지불되었다. 또한 아폴로계획의 절정기인 1967년에는 40만 명 이상이 아폴로계획을 위해 일한 것으로 추정된다. 또 NASA의 직원도 17,000명에서 36,000명으로 증가하였다. 결국 인간은 달에 착륙하였다. 거대과학의 승리였다.

한편 미국의 정권은 1969년 1월 민주당에서 공화당의 닉슨으로 옮겨졌다. 닉슨 대통령은 지난번 선거전에서 우주개발에 대한 논쟁으로 케네디에게 패배한 경험이 있었고, 또한 월남전의 많은 전쟁비용 때문에 1970년 NASA 예산을 아폴로계획의 최절정 시기의 50억 달러에서 37억 달러로 대폭 삭감하고, 또한 NASA의 업무에 관계하는 인원은 아폴로계획의 최절정 시기의 43만 명에서 1974년에 12만 6,000명으로 줄였다. 결국 3년째였던 아폴로계획은 중단되었다.

산업계 출신의 페인(T. O. Paine)이 웹을 대신하여 NASA 장관에 임명되었으나 1년 반 만에 사임하고, 유타대학의 총장을 지낸 프렛처(J. C. Fletcher)가 그 뒤를 이었다. 아폴로계획 이후의 새로운 우주개발계획의 수립은 이 두 사람에 의하여 추진되었다.

NASA는 1960년대의 국위 선양을 위한 우주개발에서 국민의 생활에 밀착된 우주개발로 정책을 전환시켰다. 따라서 NASA 활동의 중점은 달이나 행성 탐사에서 지구문제로 옮겨졌다. 자원탐사위성 어쓰(ERTS, 후에 랜드세트 1호로 개명)가 그 대표적인 예이다. 위성을 지구의 자원탐사에 이용하자는 요구가 국무성 등에서 나왔고, 정부가 이를 받아들여 1970년에 인공탐사위성 제1호가 발사되었다.

사람 유전자 계획(The Human Genome Project)

「**암 연구의 전환**」 이 계획은 국립보건연구소(NIH)와 에너지성
(DOE)이 공동으로 계획하고 연구한 것으로, 공식적으로 1990년 11
월(즉 1991 회계년도)부터 미국의 거대 계획으로 출발하였다. 공식
적인 발족에 이르기까지 몇 단계의 과정을 거쳤다. 크게 DOE가 주도
하는 아이디어 구상기(1985~86년 무렵), NIH가 전면에 등장하고
계획에 대한 관계자의 기본적 의지가 형성되는 시기(1987~88년 무
렵), 계획의 정식 출발 시기(1990년)로 크게 나눌 수 있다.

이 계획의 출발에 앞서 연방 DOE의 보건환경연구국이 사람 유전
자 계획에 대한 적극적인 검토를 하는 데 큰 역할을 하였다. 그런데
본래 에너지 문제를 다루는 DOE가 어째서 '사람 유전자 계획'에 적
극적으로 관여하게 되었는가. DOE는 본래 카터 정권 시대(1977년)
에 에너지연구개발청(ERDA)을 개조하여 만든 것으로, ERDA의 전
신은 전후 미국의 원자력 정책에 주도적인 역할을 한 원자력위원회
(AEC)였다.

AEC는 처음부터 방사능이 생체에 미치는 영향에 대해서만 연구하
였다. NAS는 이 위원회의 원조를 받아 1947년에 원자폭탄 피해조사
위원회를 설치하고, 원자폭탄이 히로시마 및 나가사키 사람들의 건강
에 미친 영향 등을 조사하기 시작하였다. 이러한 연유로 제2차 세계
대전 후, 의외의 일이었지만 AEC는 곧 미국 최대의 유전학연구 원조
기관이 되었다. 물론 유전학 연구에 배분되는 AEC 연구개발 예산은
전체 예산의 극히 일부였지만, 그래도 당시 상황에서 보면 다른 곳을
압도하는 규모였다. 1960년대 이전에 훈련을 받은 많은 유전학자(대
부분은 분자생물학 발흥 이전 세대)들은 이러한 경험 때문에 유전학

연구에 대하여 NIH보다도 AEC를 떠올리고 있다.

이처럼 AEC의 연구 전통에 따라 DOE가 사람 유전자의 해석에 관한 연구에 큰 관심을 나타낸 것은, 그에 따르는 역사적 배경이 있었기 때문이었다. 더욱이 냉전 구조가 완화되고 환경문제에 대한 관심이 한층 높아지는 가운데 '사람 유전자의 해석과 그것의 성과를 적용한 의료 등에 대한 연구'라는 취지는 DOE의 존재 의의를 나타내는 데에도 적합하였다. 이리하여 DOE는 적극적으로 사람 유전자 해독에 관한 워크숍을 개최하였다.

그런데 이러한 사람 유전자 계획의 초기 구상 단계에 있어서 또 하나 짚고 넘어가야 할 것이 있다. 그것은 과학자들의 사람 유전자 해독 계획에 대한 적극적인 주장과 이에 대한 강력한 지원이 있었다는 점이다. 그 중 암 바이러스에 관한 연구로 1975년에 노벨 생리·의학상을 수상한 둘베코(R. Dulbecco)가 1986년 3월의 『사이언스』(*Science*)에 발표한 논문, 「암 연구의 전환 : 사람 유전자의 배열 결정」을 들 수 있다. 그는 이 논문에서 종래의 암 연구는 외부요인(바이러스나 돌연변이를 유발하는 화학물질 등)의 탐색에 역점을 두었지만, 이제는 내부요인 즉 세포 내의 유전자 변화 과정의 해석에 중점을 두어야 한다고 지적하였다. 그리고 사람 유전자의 전체적인 지도(地圖)가 필요하며, 결국에는 그것을 만드는 것이 연구에 보다 효율적일 것이라 강조하였다.

이러한 주장은, 그의 주장 그 자체의 옳고 그름은 별도로 하고, 적어도 그 동기로서 생물학 연구, 특히 분자생물학 연구를 위한 연구 자금의 확보에 좋은 명분이 되었다. 둘베코는 사람 유전자의 전체 염기 배열 결정이라는 아이디어를 주로 워싱턴에 있는 재미 이탈리아 대사관(둘베코의 조국)에서 개최한 모임(1985년 10월)에서 발표하였다.

무엇인가 '정치적인' 뜻이 거기에 작용한 것도 분명하였다.

둘베코의 논문으로 많은 생물학자들이 '사람 유전자 계획'이라는 구상에 대하여 최초로 알게 되었고, 일부는 곤혹스러움과 불안을 낳았지만, 그의 생각을 널리 알리는 최초의 계기가 되었다. 그 밖에 사람 유전자의 전체 해독에 대하여 유명한 과학자들이 『뉴욕 타임즈』를 포함한 기타 일반 잡지에 이를 지지하는 글을 발표하였다. 결국 생물학 관계의 과학자 집단에 의하여 사람 유전자 계획의 구상이 1986~87년 무렵에 급속히 성장하였다. 그리고 DOE에 의해 계획이 구체화된 때부터 정부는 사람 유전자 계획의 구상 초기에 소요되는 예산에 대하여 구체적으로 검토하기 시작하였다.

연구 방법의 대립   사람 유전자 해석의 연구계획을 생각할 때, 이를 담당할 연방정부의 기관으로 NIH, 앞에 말한 DOE가 떠오른다. 그리고 특정한 분야에 한정되지 않는 기초분야를 지원하는 기관으로서 NSF 등도 포함된다. 그러나 NIH와 DOE는 같은 분야를 다루지만 연구계획의 성격이나 진행 방법에서 대조적인 특징을 보였다. 그것은 '분산형'과 '집중형'이라고 말할 수 있는 관리체제이다. 다시 말해서 연구자 개개인의 자발성에 강점을 두고 비교적 소규모 연구를 하는 형태의 연구체제냐, 아니면 특정한 목표를 향한 대규모 목적 지향적인 연구를 하는 거대과학의 연구체제인가 하는 점이다.

그러나 위와 같은 분산형이냐, 집중형이냐의 여부는 결국 어느 기관(DOE, NIH 등)이 연구의 주된 담당자로 선정되느냐에 따른다. 문제의 핵심은 충분한 연구비를 확보하고 연구의 자유를 보장하는 것이다. 과학자 사회를 포함한 쟁점은 대체적으로 1986~87년에 '사람 유전자 계획의 구상을 처음부터 인정할 것인가, 아닌가'에서 '구상을 어떻게 실현해 가는가'로 옮겨졌다.

여기에서도 몇 단계를 거쳤다. 하워드 휴즈 의학연구소(1953년에 설립된 록펠러 재단과 비교할 만한 최대의 의학연구지원재단)는 1986년 7월 NIH의 캠퍼스에서 주최한 사람 유전자 계획에 관한 최초의 국제 심포지엄에서 연구를 두 단계로 접근하여 수행하자는 의견을 내놓았다. 그것은 당초부터 임의로 30억 쌍의 염기배열을 결정하는 것은 무리이므로, 제1단계는 5만부터 10만 정도의 사람 유전자의 염색체 쌍의 위치 결정을 중심으로 염기배열 결정을 위한 기술개발을 촉진한다는 것, 제2단계는 제1단계의 진전 상황 및 평가를 거쳐 염기배열을 결정한다는 것이다. 이를 통하여 많은 연구자 사이에 계획 실시에 대한 기본적인 합의가 이루어졌다.

이어서 과학자 사회의 최고 기관인 NAS는 같은 해 9월 NRC에 사람 유전자 계획에 관한 보고서를 정리하도록 지시하였다. 이 구상이 실현 단계로 접어들어 1988년 2월 NRC의 보고서『사람 유전자의 지도화와 배열결정』이 발표되고, 매년 2억 달러씩 15년 계획으로 합계 30억 달러의 계획구상이 제출되었다. 이것은 과학자집단이 사람 유전자 계획에 대한 기본적인 지지를 공적으로나 구체적으로 표명한 것을 의미한다. 이리하여 의학·생명과학 연구에 있어서 사람 유전자 계획이 처음 실시되는 기초가 수립되었다.

기술평가국(OTA)의 보고서와 합의 도출   남은 문제는 연구 추진을 둘러싼 체제 문제, 즉 이미 기술한 DOE 주도의 계획인가, 아닌가이다. 이 점에 관한 기본적인 방향은 NRC의 보고가 있은 약 2개월 후(1988년 4월)에 의회 부설의 OTA가 발표한 보고서『사람 유전자의 지도화』(*Mapping of Human Genes*)에 나타나 있다. 여기에서

OTA는 계획의 추진 체제로서 '단일기관 주도형'과 '조직간 임무 기동부대(Task Force) 컨소시엄' 등을 선택하였다. 특히 단일기관 주도형일 경우 'NIH의 분산관리 체제와 DOE는 중점적인 대규모 계획 체제'를 비교하였다. 그리고 만약 의회가 사람 유전자 계획의 주도 기관을 결정한다면, 계획된 임무와 직접 관련이 있고, 또한 관련된 연구자를 압도적으로 지원하고 있는 NIH를 선택하는 것이 '논리적인 선택'이라고 결론을 내렸다.

과학자 대부분은 이 결론에 대하여 수긍하였다. NIH 소장인 와인거딘은 때를 같이 하여 OTA의 보고서가 발표되기 전인 2월 무렵부터, NRC의 보고서가 추천하는 방향에 따르기로 하고, 사람 유전자 연구계획의 초안을 작성하기 위하여 임시자문위원회를 열었다. 그리고 가까운 연구소 안에 '사람 유전자 연구실'을 설치한다는 뜻을 밝힘으로써 프로젝트에 대한 NIH의 적극적인 관여를 공식적으로 보여주었다.

지금까지 사람 유전자 계획의 수립 과정에서 NRC의 보고서에 나타난 과학자 사회의 지지, 연구조직을 둘러싼 OTA의 방향 결정, NIH의 선택 등으로 계획을 둘러싼 토론이 한 발 진전하였다. 그리고 6월에 현안의 추진 체제 문제에 대하여 의회의 토론을 거친 뒤, "NIH와 DOE는 공동으로 사람 유전자 계획에 협력해 갈 것"이라고 각서 체결을 합의하였다.

이렇게 해서 주요한 장애물이 극복되었다. 나머지는 계획의 구체적인 실시 문제로, NIH는 예정대로 그해(1988년) 10월에 '사람 유전자 연구실'을 설치하고(실장은 제임스 왓슨), 이듬해 10월에 '국립사람 유전자 연구센터'로 승격하였다. 이러한 준비를 거쳐 NIH와 DOE의 15년 공동사업 계획으로 1990년 10월에 '사람 유전자 계획(HGP)'

이 정식으로 시작되었다.

앞에서 사람 유전자 계획의 수립과정을 대강 살펴보았다. 이러한 일련의 과정에서 일관하고 있는 것은, 어떤 의미에서 볼 때 '국가 주도의 집권형 계획이냐, 과학자 주도의 분산형 계획이냐'라는 눈에 익은 과학정책 상의 대립이라 할 수 있다.

7. 미국 정치지도자의 이념과 과학정책

기초연구의 상승 - 아이젠하워와 케네디

미국 연방정부의 연구예산은 1950년대를 맞이하여 차츰 증가하기 시작하였다. 연구예산은 1946년의 9.2억 달러(GNP의 0.3%)에서 10년 후인 1956년에 34억 5,000만 달러(GNP의 0.8%)로 증가하였다. 이 기간 동안 정부 정책의 주요 관심은 과학을 군사 목적의 달성에 이용하는 것이었다. 연방정부는 1955년에 연구개발 지출의 약 4/5를 국방성에 배당하였는데, 그것의 약 1/10을 AEC에, 1/56을 건강교육복지성(OHEW)에, 겨우 1/100을 NSF에 배당하였다.

대학 연구자들은 1957년 국방성이 기초과학에 대한 지원을 10% 삭감하였다는 소문에 한때 겁을 먹기도 하였다. 그러나 구 소련이 1957년 인공위성 스푸트닉 1호를 발사하여 형편은 크게 바뀌었다. 스푸트닉 1호의 발사는 구 소련의 위대한 기술적 업적이었고, 동시에 그들 과학의 선전이라는 점에서 성공이었다. 미국은 이 사건으로 뜻밖에 곤욕을 치렀으며, 그 때까지의 자기만족에서 벗어나 과학자 및 기술자 집단을 전면 동원하였다. 미국은 스스로 우주개발에 힘써 인공위성의 연구를 위하여 연구비를 늘리고, 1959년에 우주항공국

(NASA)을 설립하였다. 그러나 중요한 점은 '스푸트닉의 충격'을 계기로 과학계가 정부의 핵심부에 파고드는 데 성공한 것이었다.

아이젠하워 대통령은 스푸트닉의 발사 10개월 뒤에 과학고문위원회 위원들을 백악관에 초청하였다. 과학자들은 이 기회를 이용하였다. 그들은 대통령에게 구 소련의 우주개발 성공이 기술적인 의미에서 지금은 별로 중요하지 않지만, 5년 또는 10년 뒤에는 중요한 의미를 가질 것이라고 지적하였다. 그리고 구 소련을 기술적으로 뒤처진 국가로 취급해서는 안 되며, 구 소련의 정치가들이 서방에 대한 자국의 기술적 우위에 공공연한 목표를 두고 있다고 말하였다. 이러한 도전은 매우 긴박하나 미국은 아직 이에 대한 준비가 되어 있지 않다고 지적하였다. 과학자들은 대통령에게 특히 행정에 대한 조언이 불충분하다고 말하고, 행정부 최고 수준에 '과학의 소리'를 전하는 기구가 필요하다고 강력히 주장하였다.

곧 아이젠하워 대통령은 당시 MIT공과대학장 킬리언을 백악관에 초청하여 새로이 마련한 과학기술 분야의 대통령 특별고문에 임명하였다. 이로써 국방동원국을 통하여 대통령에게 보고서를 제출해 오던 과학고문위원회는 지위가 향상되었고, 대통령집무실에 직접 의견을 전할 수 있게 되었다. 이듬해 과학교육을 위하여 연방정부가 지원하는 대규모 프로젝트가 전국 국방교육법이라 명명한 교묘한 법률 아래 전국 학교에서 시행되었다.

전후 미국의 과학정책은 스푸트닉의 발사로 크게 바뀌었다. 연방정부는 구 소련이 과학과 기술분야에서 미국보다 뛰어나다는 이유를 들어 민간연구에 대한 원조의 증액을 정당화할 수 있었다. 지원금은 그 후 몇 년 사이에 급속히 증가하였다. 이것은 연방정부의 전적인 과학계에 대한 지지를 의미하였다.

이와 같이 연방정부가 과학예산을 늘리고, 과학계를 지지하게 된 계기는 제2차 세계대전 중에 마련된 것이었다. 이와 같은 경향은 그후 10년 동안 서서히 발전해 오다가 케네디 정부 당시 전적으로 발전하였다. 케네디 대통령은 활력과 낙관론 속에서 과학발전을 실현하였고, 미국 정부도 사실상 과학에 깊이 관여하고 있었다. 스푸트닉 이후 과학자들은 킬리언의 말처럼 '하늘을 우러러 볼 정도의 책임'을 지고 있었다. 사람들은 과학이란 새로운 프론티어를 만들어 내는 것이기 때문에 과학이 도시의 재개발, 기후 조정, 해양 개발, 그리고 인간을 달에 보내는 문제를 해결해 줄 것이라고 기대하였다.

기초과학이나 응용연구도 이러한 경향을 배경으로 발달하였다. 과학예산은 점점 증가하였고, 그것은 수년 동안 계속되었다. 연방정부의 연구개발에 대한 총지출액은 1960년에 비해 1968년에 약 42%가 늘어났으며, 이 예산은 전쟁 전에 거의 모든 공공 지원을 거부해 온 대학이나 연구소에 주로 지출되었다. 이들에 대한 지출은 1960년의 4억 3,300만 달러에서 1968년의 16억 4,900만 달러로 약 4배나 급증하였다.

당시 과학자들은 권력기구 안에서 막대한 권력을 행사하고 있었으며, 그 중심에는 비스너가 있었다. 그는 자문위원회의 네트워크를 장악하고 해양학에서 소비자 보호에 이르는 광범위한 주제의 보고서를 만들었다. 과학자들은 이것을 바탕으로 결속하여 1962년에 새로 과학정책국(OSP)을 만들었다. 누구도 비스너를 막지 못하였다. 과학잡지 『사이언스』의 편집자이자 백악관 집행부에 권위가 집중되는 것을 강력히 비판하였던 아벨슨(P. Abelson)은 "비스너 박사는 우리 국가의 평화와 역사를 통하여 어느 과학자도 지니지 못했던 막강한 권한과 보이지 않는 권력을 축적하고 행사해 왔다."라고 말하였다. 또 1961

년 1월호『타임』(*Time*)지는 15명의 뛰어난 과학자를 '시대의 사람'으로 선정하고, "정치가들과 학자들의 역할로 과학은 권력의 절정에 서 있다."라고 기술하였다.

기초연구의 하강-존슨과 닉슨

이러한 상황은 오래가지 못하였다. 닉슨 정부 당시 기초연구에 대한 반대 성향이 가장 두드러졌다. 기초연구는 정책 리스트에서 최하위를 차지하였다. 연방정부의 기초연구 지원은 1968년에서 1971년까지 10% 이상 떨어졌고, 이후 4년 동안 거의 비슷하였다. 이러한 기초과학 예산의 삭감은, 당시 정부가 직면하고 있는 주요한 일은 새로운 지식을 더욱 많이 발견하는 것이 아니라, 기존의 지식을 잘 응용하는 방법을 발견하는 데 있음을 의미하고 있었다. 케네디의 '새로운 프론티어'가 존슨의 '위대한 사회'로, 닉슨의 '새로운 테크놀러지 프로그램'으로 바뀌었다. 그들은 깨끗한 에너지, 자연재해의 조절, 수송, 긴급시의 구급, 약물(마약) 조절을 연구의 최우선 과제에 포함시키고, 이러한 접근을 상징하는 것으로, 10개년 '대 암 전쟁'을 개시한다는 성명을 발표하였다. 닉슨 정부는 이 전쟁을 위한 노력이 인간을 달에 보낸 것과 같은 과학적 숙련을 구사하여 인간에게 가장 위협적인 암을 치료하는 데 성공할 것이라고 확신하였다.

이와 같은 상황에서 행정부에 대한 외부의 압력은 중요한 역할을 하였다. 1960년대 중엽부터 현대과학에 기초를 둔 생산 공정의 부작용으로 인한 환경 파괴에서 세련된 전자공학의 응용에 이르기까지, 자유로운 기술개발이 사회에 미친 영향에 대하여 격렬한 비판이 일기 시작하였다. 사회적으로 바람직한 목적을 위하여 촉진해 온 과학의 응용이 결국 사회 전반에 부작용을 낳았다.

기초연구에서 응용연구로의 이행은 의회의 과학의 대가에 대한 실망이 더욱 커졌다는 사실을 의미한다. 또한 이 실망은 1960년대 초에 과학자들이 앞다투어 약속한 과제들이 거의 결실을 맺지 못한 것처럼 보였기 때문이었다. 국방성의 경우, 이것은 이른바 1970년 예산에 대한 맨스필드 수정에 잘 나타났는데, 이 수정안은 무엇이든 군사적 필요에 직접 관련될 경우에만 연구를 지원한다고 명기하였다.

또한 이것은 행정부의 과학에 대한 열의가 식었음을 보여주는 중요한 증거이고, 그것은 사저 분야의 신정 변화였다. 미국의 산업은 전후 10년 동안 합성화학물질이나 컴퓨터 등과 같은 과학의 발견에 힘입어 급속히 확장되었다. IBM이나 듀퐁, G. E.와 같은 기술 선진기업만이 이익을 얻었지만, 1960년대 말 이 분야의 포화로 기술혁신의 시대 흐름에 편승해야 이익을 얻을 수 있었다. 기술혁신의 중점은 제품의 생산공정기술을 혁신하고 규모를 확대하는 일로, 그것은 현행 생산기술의 합리화를 개선하는 일이었다 그 결과 연구개발 분야는 다른 분야에 비하여 투자가 줄게 되었다.

이리하여 산업계의 기초연구는 정부 연구보다 더욱 급속히 감소하였고, 1966년부터 1972년까지 37%나 감소하였다. 한 산업연구소의 조사에 의하면 이 감소의 가장 큰 이유는 기업의 연구노력을 곧바로 확보하려는 경영자의 강력한 의지와, 그 경영으로 인하여 단기 수익성에 대한 관심의 증대였다. 국방성과 마찬가지로 산업계에도 장기적 결과만을 기대할 수 없다는 분위기가 조성되었다.

과학의 운명이 내리막을 향하자 과학계의 정치 영향력도 떨어졌다. 재선된 닉슨 대통령은 드디어 1973년 1월, 과거 10년 동안 활동해 왔고 과학계에 많은 영향력을 행사해 온 과학자 자문기관의 해산을 발표하였다. 벨 전화회사의 과학자 A. 데이비드가 맡고 있던 대통령

고문 자리는 1970년 초에 완전히 폐지되었고, OSP의 권한은 NSF로 옮겨졌다. 동시에 대통령자문위원회(PSAC)도 폐지되었다.

과학자들의 권한 이양은 닉슨 대통령의 개인적 반목에 의한 것이라고 비난받았다. PSAC 폐지의 주요원인은 분명히 PSAC의 자문위원 중 몇 사람이 정부의 정책, 특히 요격미사일(ABM)의 배치계획과 초음속비행기의 건조계획에 대하여 공공연한 비난을 한 데 있었다. 또한 월남전쟁에 대한 캠퍼스 내의 항의 시위로(가끔 과학자들에 의하여 지도되었다) 아카데미즘 공동체에서 닉슨 대통령이 소외된 데도 그 원인이 있었다.

이처럼 과학과 과학자에 대한 정치적 보복은 오랫동안 널리 지속되었다. 존슨 대통령이 표명한 것처럼, 과학을 사회의 요구에 관련시킨다는 의견은 과학계가 이미 자신들의 프로젝트에 대하여 연방정부의 특권적 취급을 기대할 수 없다는 것을 의미하였다. 존슨 대통령은 특히 PSAC가 실제 자신의 위대한 사회 계획에 기여하지 못한 것에 대하여 비판적이었다.

과학계의 존속에 대하여 정치적 위협을 느낀 과학계는 새로운 과제를 거론하였다. 미국과학진흥협회(AAAS)의 회장 시보그(G. Seaborg)는 1970년 연말 협회총회에서 "우리들은 시민이 긍정적으로 생각하는 과학에 대하여 다시 신뢰를 쌓기 위하여 노력해야 한다."라고 말하고, "우리들은 과학을 지금 이상으로 인간 문제에 관련시키지 않으면 안 된다."라고 말하였다. 그러나 그것은 어려운 일이었다. 과학자들은 자신의 연구 프로그램을 결정할 수 없었다. 전후 과학의 확장으로 토대를 이룩한 기초가 이러한 상황으로 인하여 무너질지 모른다는 두려움도 있었다.

과학계의 반격과 그 영향 – 포드와 록펠러

반격의 분위기 조성　　새로운 기술연구개발에 대한 투자전략의 중
요성이 1970년대 중반 이후 다시 인식되고, 연방정부의 연구지원 역
할이 충분히 인식되기 시작하였다. 산업계는 기초연구에 투자하지 않
고서는 국내외에서 경쟁할 수 없다고 생각하고, 공적 기관이 이에 대
한 자금 제공의 책임이 있다는 생각을 부활시켰다. 더욱이 산업계는
기초과학에 대한 실질적인 조성정책을 실시하도록 행정부를 설득하기
시작하였다.

대통령의 주변에서 강제로 쫓겨난 과학자들은 충격이 아직 가시지
않았지만, 이미 반격을 위한 대책을 세우고 있었다. 정치적 위협이 과
학계나 그의 자질에 있었다면, 그 위협은 과학계 자체의 행동에 의해
서만 제거될 수 있었다. 하버드대학 교수 부룩스(H. Brooks)는
OECD에 제출한 보고서에서 "사회적으로 새로이 방향 잡힌 여러 목
표가 중요하게 여겨진 반면 장기간에 걸친 우주, 방위, 원자력에 대한
정책은 눈에 띄게 후퇴하기 시작하였다. 이것은 과학정책보다 중앙집
권의 모델에 애착을 보여온 미국의 과학기술체제에 격렬한 긴장과 혼
란을 빚어냈다."라고 지적하였다.

백악관에서 쫓겨난 과학자들은 의회에 새로운 전력 기반을 확립하
기 위하여 최초로 반격을 시도하였다. 부룩스나 비스너와 같은 과학
계 지도자들은 기술평가국(OTA)을 창설하기 위하여 열심히 로비활
동을 벌였다. 많은 사람들은 OTA를 PSAC가 해오던 정치문제에 대
한 과학적 조언을 제공하는 기구일 뿐만 아니라, 과학자들이 권력 수
단에 접근하고 그것을 유지하기 위한 매개체라고 생각하였다.

그러나 OAT는 바람직한 방향으로 나아가지 못하였고, 대통령의

호의를 전적으로 되돌리려는 야망이 계속되었다. NAS에 의하여 선출된 위원회는 닉슨 대통령이 OSP를 폐지한 지 18개월도 안 되어 1974년 4월, '과학과 기술을 대변하는 부분'의 설치를 권고하는 보고서를 백악관에 제출하였다. 이것은 과학자문위원회의 의장 킬리언과 위원의 대부분, 그리고 사무국이 PSAC의 활동에 깊이 관여해 왔음을 고려한다면 놀랄 만한 일이 아니었다. 놀라운 것은 그 보고서가 전적으로 과학의 잠재능력에 대하여 낙관적인 입장을 보였다는 점이고, 더욱이 당시 과학의 바람직하지 않은 사회적인 면에 대한 대중의 광범위한 논쟁은 거의 언급하고 있지 않았다는 점이다.

OTA의 설치안 등 NAS의 제안은 의회의 과학위원회에 의하여 열렬히 거론되었는데, 그것은 위원회의 권한과 위신이 적었기 때문이었다. 그러나 더욱 중요한 것은 NAS가 이제 사적 분야에 접근하고, 재계 자신 또한 연구에 기초를 둔 산업의 중요성을 느낀 점이다. 산업계는 연구예산의 증가를 적극 요구하였다. 또 연구결과의 응용에 대한 사회적 면이나 정치적 면에 대한 조정, 즉 산업계가 시장을 통하여 기술적인 선택을 지배할 수 있도록 요구하였다. 게다가 산업계는 과학계와 함께 연구의 '사회적 시사 문제와의 관련'을 가져오는 구속을 제거하고, 과학 자신의 자립적 활동을 회복시키려는 바람도 불어넣었다.

과학자의 행정부 복귀   과학과 기업이 새로운 동맹을 맺는 데 큰 역할을 한 사람은 포드 정권 때의 부통령 록펠러(N. Rockfeller)였다. 미국 기업 엘리트의 핵심이기도 한 그는 국가 산업기반에 대한 과학의 경제 가치를 높이 평가하였다. 그는 1976년 초 AAAS 연차총회에서 "모든 사실과 정보를 고려하는 과학계의 객관적 판단을 도입하기 위한 기구가 필요하다."라고 말하였다. 또한 록펠러는 과학전문가 사이의 의견 대립으로 인한 사회의 대립을 없애기 위하여 '과학의 재판장'이라 말할 정도로 열성적인 과학 지지자였다. 특히 그가 과학은 정치적 및 경제적 무대의 중앙에 복귀하지 않으면 안 된다고 주장한 것은 무엇보다도 중요하였다.

록펠러는 포드 대통령 집행부가 OSP(과학기술정책국으로 개명)를 다시 설치할 것을 제안하였다. 이 제안은 과학계와 의회의 과학위원회로부터 크게 환영받았고, 1976년 5월 11일 의회를 통과하여 법률로 세정되었다. 포드 대통령은 과학정책, 조직, 우선순위법에 서명하였다. 그는 이들 법률에 대하여 "과학, 공학 및 기술의 기여의 중요성이 다시 인식된 것"을 의미하는 것이라고 말하고, "미국인이 생활양식을 개선하고, 앞으로 발생할 문제에 보다 좋은 해결 방법을 찾아내는 데에 자신이 있음"을 상징하는 것이라고 말하였다.

과학계의 지도자들은 록펠러의 후원으로 정부 내의 중요한 자리로 다시 돌아왔다. 록펠러의 주장에 의하여 정부에 조언할 산업계나 대학의 저명한 과학자들로 구성된 비공식 그룹이 이미 조직되었다. 'OSTP' 개설에 대비하여 포드 대통령은 '정부의 최고 간부에 대하여 여러 가지 문제나 과학기술정책에 관한 조언'을 하기 위한 두 개의 전문가 그룹을 조직하는 책임을 록펠러와 NSF 소장 G. 스티버드에게 맡겼다. 록펠러의 친구인 민간연구소의 두 연구원이 두 그룹의 의장이 되었다. TRW사의 부회장 S. 라모가 '기술의 경제면에 대한 공헌도'를 조사하는 위원회의 위원장에, 벨 연구소의 소장 W. O. 베커가 '과학과 기술의 진전과 국가정책의 관계'를 조사하는 위원회의 위원장에 선임되었다. 그리고 록펠러가 1일 회장으로 추천되었다.

두 고문 그룹은 민간 연구조직의 유력자로 구성되었으며 방위정보위원회와 관계하였다. 회원은 대기업의 임원과 유명대학의 과학자들이었다. 특히 G. E.사의 부췌(A. Butcher)가 과학고문에 임명되었고, 고문조직은 그대로였다. 포드 대통령은 1979년 선거를 며칠 앞두고 라모와 베커를 각각 위원장과 부위원장으로 하는 '대통령과학기술위원회'를 조직한다고 발표한 바 있었다.

경제불황과 과학예산의 회복－카터

기초과학 연구의 부활　과학계는 카터 정부에 그대로 인계되면서 정부의 지원을 받았다. 카터 대통령은 록펠러와 마찬가지로 첨단기술의 발전에 기초과학이 중요하다는 사실을 인식하고 있었다. 1976년 선거 당시 카터의 과학고문이었던 S. 브래진스키는 결국 국가안전보장의 고문이 되었고, 그는 카터에게 대외정책 면에서도 과학이 중요하다고 진언하였다.

카터 대통령은 취임과 동시에 민간 연구그룹의 기초연구를 위한 막대한 지원 요구에 관심을 가졌다. 내리막길에 있었던 군사연구비는 1970년 초 드디어 회복되고, 포드 정권 말에 더욱 상향되어 1975년부터 1976년 사이에 2%, 이듬해에는 4~5%가 상승하였다.

1978년 예산 중 기초과학을 위한 지원금은 1960년 초 이래 최고의 신장을 보였고 8.6%가 상승하였다. 이러한 상승은 카터 재임 중 계속 유지되었다. AAAS의 통계에 의하면 카터 정부 4년 동안 연구예산액은 18.8% 상승하였다.

물론 과학계가 정치적 영향력을 회복할 때까지 약간의 우여곡절이 있었다. 카터의 선거공약으로 정부 관계 종사자 수의 감소와 정부 자문위원회의 네트워크 축소가 거론되었고, 결국 정부의 과학고문위원회 해산이라는 요구로 확산되었다. 어렵게 성사된 일이 다시 무산될

위기를 느낀 과학계는 기업연합의 지원을 받아 강력한 로비활동을 펴기 시작하였다. NAS 총재는 1977년 5월 과학고문 겸 OSTP의 새로운 국장으로 임명되었다. 그는 MIT의 지질학 교수로 포드 과학고문위원회의 회원이었다.

카터 대통령은 재임 중 4년 동안 브레스와 협력하여 과학기술에 대한 새로운 이미지를 심어주었다. 카터 대통령은 1979년 3월 성명서에서 정부가 1960년대와 1970년대에 기초과학에 대한 지원을 삭감한 것을 비판하고, 자신은 국가의 장기적인 요구를 고려하여 이와 같은 일을 역전시키려고 노력해 왔다고 강조하였다. 또 국가의 과학정책 개요를 발표하면서 "신중한 미래의 계획을 위하여 분별 있고 장기적인 기초과학 연구를 지속하는 것이 필요하다."라고 결론을 맺었다.

그러나 카터 대통령의 과학정책에 대하여 여러 사회단체, 즉 환경보호단체, 노동조합, 소수파 그룹으로 구성된 나약한 민주연합 그룹은 연구 프로그램 중 '사회적 관련성'에서 위험하다고 생각되는 연구나 응용에 대한 규제를 들고 나왔다. 그들은 과학과 직접적인 관계가 없는 사회적 목적을 앞세웠으므로 민간 연구그룹이 원하는 방향에서 과학정책을 생각할 수밖에 없었다. 브레스는 대대적인 태양에너지 개발 계획에 대한 정부의 지원정책에 대하여 고민하였다. 그는 이러한 동향에 대하여 그것이 아무리 좋은 것이라 할지라도 정부가 막대한 지원금을 들여 진전시키기보다 과학의 발전과 경제계의 수요 밸런스를 주의 깊게 고려해야 한다고 주장하였다. 그러나 그의 의견은 환경문제위원회의 의견에 밀려 점차 희미해졌고, 환경문제위원회는 초보적 단계의 태양에너지 산업이 자립하기 위하여 막대한 정부투자가 필요하다는 점에서 의견을 같이 하였다.

기술혁신에 대해서도 마찬가지였다. 민간기업은 빠른 기술혁신을 위하여 정부 방침에 따라 두 가지 목표를 강력히 밀고 나갔다. 그것은 특허법의 자유화와 연구개발비에 대한 세제 우대조치의 실시였다.

NAS 총재는 1983년 3월 NAS 회원 앞에서 과학과 기술이 전례 없이 경제발전과 국가안보에 기여할 것으로 기대되는 미국의 새로운 풍조를 반영한 연설을 하였다. 그 연설은 자신의 입장을 과장하기 위한 것이 아니었다. 왜냐하면 당시 미국의 과학은 과거 20년 동안 어느 때보다 발전하였기 때문이었다. 정부와 의회의 열광적인 지지로 과학에 대한 연방정부의 지원은 전례 없이 높았다. 연구개발비 총액은 1983년 당시 민간 부문의 기부를 포함하여 GNP의 2.7%에 이르렀고, 이것은 서방 어느 국가보다 높았다.

이 새로운 과학발전을 나타내는 다른 지표도 있다. 미국과학진흥협회(AAAS)의 한 행정관은 『사이언스』지의 사설에서 "점차 비축이 감소하는 세월이 지나고, 행정상이나 법률상의 우대 조치로 가득한 천국과 같은 상황이 가까워졌다. 과학자나 교육자가 꿈인지 스스로 몸을 꼬집어 볼 정도의 상황이다."라고 말하였다.

경제 위기와 과학　　이러한 움직임의 원인은, 전통 경제학이 효과적으로 해결할 수 없는 경제 위기에 직면하자, 민주·공화당의 정치가는 국가 질병의 치료학으로 고도 기술을 약속하는 신비적인 힘을 전폭 지지한 데 있었다. 1983년 3개월 만에 상원과 하원에 각각 제출된 200개 이상의 독립 법안은 기술혁신과 국가 능력의 개선 방법을 제시한 것들이었다. 실제 미국 대부분의 시나 주는 경제문제의 해결책으로 고도의 기술산업을 유치하는 계획을 전개하였다. 그 중 뉴욕 주나 시카고 주는 의욕 있는 기업에 기금을 지원하는 독자적인 '과학기술 재단'을 설립하였다. 윌프가도 이와 같은 과학에 대한 열광으로 신경과민이 생겼다. 증권회사의 투자분석가들은 "우리들은 과학기술의 역사에서 중요한 전환점에 이르렀다."라고 표명하면서 새로운 기술기금을 창립하였다. 그것은 적어도 자산의 80%를 과학기술 발전에 투자했음을 입증하고 있다. 이 기금은 그해 3월 개설될 당시 자본금으로 8억 달러를 초과하는 액수였다.

닉슨 대통령이 도입한 제도가 역전되는 데는 다소 시간이 걸렸지만, 정치적 황야의 기간은 그다지 오래가지 않았다. 과학은 1973년과 1974년의 경제불황으로 다시 관심을 끌게 되었다. 정치계는 미국의 민간기업이 이미 생각한 것처럼, 쉽게 세계무역을 장악하거나, 그것이 지구적인 여러 경제 흐름의 영향을 받지 않고 지탱될 수 없다는 사실을 차츰 느끼기 시작하였다. 정치계는 드디어 미국 경제 능력의 결핍 이유를 연구하는 과정에서 연구지출과 상업적 성공의 관계에 주의를 돌리기 시작하였다.

또한 이러한 관심이 새로이 등장하게 된 이유는, 경제란 긴 안목으로 볼 때 새로운 기술혁신의 지속적인 침투가 있는 경우에만 건전하게 계속되며, 기초과학의 지속적 성공에 의해서 확보된다고 믿었기 때문이었다. 물론 과학과 경제성장의 정확한 관계에 대해서는 논쟁의 여지가 있다. 경제학자들은 기술혁신(여기에는 연구개발에 대한 지출이 간접적으로 반영되고 있다)이 생산성의 상승에 정확히 얼마만큼 기여하는가에 대하여 의견이 분분하였다.

그러나 미국에서 가장 활발한 산업 분야가 전자공학이나 의약품 제조인 것처럼, 연구에 대한 투자가 비교적 부분적이라는 점에 대해서는 거의 의견을 일치하였다. 한 회사의 두 경제학자는 전후 30년 사이에 고도기술 산업은 7.6%의 성장률을 보인 데 반하여, 저급기술 산업은 2.6%에 불과하다고 발표하였다. 별도의 여러 통계는 과학에 기초를 둔 산업이 국제무역에서 미국의 경쟁력을 유지하는 데 어떤 역할을 하였는지를 보여주었다. 연구개발 집약형의 제조업 제품은 오늘날 미국의 주요한 국제시장의 유지 수단이다. 기계류, 화학약품(의약품 포함), 항공기, 기계 등 연구개발 집약형 제품의 무역흑자는 1970년부터 1976년 동안 1,170만 달러에서 290억 달러로 상승하였고, 반면에 비연구개발 집약형 제품의 무역적자는 830만 달러에서 165억 달러로 역시 상승하였다.

경제학자 스필드(E. Schfield)는, 비교적 고액의 자금을 연구개발에 투자하는 미국의 여러 산업이 동시에 수출상품의 제조, 해외 직접투자, 라이선스 분야에서도 지도적인 산업이라는 것을 설명해 주었다.

연구개발, 특히 기초연구는 새로운 제품 생산이나 새로운 생산 공정의 개발에 유익한데, 이것은 자본의 확대에 의하여 크게 좌우된다는 사실이 일반적으로 인정받고 있다. 따라서 과학은 미국의 기업 및 경제에 전략적으로 중요한 역할을 하고 있다. OECD가 내놓은 보고서는 국제경쟁 및 상호의존에 있어 지적 및 과학적 자원과 기술혁신에 대한 태도가 산업국가의 주요한 자산이라 지적하고 있다.

OECD의 보고서에서 나타난 것처럼, 과학과 기술이 국내 및 국제 경제에서 점차 중요한 역할을 하고 있다는 사실이 경제적 의사 결정에 있어 과학의 성격을 바꾸어 놓았다. 카터 대통령이 과학에 대한 지출은 간접비라기보다는 오히려 '투자'라고 자주 주장한 것도 같은 맥락의 견해라고 볼 수 있다. 이와 같은 과학의 성격 변화나 연구성과는 G. E.사의 부췌가 말한 것처럼, '지식 자본'으로 취급되어 연구실에서 중요한 의미를 갖게 되었다.

한편 경제 상품으로서의 과학은 매우 다른 의미를 지닌다. '지식 자본'이란 용어는 기업의 투자계획 용어로 바뀌었다. '지식 자본'으로서의 연구는 적절한 대가를 생산할 것으로 기대되었는데, 왜냐하면 사기업은 무엇보다도 미래의 이윤을 높이기 위하여 연구개발을 하기 때문이었다. 장래의 연구개발에 대한 지출은 기업의 다른 종류의 투자와 개념적으로 같아질 것이다. 지식의 조절은 기업의 무기고에 있어 불가결한 요소이다.

군사비의 증액 – 레이건

보조금 법안의 통과   전후 미국의 과학정책은 1981년 레이건 정부의 출범으로 여러 면에서 새로운 전기가 마련되었다. 새로운 정부의 과학에 대한 생각으로 두 가지 지배적인 주제가 예측되었다.

그 중 한 가지는 곧 의회에 제출된 보조금 법안으로 드러났다. 이 법안은 시민운동의 역할을 제한하고, 군사지출의 증액에 대한 공약으로 정부의 원조를 민간연구에서 군사연구로 옮기려는 커다란 움직임이었다. 따라서 많은 보조금 정책이 1981년 초 의회에 제출되었고, 그 법안들은 그해 후반에 들어와 아무런 수정 없이 통과되었다. 그것은 군사연구 지출에 대한 20% 이상의 증액을 포함하고 있었다. 다시 말해서 레이건 정부의 과학정책 중 가장 의미 있는 것은 연구보조금 부문에서 방위비를 특별 취급한 점이다.

또 한 가지는 행정관리예산국(OMB)이 발행한 보조금에 관한 문서는 "수정된 1983년 예산 중 기초연구에 대한 지원은 삭감되지 않았다."라고 기록하고 있다. 1982~84년 3년 동안 의회에 제출된 예산안은 기초과학에 대한 지출의 증액으로 예상을 초과한 수%를 요구하였다. 이 제안의 목적은 레이건 정부의 초기 3년 동안 연방정부의 연구개발에 대한 지출로 7.8%의 증액을 확보하기 위함이었다. 그래서 당시 다른 모든 분야는 연방정부의 원조를 철저히 봉쇄당하였다. 런던 판『이코노미스트』(*Economist*)는 1984년 연방연구개발 보조금의 요구를 4,478억 달러로 책정한 데 대하여 "기초과학은 레이건 정부의 우선 순위에서 군사 다음으로 위치하는가보다."라고 비판하였다.

레이건 정부의 출범 초기, 과학보조금을 12% 전면 삭감하고, 그후 과학계의 지도자들은 1981년 NAS에서 레이건 정부의 과학정책을 크게 비난하였다. MIT학장 그레이(P. Gray)는 이 삭감을 과학에 대한 이해의 결여라 말하고, 이것은 정부가 과학의 발견에 대하여 모르고 있음을 여실히 반영하고 있는 것이라고 비난하였다.

기초과학 예산의 부활   그러나 과학계의 분위기는 2년 후 크게 달라졌다. 레이건 정부는 과학을 특별 취급한다는 보조금 행정을 확립하였다. 과학에 대한 종합적 원조는 카터 정부보다 급속히 증가하였다. 10%의 인플레율(예상)을 전제하고 NSF에 대한 보조금액이 17.4%로 제안되었다. 과학정책 조언자였던 로스 아라모스 소장인 물리학자 키워즈(J. A. Keyworth) 2세는 지금도 영웅시되고 있는데, 그는 군사와 고도기술에 관련되는 연구와 고에너지 물리학에서 천문학에 이르는 기초과학 분야에 대해서도 예산을 증액하였다. 그 이전에 예산 분배에 있어 적대되었던 사회과학과 과학교육에 대한 예산도 증액되었다.

이제 미국 산업의 강한 경쟁력이나 군사기술에 이바지하는 과학 분야가 정상을 차지하였다. 키워즈는 1982년 말에 특히 자연과학(물리학)과 공학이 중심이 되는 제조업을 위한 산업 경쟁력에 대하여 1년 동안 조사 연구한 다음, 기초연구야말로 "미국의 친한 손님이다."라고 결론을 내렸다. 이것은 대학의 기초연구에 특별자금을 주는 것이

목적이라고 해명하였는다. 즉 "이것은 하나의 도전이다. 대학이야말
로 세계의 기술 리더쉽이 다시 우리 손에 들어오도록 하기 위하여 큰
역할을 한다."라고 말하였다.

민간 기업체의 입김   한편 새로운 과제를 연구하기 위하여 어느
분야의 기초연구에 자금을 투자할 것인가를 결정하는 새로운 정치집
단이 출현하였다. 연방정부의 영향력은 전후 30년 동안 민간기업에
대한 연구계획의 수립에서 비교적 후퇴하였다. 그러나 민간기업체가
기초과학에 다시 관심을 쏟게 되자, 정부의 연구 우선 순위가 민간기
업에 의하여 상당한 영향을 받았다. 따라서 기업, 정부, 학계의 자율
성이 무너지고 기술혁신을 동반한 친밀한 통합이 진행되었다. 이것은
사적 자본에 의하여 지배되는 시스템이었다. 과학에 대한 조정으로
대학의 기초연구에 대한 기업의 지원이 증가하거나, 산업계의 대표자
가 정부의 자문위원이 되는 등 무수한 제도의 재편성이 자본의 영역
아래에서 점차 이룩되었다.

그러나 새로운 위험도 있었다. 레이건 정부는 과학계에 새로운 활
력을 주입한 대신 대가를 강요하였다. 그의 새로운 과제는 군사에 중
점을 두었고, 세계적 고도기술 경쟁의 정상을 차지하는 일이었다. 짧
은 시일에 걸쳐 군수나 시장의 요구에 일방적 비중을 두는 과학정책
이 수립되었다. 의료나 건강, 자연환경의 보전이라는 사회 목표는 연
구의 주변에 위치하였다. 정부는 단지 그것을 군사력의 강화나 상업
적 이익 증대에 양립하는 범위 내에서 수립하였다.

이 새로운 관계는 종래의 민주주의 사고방식과 직접 충돌하는 과학의
지배라는 모습으로 나타나게 되었다. 주로 과학, 군, 법인 기업의 엘
리트들이 전후 과학에 대한 자금 배분을 결정하였다. 그리고 사회의

효율성과 국제 경쟁력이라는 목표 아래 워싱턴의 직접적 장려책과 더불어 과학, 군, 법인 기업의 세 엘리트 그룹은 다시 집단을 만들었다.

레이건 정부의 과학정책의 특징　레이건 정부의 새로운 과학정책에는 어떤 것이 있었는가. 첫째, 레이건 정부는 과학연구에 대한 공공 융자를 위한 협의사항을 설정할 즈음에 민간기업의 우선적 역할을 인정하도록 분명히 요구하면서, 세계 시장에서 경쟁할 수 있는 분야 즉 선진 컴퓨터, 생명공학, 신소재 연구에(키워즈가 말하는 '실용적인') 목표를 두었다. OMB는 1984년 기초연구 예산의 증액분을 배분할 때 자연과학과 수학 연구에 중점을 두었다. OMB는 "이 분야에서의 진보는 그 후 국방과 경제, 특히 선진 기술산업 경쟁력의 핵심이 되는 것이다."라고 그 동기를 설명하였다.

레이건 정부의 과학정책의 두번째 특징은, 이 연구결과를 민간기업의 이익에 맞추어 행동으로 옮긴 점이다. 키워즈는 1982년 6월 AAAS에서 지금까지의 정부는 "시장의 힘과는 관계없이 하고 싶은 연구개발을 진행해 왔다."라고 말하였다. 그러나 레이건 정부는 대조적으로 "어느 것이 국가의 책임이며, 어느 것이 민간기업의 책임인가 확실히 구별한다."라는 생각에 바탕을 두고 정책을 펴나갔다.

레이건 정부가 그의 과학정책에서 달성하려 했던 세번째 특징은, 과학계에서 근본적으로 그의 자세를 바꾼 점이다. 기업 등에 소속하지 않은 학자다운 과학자는 지적 요구라는 동기에 의하여 행동하였다. 그러나 이제는 이러한 과학자의 개념이 사라진 듯싶었다. 키워즈는 과학자를 대상으로 한 연설에서 '새로운 현실'이라는 말을 사용하였다. 그는 "연구자 그룹은 우리 국가의 미래에 중요한 역할을 담당할 것이다. 그러므로 연구자 그룹은 1980년대의 현실을 확실히 파악하지 않으면 안 된다."라고 경고하였다. 레이건 정부는 특별증여금의 우선 순위를 결정할 때 필요한 기준으로 '과학적 우수성'을 인정하였다. 그러므로 과학자 자신들은 정부에 우호적으로 협력할 수 있다는 것을 행동으로 보여주었고, 과학적으로 연구의 우선 순위와 그것에 걸맞은 가장 좋은 설비의 합의서를 제출하였다. 잘 정리된 통일적 연구내용을 제출한 연구진은 정부의 자금원조를 받을 기회가 가장 높았다.

정부가 자금원조를 하기 위한 선택 기준으로 '과학적 우위성'이라는 항목을 다시 도입한 까닭은 가장 생산성이 높은 과학 분야에 집중적으로 연구를 원조하려는 합리적 목표에서였다. 그리고 이것은 각 분야가 과학자에 대하여 합동의 학제 연구를 해도 좋다는 요청에 의하여 확대되었다.

레이건 정부의 과학정책과 그 영향   레이건 정부의 과학정책으로 혜택받은 곳은 두 곳이 있었다. 첫째, 기업그룹이다. 기업그룹은 민간 과학에 대한 연방정부의 임무를 확실히 재인식시키는 데 성공하였다. 과학연구는 정부의 요구나 산업계의 요구이지 사회의 요구에 관련된 것이 아니라는 것이다. 레이건 정부는 사기업 자신의 연구와 개발의 여러 계획을 최대한으로 장려하기 위하여 기업에 대한 과학정책을 시행하고, 그에 대한 장애를 최소한으로 하는 환경을 만들어 놓았다. 따라서 사기업은 이중의 이익을 얻었다. 기업은 특허법의 개혁으로 독자적인 인가협정 조항을 바탕으로 정부의 자금지원에 의한 기초적인 연구성과로 쉽게 특권을 얻을 수 있었다. 한편으로 세제의 우대조치, 연구조성금, 연구소원의 정부자금에 의한 훈련 등의 특권을 얻었다.

레이건 정부의 과학정책으로 혜택을 받고았던 또 하나는 과학계였다. 과학계의 예산이 급속히 늘어나자, 과학계는 1950년대부터 1960

년대에 걸쳐 잃은 힘과 명성을 되찾았다. 레이건 정부는 1983년 초에 의회에 제출한 예산청구에서 대학연구에 대한 지원금을 1983년부터 1984년 1년 동안 17.8% 증액할 것을 제안하였다(이것은 실제 13.8 %이지만, 1980년대의 과학 붐 이래 크게 상승하였다). 또한 이 과정에서 대학연구가 '사회적 관련을 가져야 한다'는 책임에서 벗어났다. 대학은 '사회적으로 바람직한 것'이라는 문제를 안심하고 시장에 맡길 수 있었으며, 시장은 대학의 충성스런 장소가 되었다.

그렇다면 과학계, 산업계 이외의 사람들은 어느 정도의 혜택을 받았는가. 첫째, 일반 시민들은 연구가 어떻게 시행되고 그 연구결과가 어떻게 이용되고 있는가라는 문제에서 소외되는 경우가 많았다. 시장과 산업계가 과학 지식의 민간 이용에 관한 결정을 조절하는 데 있어 유일한 기준이므로, 사적 이익이 발생한다는 말이 된다. 연구활동과 그것이 내포하고 있는 여러 사항을 둘러싼 환경문제, 사회문제, 윤리적 문제는 다시 뒷전으로 밀려났다. 경제적으로 홀로서는 것만이 과학에 관한 빼놓을 수 없는 최고의 목표가 되었다.

이러한 상황으로 인하여 가장 큰 충격을 받은 곳은 고용 분야였다. 기술혁신을 지휘하기 위한 주된 기준이 이윤이라면, 기술혁신에 의해서 생긴 실업은 부산물이고 이는 무시되어 버린다. 물론 과거에 기계가 인간의 일을 대신하여 급속한 기술혁신이 광범위한 실업을 가져오지 않을까 두려워했지만, 이를 두려워하고 근심할 일이 아니라는 일부 주장도 있었다. 그것은 서비스 분야가 기술혁신에 평행하여 늘어나 이 부분이 실업자들을 흡수하기 때문이었다. 그러나 오늘날 대신할 취직자리가 없다. 유럽은 실업률이 11%로 1930년대 불황 이래 최고이다. 미국도 비슷하다.

그러나 이 실업의 원인을 기술혁신에 돌리는 것은 잘못이다. 대개의 경우 실업은 공업 폐쇄나 때로 전 산업을 위태롭게 하는 더욱 광범위한 경제 요인에 기인한다. 새로운 첨단기술산업에서 많은 실업자를 흡수하는 것은 더욱 어렵다. 카네기멜론대학의 한 컴퓨터 과학자는 2010년까지 미국 제조업의 종업원 수는 2,600만 명에서 300만 명으로 감소할 것으로 예상하고 있다. 그러나 권력자들은 누구도 "무엇이 일어나고 있는지 알지 못한다."라고 이들을 비난하였다.

최근에 와서 대학 연구실이 과학지식을 일반 사람들의 이익에 폭넓게 돌아가게 하는 것보다도 개인적인 상품으로 취급하는 경향이 있다. 이것이 연구실 내부를 방심할 수 없게 하는 장소로 만드는 사태를 빚고 있다. 더욱이 과학자들은 자신들의 아이디어나 연구를 자유로이 동료와 나누고, 과학자 그룹 내의 사회적 규범을 잘 활용해서 그 지식을 교류해야 한다. 그러나 지금 그들은 정보를 철저히 지키고 있기 때문에 발견의 선취 문제가 대두되어 과학계나 기업체 안에서 무리를 빚을 가능성이 있다.

이것의 해결책으로 지금처럼 과학계와 산업계의 지도자들만이 과학과 기술의 여러 자금 분배를 결정하는 데 참여하는 한정적인 방법을 지양하고, 그러한 분배에 일반 시민의 참여가 이룩되어야 한다. 이미 몇몇 노동자 지도자들은 이에 대하여 회답할 필요성을 많이 인식하고 있으며, 동시에 시민의 참여 여론도 커지고 있다.

경쟁력 있는 기술개발 – 클린턴

1993년에 출범한 클린턴 정부는 기술개발에 힘을 쏟고 있다. 미국 정부는 1993년 2월 『미국의 경제 성장을 위한 기술 : 경쟁력 강화를 위한 새로운 방향』을 발표하였다. 그 내용을 간추려 보면 다음과 같다. 1) 고용창출, 환경을 보호하는 경제 성장, 2) 생산성이 높고, 국민의 요구를 신속하게 받아들이는 정부, 3) 기초과학, 수학, 공학에서 세계적 리더쉽의 확보이다.

클린턴 정부는 세 가지 점을 국가 목표로 제시하고 또한 새로운 방향을 모색하고 있다. 1) 미국 산업의 경쟁력 강화 및 고용 창출, 2) 기술혁신을 활성화하고 새로운 발상에 투자하도록 비즈니스 환경 조성, 3) 정부 전체로서의 기술 경영의 조정, 4) 산업, 연방·주 정부, 노동자 및 대학 사이의 밀접한 유대관계, 5) 정보 통신, 유동적 생산, 환경 기술과 오늘의 비즈니스 및 경제성장에 따른 중요 기술의 중시, 6) 모든 기술의 기반이 되는 기초과학에 대한 의무를 재확인하였다.

정부는 이를 구체화하기 위하여 1993년 9월 정보 초고속도로 등의 실현을 겨냥하는 '전미정보기반(NII)에 관한 행정 조항'을 발표하였다. 또한 기본적인 기술에 관한 경쟁 전의 단계에서 개발과 상업화를 가속화하는 첨단기술계획(ATP), 군·민 전환을 촉진하는 기술 재투자계획(TRP) 등 기술관련 프로그램의 강화를 시도하고 있다. 그러나 민간연구개발의 지원 정책에 반대 의사를 표명해 온 공화당이 상·하원에서 다수를 차지하고 있기 때문에 ATP의 폐지가 요구되고, TRP는 축소되었다.

8. 구 소련연방과학아카데미 시베리아 분원

새로운 연구단지

구 소련연방과학아카데미 시베리아 분원은 1957년에 창립되었다. 이 해는 시베리아와 극동의 천연자원의 개발을 급속히 추진하고, 이 지역의 과학, 기술, 교육 분야의 잠재력을 개발하려는 시기였다. 이를 위해서 세계적으로 잘 알려진 라브렌체프, 소보리에프, 후리스치아노비치 등의 연방과학아카데미 회원들이 시베리아 분원의 창립을 위해 선도적 역할을 하였다.

시베리아 분원은 시베리아 각지에 대규모 종합학술연구센터를 설립해 나가면서 발전하였다. 현재 시베리아 분원은 60개 이상의 학술연구시설과 실험·설계시설을 갖추고 있으며 물리학, 수학, 공학, 과학, 생물학, 지구과학, 사회과학 등 각 분야에서 연구가 진전되고 있다. 시베리아 분원의 학술기관은 노보시비르스크를 비롯하여 여러 지역에 있는 종합학술센터와 시베리아 기타 대도시의 연구소나 각 지부로 구성되어 있다. 시베리아 분원의 1만여 명의 연구원 중에는 80명 이상의 과학아카데미 정회원과 준회원, 그리고 약 70명의 박사 및 5,000명의 석사가 있다.

시베리아 분원은 창립 초부터 다음 세 가지 주요 방침을 활동 기반으로 삼았다. 1) 여러 실천 과제를 빠르게 해결할 수 있는 지력(知力)을 얻고, 이를 지속적으로 높이기 위하여 기초과학의 종합적 연구를 우선적으로 발전시키고, 2) 국민경제와 밀접한 관계를 맺으며 과학의 성과를 적극적으로 활용하며, 3) 과학자는 연구요원의 양성에 폭넓게 참여하고 연구와 교육을 통합시킨다.

이러한 방침은 때때로 시련에 부딪쳤지만 오늘날에도 변함없이 시베리아 분원의 기본 활동방침이 되어 있다. 시베리아 분원은 연구소, 지부, 실험·설계 시설을 지원하는 대규모 과학센터로 발전하였다. 이곳에서 이루어진 중요한 기초연구나 응용연구는 국내의 과학기술력을 증대시키고 구 소련 과학의 권위를 올렸다.

시베리아 분원은 특히 구 소련 동부지역의 생산력, 교육, 문화 발전에 직접적인 영향을 미쳤고, 지금도 또한 그러하다. 나아가 극동과 우랄 지방의 과학아카데미학술센터, 레닌기념 구 소련농업과학아카데미 시베리아 분원, 의학아카데미 시베리아 분원, 그리고 고등교육 시설망을 확충해 가고 있다.

당과 정부는 학자들의 활동을 높이 평가하였다. 시베리아 분원은 1982년에 학술연구에서의 우수한 업적과 연구원의 양성, 그리고 시베리아의 생산력의 증강에 대한 공헌으로 레닌상을 받았다.

기초연구의 발달

시베리아 분원은 기초과학의 종합적 연구를 활성화시키고 있다. 그것은 다음 세 가지 요인에 의해 가능하였다. 1) 자연과학과 사회과학 분야의 우수한 학자그룹이 존재하고, 2) 학자들이 학술센터 안에 모여 있으며, 3) 중요한 문제에 관한 학술연구계획을 작성할 때에 목적을 정확히 결정하고 계획적으로 접근한 점이다.

시베리아 분원의 수학 분야와 그의 여러 학과는 구 소련의 자랑거리였다. 그들의 연구는 현대수학의 광범위한 문제를 망라하고 있다. 계산, 응용수학 분야의 연구, 특히 연속체역학의 수치 방법의 연구, 고체역학, 유체역학, 지구물리학, 대기·해양물리학, 신기술의 설계 등의 과제에 대한 응용연구는 더욱 유명하다.

특히 폭발·충격에 관한 물리학 연구는 국제적으로 인정받고 있다. 이것은 여러 분야에 응용되고 있다. 또한 열교환, 난류, 저온플라즈마 등의 이론에서의 성과는 기계제작, 야금, 화학, 건축산업 등에 널리 이용되고 있다.

고에너지물리학, 열핵융합 문제의 해결, 하전입자 가속기의 개발 등의 연구는 세계 과학기술의 최첨단을 달리고 있다. 또한 마이크로 일렉트로닉스 및 소프트 일렉트로닉스 등의 물리학적 기초이론을 확립하였다. 그리고 안정한 레이저나 레이저 시스템의 개발, 자동화의 방법론이나 설비의 개발에 가져온 공헌도 매우 크다. 이러한 연구성과는 계산·측정 기술과 계기제작, 자동제어에 점차 이용되고 있다.

화학 분야에서도 큰 성과를 내놓고 있다. 촉매작용이론, 새로운 촉매의 개발과 그 촉매를 이용한 경제적 효율이 높은 생산기술의 개발, 연소과정이론, 화학반응에 대한 레이저 광선과 자계의 영향 연구, 분자재배열이론, 많은 화합물의 구조나 성질, 반응력의 연구에서 세계적인 큰 성과를 이루고 있다. 또한 중합체, 고강도 재료, 생물학적으로 활성화한 약제, 효모에 가까운 특성을 지닌 시약의 제조 등 일련의 새로운 유기화합물을 얻으려는 과학적·기술적 기초이론 분야에서도 성과를 이루었다.

또 일련의 무기화합물의 합성, 비철금속이나 희귀금속, 귀금속의 추출방법 등 과학적인 기초이론을 연구하고, 물질의 새로운 분리·정화법, 반사피막·강화피막·보호피막의 사용법을 개발하고 있다. 그리고 전자공학이나 레이저기술에 이용되는 신소재도 개발하고 있다.

생물학 분야에서는 유전자진화학, 동·식물 육종의 기초 유전학이론, 삼림생물학이나 천연자원의 합리적 이용 등의 연구는 국제적으로 높은 평가를 받고 있다. 물리화학적 생물학이나 생명공학, 복합계의 생물물리학이나 합성화학 등의 연구도 광범위하게 전개되고 있다.

시베리아 분원에는 지구 발달에 관한 통일적 개념을 창조하기 위한 지질학적, 지구물리학적, 지구화학적 연구를 종합하는 지질학 분야의 여러 학파가 형성되고 있다. 지구물리학의 가장 중요한 성과는 지질탐광법의 기초이론 연구로 이는 색다른 지구물리학적 방법과 컴퓨터를 병용하는 것이다. 이 방법으로 새로운 지구물리학적 탐광법을 이용한 유용광물, 특히 석유와 가스를 직접 탐사하는 방법을 개발하여 이를 발전시키는 것이 가능하게 되었다. 자연계의 연구나 실험실에서, 광물이 만들어지는 과정을 시뮬레이션을 바탕으로 중요한 단결정의 새로운 합성방법을 개발하였다.

광물학 분야에서는 암석역학을 연구하고 발전시킨 결과 기초이론을 확립하여 유용광물의 갱내 채광이나 노천채광의 새로운 기술을 개발하였고, 생산성이 높고 용도가 다양한 채광용 기계나 건설용 기계가 만들어지고 있다.

사회과학 분야의 기초이론 연구, 경제학적·수학적 시뮬레이션을 기초로 한 각 부문간 컴플렉스, 각 부문·각 지역조직·개개의 경영 단위의 계획, 관리시스템의 분석, 개선법의 연구, 경제발전의 템포와 비율의 계산, 시골의 사회적·경제적 문제의 연구 등은 큰 의미를 지닌다. 이미 연구가 진전되어 시베리아의 특수한 경제개발과 관련된 문제에 대해 여러 조언을 하고 있다. 특히 시베리아 고고학파는 국제적으로 높은 평가를 받고 있다.

시베리아 분원의 모든 학술센터에서 이루어진 기초연구는 높은 수준에 이른다. 특히 북극지방의 빙하지대 과학과 기술에 관한 연구, 가스가 고체가스 수화물 형태로 매장되고 있는 새로운 형태의 가스유전의 발견, 우주선 스펙트럼의 고에너지 부분의 특성 해명은 이미 널리 알려져 있다.

태양계나 태양과 지구의 관계를 연구하는 세계적인 센터도 있다. 이곳에서는 구조지질학이나 고지진학, 대형동력장치의 제어원리의 개발이나 기타 여러 분야에서 많은 성과를 이루고 있다. 특히 시베리아 분원의 자연과학이나 사회과학 분야의 연구는 수학적 시뮬레이션 방법과 학술연구의 자동화 방법이 고도로 발달되어 있다.

과학과 국민경제

과학적 성과를 국민경제에 활용하고, 이것의 전면적 촉진과 확대는 구 시베리아 분원의 주요한 행동방침이다. 그러므로 시베리아 분원의 학술연구 성과를 이용하지 못한 국민경제를 열거하는 것은 아무런 의미가 없다. 이미 국가 행정부의 손에 넘어가 현재 진행되고 있는 연구개발은 수백 건에 이른다. 이 중에는 지역산업체, 지역·산업 부문의 경제학적·수학적 발전계획 모델, 유용광물의 새로운 광상예측, 탐사법, 효과적인 새로운 공업용 촉매, 마이크로 일렉트로닉스 기기, 학술연구 및 생산공정의 자동화 모듈 시스템, 통합형 응용프로그램 패키지, 전자가속기를 이용한 새로운 방사선공학, 선형채광·건설기계, 식물의 신육종방법, 신품종 및 하이브리드 종, 동물 개량종, 바이러스성 질환 치료제, 새로운 농업기술 등이 포함된다.

위대한 과학의 성과와 이를 응용하여 인간이 활동하는 모든 영역을 개발하는 데 그 특징이 있다. 예를 들어 유체역학연구소에서 라브렌체프 아카데미회원 그룹이 폭발을 포함한 고속흐름 프로세스이론을 발전시켜 모든 생산 부문에서 신기술이 개발되었다.

과거 수년 동안 시베리아 분원은 국민경제를 위한 광범위하고 수많은 상호지원체제를 구축하였다. 이것은 각 기업, 각 전문연구소, 각지의 건설과 직결되었다. 그것은 각 행정부서와 조화를 이루는 장기적인 상호협력 계획과 전 국가적인 목적을 명시한 과학기술계획에 대한 참여를 내용으로 하고 있다.

시베리아 분원은 시베리아의 생산력 증강을 위한 실제적인 과제의 해결에 적극적으로 참여하고 있다. 종합적 과학연구계획인 '시베리아'는 시베리아 지역의 발전을 촉진하는 문제를 해결하기 위하여 과학의 힘을 모으는 중요한 수단이다. 시베리아계획은 시베리아의 종합적 또는 효과적인 천연자원의 개발과 생산력 증강에 과학적 근거를 두고 적극적으로 협력하는 데 그 목적이 있다. 이 계획에는 유용광물의 탐광, 채굴 및 종합적 가공, 토지·삼림·수자원의 합리적 이용, 신소재나 신기술의 개발, 환경보호, 사회의 동향 등 시베리아의 사회·경제 발전에 요구되는 모든 문제를 취급한 항목이 40개 이상 포함되어 있다.

시베리아계획에는 90개의 행정부서 산하의 700개 이상의 기관의 노력이 담겨 있다. 여기에는 시베리아 분원의 각 연구소, 농업아카데미, 의학아카데미, 일련의 행정 관청, 각 대학이 참가하고 있다. 시베리아계획에 바탕을 둔 연구성과는 시베리아의 경제·사회 발전의 전망과 방향에 토대를 두고, 이 지역의 과학기술의 진보를 촉진하는 데에 중요한 의의를 지니고 있다. 더욱이 시베리아 분원에는 모든 새로운 종류의 설비·기술의 개발과 실용화가 중점적으로 추진되고 있다.

요원의 양성

시베리아 분원에는 과학고등전문학교 및 국민경제에 투입하기 위한 요원을 양성하는 여러 체제가 확립되어 있다. 이것은 창립자이자 아카데미 회원의 한 사람인 라브엔체프의 적극적인 참여 유도로 이루어졌다. 그곳에는 초중등교육, 대학교육 및 성인교육 분야의 활동 방침과 형식이 긴밀하게 결합되어 있다.

시베리아 분원은 창립 당시부터 학생들이 대학의 교육과정과 연구소의 학술연구에 직접 참여하는 것을 원칙으로 하고 있다. 이 원칙이 가장 완벽하게 실현되고 있는 곳이 레닌공산청년동맹기념 노보시비르스크국립대학이다. 30명 이상의 구 소련연방과학아카데미 정회원, 준회원과 140명의 박사, 400명의 석사가 이곳의 교육에 참가하고 있다. 그리하여 교육수준이 높고, 최신 과학의 성과에 대응하여 새로운 전문분야를 재빠르게 조직하고 끊임없이 교육프로그램을 개선하고 있다. 학생들은 3학년이 되면, 과학자의 지도 아래 시베리아 분원의 각 학술연구소에서, 그들이 각자 선택한 전문연구 분야의 과학기술 상의 여러 현실적인 문제를 해결하는 데에 참여하고 있다. 이것은 자주적이고 창조적인 연구를 할 수 있는 유능한 젊은이를 양성하고 선발하는 광범위한 가능성을 부여하고 있다.

노보시비르스크대학 부속 물리·수학 및 화학전문기숙학교는 창립 이후 큰 성과를 올리고 있다. 이곳에서는 시베리아, 극동, 카자흐공화국 및 중앙아시아 지역에서 선발된 약 500명의 학생들이 공부하고 있다. 수업은 대학 수준에 가까운 특별 확대프로그램으로 진행하고 있다.

시베리아 분원의 여러 학술기관의 대학원 과정은 연구요원을 양성하는 데에서 중요한 위치를 차지한다. 1990년 현재, 이 대학원 과정에서 약 1,000명이 교육받고 있으며, 그 중 500명 이상은 본래의 활동(연구, 생산)도 계속하고 있다. 학술연구소의 연구수준은 높으며, 또한 학자의 지도 아래 학생이 현실적인 문제의 해결에 참가하여 30년 만에 약 800명의 박사와 5,000명의 석사가 배출되었다. 그리고 그 대부분이 학위를 취득한 후에 시베리아에서 일하고 있다. 이처럼 현재 시베리아 분원은 스스로 우수한 요원을 확충할 뿐만 아니라 대학이나 각 산업 부문의 연구와 생산시설에서 인적 잠재력을 개발 형성하는 데 커다란 영향을 미치고 있다.

국제학술교류

긴밀한 국제학술 교류를 확립한 것은 현대과학의 발전에 많은 공헌을 하고 있다. 여러 국가의 저명한 학자, 당·정부 및 사회사절단원, 실업계의 대표자, 다수의 여행자들은 구 소련연방과학아카데미 시베리아 분원의 학술센터를 방문하고 있다. 학술센터에서 국제 심포지엄, 회의, 심의회, 외국 회사의 공개세미나가 정기적으로 열리고 있다. 시베리아에서 처음으로 개최된 몇몇 학술회의는 국제적으로 유명하다.

시베리아 분원은 전체 경제상호원조회의(SEV) 가맹국, 일련의 개발도상국, 자본주의 전체 공업선진국과 협력하고 있다. 사회주의 여러 국가와의 협력은 과학아카데미, 경제상호원조회의 및 구 소련연방국가 과학기술위원회의 노선에 따라 이루어지고 있다. 1971년부터 시베리아 분원은 종합사회주의 경제통합계획에 참여하고 있다. 시베리아 분원 촉매연구소를 중심으로 SEV 가맹 조정센터는 새로운 공업용 촉매의 개발 및 공업에서 사용되는 촉매의 품질개량에 참여하고 있다.

시베리아 분원의 각 연구소와 프랑스, 미국, 서독 및 일본의 각 학술기관은 컴퓨터기술, 환경보호, 화학접촉반응, 핵물리학 등 여러 분야에서 협력하고 있다. 국제교류에서 가장 중요한 원칙의 하나는 학자나 전문가가 여러 국제회의나 대표자협의에 참여하여 학술기관에서 강의하는 일이다. 또한 '시베리아와 과학전'이 여러 외국에서 개최되어 대성공을 거두었다. 이 전람회는 시베리아 학자의 업적을 소개하고, 시베리아의 경제와 사회의 발전에 공헌한 과학의 역할이 어떠한지를 보여주었다.

시베리아 분원의 학자는 여러 국제기관의 활동에 적극적으로 참여하고 있으며, 그 중에는 지도적 위치에 있는 사람도 있다. 시베리아 분원의 많은 학자들은 외국의 아카데미회원으로 선출되고, 외국 학술기관에서 상을 받았다. 그리고 외국 대학의 명예박사나 여러 국제회의, 학술연맹, 협회, 위원회, 노동자 단체의 회원으로 활약하고, 국제지의 편집위원회 일원으로도 참여하고 있다. 이러한 모든 것은 과학에서의 그들의 높은 권위를 말해 주고 있다.

시베리아 분원의 연구원이 저술한 책도 외국에서 출판이 점점 늘고 있다. 시베리아 분원에서 발행한 잡지 10권 중 8권은 미국의 출판사에서 재판되고 있다. 시베리아 분원의 100가지 이상의 연구개발은 외국에서 700건 이상 특허를 얻어 냈다. 시베리아 분원에서 발명한 상업이용권은 32가지의 특허협정에 의하여 미국을 비롯한 12개 국가의 20개 회사에 양도되었다. 그리고 계약에 의하여 외국의 기업이나 학술기관에 새로운 설비, 재료, 기술 다큐먼트를 납품하고 있다.

9. 구 소련의 과학정책의 특징

노동자의 지적 수준의 향상과 젊은 과학자의 대량 양성

구 소련 정부는 모든 국민에 대한 의무교육을 강화하였다. 혁명 이전 러시아의 농촌 인구의 72%, 도시 인구의 40%가 문맹이었다. 문맹은 5개년 계획이 시작되기 전에 15세에서 35세에 이르는 사람 가운데 1,800만 명이나 되었다. 구 소련은 5개년 계획 과정에서 이 대규모의 문맹에 주목하는 한편, 1934년에 구 소련 전국의 아동에 대해서 7년제 보통교육을 실시한다고 선언하였다.

어쨌든 제1차 5개년 계획이 시작되고, 제2차 5개년 계획으로 넘어오는 시기에 구 소련의 성인 노동자는 대학 수준의 교육을 무난히 마칠 수 있었다. 노동자는 생산 노동에서 스스로 지적 수준을 높여 생산성 향상에 크게 기여하였다. 특히 1935년에 시작된 이른바 스타하노프 운동은 노동자 스스로가 일으킨 운동이었다. 이것은 노동 인구의 증가에 의해서 생산성을 증대하려는 운동은 아니었다. 이것은 기준량의 60배의 능률을 올린 금속압연공 이와노트가 "나는 힘을 써서 고도의 노동 생산성을 얻은 것이 아니다. 쉽고 간단하게 공학적 과정을 병행하여 그것을 미화함으로써 얻은 것이다."라고 말한 것처럼, 노동자의 지적 수준을 높이자는 운동이었다.

구 소련은 군사기술 분야뿐 아니라 일반 과학기술 분야에서도 전후 놀라울 정도의 발전을 이룩하였다. 그것은 구 소련의 과학기술자층의 비율이 자본주의 국가에 비하여 매우 높았기 때문이었다. 앞에서 말한 바와 같이 구 소련은 혁명 직후부터 초등교육뿐 아니라 중등교육과 고등교육(대학교육)의 확충에 힘을 쏟아 노동자 출신의 젊은 과학기술자를 양성하는 데 노력하였다. 이러한 교육정책에 힘입어 1930년대에 과학기술체제의 재편성이 처음으로 가능하였다. 그 후에도 과학기술자의 대량 양성의 속도를 늦추지 않았으며, 1950년대 이후의 대학 출신 기술자 수를 보면 오늘날 미국의 과학기술자를 앞지르고 있다.

더욱이 그 연령이 압도적으로 젊다. 제20회 공산당 대회에서 아카데미 총재 네스메야노프의 보고에 의하면, 과학아카데미 산하의 몇몇 지도적인 연구기관에는 연구자의 50~80%가 젊은 사람이며, 과학기술자들의 이와 같은 질적 수준의 향상과 양적 확대가 전후 소련의 과학기술 발전에 주요 원인이었다고 언급하였다.

과학기술 교육 환경

구 소련의 과학기술의 최대 장점은 수준 높은 과학기술자의 대량 양성에 있다. 그런데 사회주의는 어떤 정책 때문에 그처럼 성공하였으며 그 조건은 무엇인가. 이에 대하여 한 가지 정책이나 수단을 지표로 삼는 것은 곤란하다. 오히려 구 소련의 사회 생활의 전반을 말하는 것이 정확하다. 여기서 자본주의와는 다른 구 소련의 과학기술자 양성기구의 몇 가지 특징을 찾아볼 수 있다.

첫째, 사회주의 사회는 과학기술을 매우 중요하게 생각하였다. 따라서 과학기술자는 사회적으로 높은 지위와 더불어 존경을 받았다. 과학자, 우주비행사, 기술자, 노동자, 실무자들은 영웅으로서 존경받았다. 구 소련의 소년들은 당연히 이들을 동경하고 자신들도 그렇게 되기를 희망하였다. 사실 이 소년들의 의지는 소련 전체의 의지라 말할 수 있다. 레닌은 사회주의 정권이 성립한 직후에 전 러시아 전화(電化)계획을 제안하고 "공산주의란 소비에트 더하기 전화이다."라고 말하였다. 그리고 이를 볼셰비키당의 제2강령으로 삼았다. 이 말은 공산주의가 노동자 계층이 고도의 과학기술을 몸에 익힘으로써 실현된다는 말과 같다.

둘째, 소련 과학교육의 기본은 종합기술교육이었다. 학문의 계통적 교육과 생산적 실천을 결합하는 방법이 강조되었고, 수업일 수 중 일정 시간을 생산 노동의 실무에 임하도록 하였다. 그리고 모든 아이들이 이러한 교육을 받아 과학기술의 수준이 국가 전반에 걸쳐 향상되었고 노동의 질도 높아졌다.

셋째, 모든 과학자나 기술자에게 질을 높일 수 있는 기회가 균등하게 주어지고 있다. 과학자나 기술자가 되기를 희망하고, 또 시험을 통하여 능력이 증명된 학생들은 얼마든지 고등교육을 받을 수 있다. 그러나 한 사람의 과학자를 양성하는 데는 매우 오랜 시간과 막대한 교육비가 필요하다는 문제가 있다. 그런데 자본주의 국가에서는 개개인의 학생과 그의 가족이 이 부담을 짊어지고 있는 데 반하여 구 소련에서는 국가가 교육의 책임을 진다. 고등교육 과정에서 학생은 수업료를 낼 필요가 없으며 많은 돈을 국가로부터 받는다. 전일제 학생의 약 80%가 수당을 받고 있으며 수학 연도와 성적에 따라 증액된다. 학생들은 이 수당으로 충분히 생활할 수 있다. 한 재료역학자는 참된 능력을 지닌 학생을 바르게 선발하여 교육하는 것이 인재 양성의 핵심이라 하였다. 처음에 구 소련은 이 선발을 매우 합리적으로 실행하였으며, 그것이 구 소련 과학의 발달을 가져왔다.

넷째, 노동자에게 많은 면학의 기회가 열려 있다. 구 소련의 고등교육기관은 능력 있는 학생을 선발하지만, 그 수요 능력은 중등교육을 마치고 진학을 희망하는 학생의 수에 비하면 아직 적다. 그러나 노동력의 수요가 산업 분야에서 계속 증가함에 따라 야간학부, 통신교육학부 등 "일하면서 배우자"라는 제도가 광범위하게 도입되었다. 중등학교 졸업생의 일부는 전일제 학교에 들어가고, 다른 일부는 생산 현장에 들어간다. 그리고 생산 현장에서 일한 경험이 있는 우수한 인재에게 대학입학의 우선권을 주는 한편, 고등교육기관에 입학하는 학생 80%에게 2년간 실무 경험을 갖도록 확대하여 노동자를 기술자로 양성하는 방침을 도입하였다. 1957년 8만 명의 전문가가 야간대학과 통신교육대학에서 배출되었다. 야간대학과 통신교육대학에서 배우고 있는 학생은 80만 명에 다다랐다. 그리고 이런 종류의 교육기관을 더욱 확대할 계획을 수립하였다. 기업이나 대건설장에 야간학부를 설치하여 현장에서 기술자를 양성하는 제도는 매우 효과가 있었다.

다섯째, 구 소련은 남녀 평등을 철저히 실현하고 있다. 자본주의 사회에서는 여성이 주부나 어머니가 되면 동시에 과학자가 되는 것이 어렵지만, 구 소련에서는 이것이 가능하다. 현재 과학아카데미에서 근무하는 약 반절이 여성이고, 대학생의 반절(공학은 30%)이 여성이다. 이것도 구 소련이 과학자나 기술자 양성의 폭을 매우 넓게 하는 유력한 이유이다.

여섯째, 기술의 진보를 촉진하기 위하여 연구개발에 종사하는 인적 자원을 급속하게 대량 양성하여 우수한 기술자를 우선 순위의 부문에 투입하였다. 미국의 과학정책 학자인 브론슨(D. W. Bronson)은 1950~70년 사이의 미국과 구 소련 연구개발 종사자의 증가 동향을 비교하였다. 구 소련의 연구개발 종업원은 1950년 총 52만 8,000명에서 1971년 333만 5,000명으로 늘어났고, 미국에서는 같은 기간에 36만 6,000명에서 124만 4,000명으로 늘어났다. 1950년의 구 소련의 연구개발 요원은 미국의 1.5배였다. 구 소련 연구개발 요원은 1951~80년 사이에 연평균 9.2%가 증가하였고, 미국은 6.3%였다. 노동자 가운데 연구개발 요원이 차지하는 비율은 구 소련에서 1950년에 0.5%, 1970년에는 2.6%로 늘어났고, 미국에서는 0.6%에서 1.4%로 증가하였다.

끝으로 과학연구개발을 위한 지출도 급속히 증가하여 국민소득에서 큰 비율을 차지하였다. 구 소련에서 공식 발표된 연구개발비 지출에 대한 통계 이외에 미국에서 발표된 몇 가지 추정치가 있다. 일반적으로 구 소련의 과학연구비 지출 증가율은 미국에 비하여 현저히 높았다. 권위 있는 스탠퍼드 연구소의 추정에 의하면 1955년 구 소련의 과학연구에 대한 지출비는 미국의 그것의 54~84%였지만, 1970년에는 82~116%에 이르렀다. 스탠퍼드 연구소의 구 소련 GNP 추정치는 미국의 그것의 약 66%(1970년)이지만, 과학연구 지출은 미국과 거의 같았다.

구 소련의 과학연구비 지출 총액의 60%는 군사비, 40%가 비군사 지출이다. 스탠퍼드 연구소는 구 소련의 연구개발비 지출을 1970년에 280억 달러, 그 중 군사 우주개발에 대하여 60%, 즉 170억 달러로 추정하고 있다. 나머지 110억 달러는 비군사 목적으로 지출되었다. 이에 대하여 미국의 비군사 목적을 위한 지출은 160억 달러였다. 따라서 소련의 비군사 목적의 과학연구비 지출도 거액에 이르렀다.

구 소련의 연구 조건

과학연구자로서 훈련을 받은 젊은 과학자는 구 소련 과학의 진보를 짊어진 사람으로서 연구활동에 편승하고 있지만, 그들은 어디에서 근무하는가. 우선 구 소련의 과학 연구체제를 개관해 보면 대개 네 가지로 분류할 수 있다. 1) 대학을 중심으로 한 고등교육기관, 2) 과학아카데미 관계의 연구기관, 3) 연방과학아카데미 소속의 연구기관, 그의 지부, 그리고 각 공화국 과학아카데미 소속의 연구기관과 연방중앙당연구소, 4) 국민회의 소속의 연구기관과 국민경제회의에 소속된 국영기업 부속 연구소와 실험실이 있다.

이러한 조직은 기능상 여러 분야를 책임지고 있다. 공작기계 부문을 한 예로 들면 1) 대학은 기계공학의 기초 부문을, 2) 과학아카데미 기계공학연구소는 장기 계획에 비중을 둔 기초연구를, 3) 공작기계실험과학연구소, 동 부속기계 설계시험공장은 공작기계에 관한 여러 문제의 연구, 규격의 통일, 생산기술의 지도, 신기종의 공작기계의 설계시안, 공작실험실의 지도를, 4) 국민경제회의 소속의 공장기계 공장실험실은 공작기계의 생산 시작, 생산 중의 공작기계의 개선과 품질개량에 관한 실험연구, 같은 공작기계의 개선과 공장기술실험, 생산방법의 개선에 관한 연구를 맡고 있다.

앞에서 설명한 것 가운데 더욱 기초적인 연구를 부여받은 과학아카데미의 조직은 역사적으로 오래되었고, 산하에 2만 명 이상의 과학자가 연구하고 있으며, 과학계를 지도하고 있는 최고 연구기관이다. 이곳에는 독점실험실이 상당수 있으며 또한 과학영화촬영소도 부속되어 있다. 특히 과학자 자신의 손으로 조직된 과학 연구기관은 다른 것에 비할 바 없이 강력하다. 또한 이것이 혁명 이후 구 소련의 기초과학이 혁명 이후 매우 단기간에 광범위한 분야에서 독창적인 업적을 올릴 수 있었던 이유이다.

한편 연구의 터전을 얻은 과학자에게 부여된 연구 환경은, 과학자가 사회적으로 높은 지위를 차지하고 있으므로, 급여는 자본주의 국가에서 말하는 '학자빈곤'과는 정반대이다. 구 소련의 연구자는 생활에 대해서는 걱정할 필요가 없다. 연구 방침이 일단 확립되면 기초연구에서 자금부족이란 있을 수 없다. 전쟁 이전의 예이지만 1937년의 루에방(전 카루코프 물리기술연구소장)의 다음과 같은 체험은 매우 흥미롭다. "……이 금액은 많은 경우에 연구실에서 연구 가능한 어떤 경우에도 거의 충분하다. 계획의 10% 이상 비용이 삭감되는 일은 거의 없다." 구 소련의 연구재정 시스템은 원칙적으로 연구자금의 제한이 없다.

군수산업과 중공업 우선 정책

스탈린은 1928년부터 사회주의의 이념으로 공업화의 고도 성장을 강화하였다. 이를 위해서 채택한 주된 경제정책의 특징은, 1) 자원분배는 중공업 우선의 발전 원칙을 바탕으로, 국가적으로 우선 순위가 높은 군수산업이나 기초 중공업 부문의 발전을 추진하였다. 이를 위하여 인적·물적 자원을 동원하여 이 부문에 집중적으로 투자하였다. 2) 중앙집권 계획관리 제도를 확립하고 원칙적으로 자유시장 경제를 부정하였다. 따라서 엄격한 지령으로 경제계획을 수립하여 거시경제 활동뿐 아니라 각 사업의 미시경제 활동도 이에 따라 완전히 통제하고 관리하는 구조를 취하였다. 3) 외국 무역에서는 여러 자본주의 나라의 재화나 자원에 대한 의존을 가능한 한 줄이고, 자급자족의 실현을 겨냥하는 정책을 취하였다.

이와 같은 공업화 경제정책의 기본 노선은 스탈린이 죽은 뒤 경제

발전에 따라 어느 정도 수정되고 완화되었지만, 이 정책은 원칙적으로 그 후의 정권에 인계되었다. 구 소련의 과학정책은 바로 이 기본 노선에 적응하도록 수립되고 추진되었다.

한편 구 소련은 순수한 경제 목적보다는 군사, 정치 목적에 중점을 두고 과학정책을 실시하였다. 스탈린 시대의 경제정책의 목적은 먼저 군수생산, 중공업을 발전시켜 국방력을 강화하고 고도의 경제 성장을 달성하는 일이었다. 따라서 소비재 생산이나 농업, 운수, 주택의 발전은 아래로 밀려났다. 이 단계에서 구 소련의 과학정책도 이와 같은 불균형한 경제발전 정책에 따르거나 우선적인 산업의 기술의 진보에 중점을 두었기 때문에 다른 분야의 산업 기술 진보는 등한시되었다.

이와 같은 국가의 우선 부문에 대한 태도는 다른 부문에 대한 태도와 분명히 달랐다. 우선 순위 부문은 중앙집권적 계획경제의 구속에서 벗어나 완전한 자주성과 모든 지원이 부여되었다. 예를 들면 우주 로켓, 초음속비행기, 원자핵 에너지, 기타 각종 엔지니어링 등의 최우선 부문은 계획 당시부터 중앙의 조정과 통제가 효과적으로 작용하였다. 또한 수백여 개의 여러 부문의 연구소, 특히 과학아카데미 소속의 연구소가 이에 협조하였다. 우수한 과학자와 기술자가 연구에 참여하여 독창적인 아이디어를 철저히 개발하고, 새롭고 복잡한 생산 유니트의 건설과 위탁이 신속하게 진행되었다.

일반적으로 구 소련의 개발시설은 부족하지만, 우선 순위 부문에 대해서는 기술혁신을 위한 우수한 특별 생산시설을 갖추고 있다. 예를 들면 군수산업에서 설계조직은 독자적인 시설로 자주성이 대폭 주어지고 있다. 그 결과 초음속기, 로켓, 원자력, 공작기계, 강철업 등 몇몇 분야의 기술 수준은 미국과 맞먹는다. 그러나 우선 순위가 낮은 부문은 눈에 띄게 뒤처져 있다. 그리고 선진 공업 부문에서도 진보한 기술과 낙후된 기술이 나란히 하고 있다. 이와 같은 불균형한 발전은 체제의 본질에 뿌리를 두고 있기 때문이며, 또한 이것은 구 소련의 연구개발정책의 큰 특징이다.

일반 산업에 있어서 기술의 낙후

중앙집권적 계획경제는 일반 산업의 기술혁신이라는 점에서 어떤 성과가 있는가. 이미 설명한 바와 같이 군사 부문의 기술혁신은 눈부신 성과를 올렸으나, 비군사 부문의 기술혁신이라는 점에서 이 체제는 적절하지 않았다. 미국의 과학정책 연구자인 서튼(A. Sutton)은 그 원인에 대하여 다음과 같이 분석하였다.

군사 부문에서는 군사계획의 목적을 명확하게 정할 수 있다. 주어진 무기 부문에 대하여 한 가지 무기가 완성되면, 다음 단계에서 어떠한 기술혁신이 필요한가를 적절히 예상할 수 있다. 군사계획 정책자는 이 예정된 목적에 대하여 정확한 방침을 세우고, 정부는 이에 대하여 강력히 지지하며, 그 목적을 실현하기 위하여 자원을 집중적으로 투입할 수 있다. 또한 군사기술의 경우 그 목적의 달성 여부를 미리 시험할 수 있다.

이에 대하여 일반 산업 부문의 기술혁신은 군사기술처럼 단순하지 않다. 그것이 유효할지 어떨지는 여러 복잡한 요인의 상호작용으로 결정된다. 자본주의의 경우 그것은 시장에 의하여 결정된다. 즉 기술혁신의 결과는 시장에서 시험된다. 그러나 구 소련에서는 원칙적으로 시장 경제가 부정되고 있을 뿐 아니라 그러한 기술혁신에 관한 정보망조차 존재하고 있지 않다. 중앙 계획은 주된 변수를 예상하는 데 지나지 않는다. 또한 이 제도에는 미지의 기술을 개척하는 자극이 없으며, 기업 사이에서 시장 점유율을 확대하고 겨냥하는 격렬한 경쟁도 없으므로 기술의 보급도 매우 늦다.

또한 중앙 계획은 일반적으로 이미 알려진 기술 도입에 중점을 두고 있어서 새로운 기술 도입을 방해하고 있다. 과거 구 소련의 일반 산업의 기술혁신은 대개 서방의 선진기술을 도입하여 모방하고 이를 바탕으로 규모를 확대하면서 달성된 것들이다. 구 소련은 철강, 발전·고전압 송전, 로켓 생산 등 세 공업 부문을 특히 우선적으로 선정하고, 그의 기술 진보에 노력을 집중하였다. 그러나 그것은 모두 서구의 고전적 기술을 획득하여 확대한 것들이다. 그러므로 그것은 독자적인 기술을 창조한다는 의미의 기술혁신이 아니었다.

그런데 기술혁신은 경제가 발전함에 따라 더욱더 복잡한 과정이 필요하므로 외국의 기술을 모방하고 확대하는 것에도 한계가 있었다. 정보 획득과 연결되어 있는 계획은 점차 복잡해진다. 엄격한 중앙집권적 계획제도는 공업화 초기의 단계에서는 기술도입을 쉽게 하고 경제성장을 촉진하는 데 효과가 있었다. 그러나 이를 넘어선 단계에서는 능률적으로 적응할 수 없다. 요컨대 이 시스템에서는 시장 기구보다 뛰어난 기술혁신을 창조하는 것이 불가능하다.

또한 구 소련에는 기술혁신을 창조하는 공예 기술(technical ski-lls)이 없다. 요컨대 어느 정도 공예 기술이 존재한다면 외국에서 선진기술 설비를 도입하더라도, 그 후 자신의 실험에 의하여 독창적인 새로운 공정을 창출해 낼 수 있으므로 어느 정도 기술혁신이 가능하다. 물론 구 소련의 군사 부문에는 이러한 공예 기술이 존재하지만, 다른 많은 비군사 부문에는 이것이 존재하지 않는다. 그러므로 이러한 부문에서 서구의 선진 설비를 설치한다 하더라도, 그의 기술혁신은 부분적으로 수입 기술이거나, 수입 기술의 모방이다. 따라서 독자적인 것이 없다. 이것이 바로 기술혁신을 저지하고 있다. 결국 근본

원인은 중앙집권적 계획제도 그 자체의 결함에 있다.

서방 선진기술의 도입

스탈린의 공업자 우선 정책은 자본주의 국가에 대한 경제적 의존도를 가능한 한 적게 하고, 결국에는 무역 폐지를 이념으로 삼고 실시하는 제도이다. 그 결과 구 소련은 공산권 밖의 국가와의 무역 비율을 현저하게 축소해 갔고, 1950년대 초반에는 무역 총액이 20% 정도까지 떨어졌다. 그러나 앞에서 말한 바와 같이 구 소련의 경제체제 하에서 기술혁신이 어려울 경우 서방 선진국가에서의 기술 도입은 국내의 경제 건설에 절대적으로 필요하다. 따라서 그 양은 얼마 되지 않았지만 서방 국가에서 중요한 기술을 도입하였다.

결과는 매우 좋았다. 기계공학, 금속가공, 에너지 분야에서 서방 기술이 이용되었다. 혁명 후 경제 부흥기나 스탈린의 공업화 개시 시대에 외국의 기술 도입은 중요한 역할을 하였다. 더욱이 스탈린이 죽은 뒤 자본주의와의 적대 관계가 완화되어 평화공존정책이 취해지자, 서방 여러 국가와의 무역액이 점차 늘어났으나, 불가닌은 외국의 과학이나 기술의 성과를 과소 평가하고, 각 연구기관의 장관이나 과학 요원은 기술 진보에 방해가 된다고 비난하였다.

구 소련 공산당 중앙위원회와 장관회의는 1955년 5월 28일 시대에 뒤진 낡은 생각에 매달린 사람이 몇몇 부처에 있으므로 과학기술 분야가 정체되어 공업과 농업의 발전을 가로막았고, 많은 경제 부문의 발전을 지연시켜 국가에 커다란 손실을 주었다고 비난하였다. 그리고 보수주의자에 대한 강경한 투쟁을 전개할 것을 선언하였다. 이렇게 해서 서방 과학으로부터 협조를 구하는 정책 노선이 서서히 진행되었다.

후진 국가인 제정 러시아 때부터 서방의 기술을 도입해 왔으나 그 전통은 혁명 후에도 이어졌다. 무역정책에 다소 변화가 있었지만, 혁명 후에도 구 소련은 산업 부문에서 외국의 기술을 도입하였다. 이를 바탕으로 구 소련은 공업화를 시작한 이후 1960년대까지 철강, 비료, 화학섬유, 선박의 생산에서 눈부신 성과를 올렸고, 더욱이 중앙집권적 계획 시스템에 따라 선별된 공업 부문에 대하여 자원과 노동력을 계획적이고 집중적으로 동원시킴으로써 달성되었다. 요컨대 국내의 기술과 자원으로가 아니라, 서방의 생산성 높은 선진적 유니트의 구입으로 달성되었다. 외국의 기술도입 없이 독자의 기술로 고도의 성장을 이룩한 것은 아니었다.

구 소련은 계획된 목적을 수행하는 데 서방 기술의 도입을 이용해 왔다. 무역은 1946~72년 동안에 10배로 늘어났다. 그 가운데 기계 설비의 수입은 언제나 총액의 3분의 1을 차지하였다. 이 경우 계획된 목적과 지령이 있었던 여러 부문의 수입이 현저히 증가하였다. 상선대의 건설계획이 1950년대 초기에 실시되었지만, 그 때부터 상선대의 3분의 2 이상은 서방에서 건설되었다.

또한 흐루시초프가 1957년대 화학생산의 대량 증강 계획을 세웠을 때, 곧 화학 설비의 수입이 현저히 증가하였다. 그것은 10년 사이에 10배로 늘어났다. 특히 국내에서 생산이 부족하였을 때에도 수입이 많았다. 1960년대 초기나 1972년 흉년을 맞이하였을 때 서방에서 밀과 가축 사료, 그리고 비료를 대량 수입하였는데, 이는 계획된 목적을 수행하는 데 주요한 수단이었다. 구 소련의 경제체제는 본질적으로 정태적이지만 외국의 선진 기술을 지속적으로 수입하면서 이에 생생한 힘을 불어 넣었다.

후진국은 공업화하는 데 있어 선진국의 기술을 도입하여 많은 이익을 얻고 있다. 구 소련의 경우도 이와 같았다. 그것은 첫째, 연구 개발 비용이 절약되고, 둘째, 시장경쟁으로 생산설비가 생기기 전에 진부화되어 못 쓰게 되는 낭비를 피할 수 있고, 셋째, 근대 기술의 오랜 회임 기간을 피할 수 있기 때문이다.

구 소련의 역사에서 정치 노선의 변경은 당대회와 관련되어 일어나는 경우가 많았다. 1971년 제24차 당대회에서는 국제 정치에서 긴장완화를 확립하여 보다 급격한 노선 전환을 결정하였다. 이 새로운 데탕트 정책은 과학의 지위와 과학자에게 심각한 영향을 미쳤다. 과학기술정책이 1971년에 모방 노선에서 협업 노선으로 바뀌었으며, 이것은 과학의 극적인 전환을 의미하였다. 그러나 새로운 노선의 선택은 우연한 소산이 아니었다. 그것은 1965~71년 사이의 여러 사건으로 서방과의 전면적인 과학기술 경쟁에서 패배했다는 명백한 사실에 의한 결과였다. 또한 이것은 구 소련의 과학기술정책에 막대한 영향을 미쳤다.

10. 기술개발과 정부의 역할

기술과 사회

'지혜로운 사람'(호모 사피엔스)이 출현한 시대부터 기술적인 발명을 하고자 하는 욕구가 있었을 것으로 본다. 인간은 뼈나 부싯돌을 이용하여 조잡한 도구를 만들어 내는 것에서 시작하여 바퀴·지레·불·쟁기의 사용을 거쳐 오늘날의 복잡하고 정교한 기술산업에 이르렀다. 따라서 조직화된 사회로서, 처음에는 부족사회의 차원에서, 지금은 세계를 구성하는 독립국가의 정부 차원에서 침략 아니면 방위라는 군사적 목적과 사회 내부의 발전 때문에 권력층은 기술의 발전을 장려해 왔다.

반면에 부족 사이 또는 국가 사이의 경쟁에서 우위를 차지했던 신기하고 새로운 기술은 권력의 구조나 정체적 발전의 토대를 이루어 왔다. 예를 들어 전통적인 긴 활 대신 석궁을 발명한 것은 중세의 정치에 압도적인 영향을 미쳤다. 즉 파괴 무기로서의 석궁은 특히 인간에게 위험하여 교황청이 이것의 사용을 억제하도록 선언하기도 하였다. 이와 같은 경우는 그대로 오늘날 핵무기에도 해당된다. 또한 뛰어난 통신이나 수송 수단, 도자기 제작, 금속제련방법의 개량 등은 여러 국가의 산업 발전에 압도적인 영향을 미쳤다. 산업혁명 시대에 일어난 기술발전은 연쇄반응을 일으켰고, 국방에서 기술상의 우위는 제2차 세계대전의 결과를 결정적으로 좌우하였다.

과거에 정부는 기술발전을 지원해야 하는 필요성을 어느 정도 인식하고 있었다. 그러나 기술혁신의 과정이 갖는 특징이나 과학과 기술과 경제 사이의 관계를 확실하게 알지 못하였으므로, 기술의 발전을 위하여 명확한 정책을 펴 온 국가는 드물었다. 사실 지금도 기술정책을 펴고 있는 국가는 그다지 많지 않다. 정부는 산업, 인적 자원, 군사, 예산, 무역 규제 등 여러 기술적인 면에서 과학정책을 구성하는 데에 큰 역할을 해왔다. 그러므로 정부의 정책은 기술의 진보에 큰 영향을 미쳐 왔다고 볼 수 있다.

1950년대에 접어들어 기술혁신을 증명할 수 있는 억측에서 벗어나, 정량적인 자료의 수집에 바탕을 둔 기술혁신이 면밀한 분석의 대상이 되었다. 그러나 20세기 전반에 기술개발의 특징과 그것의 성공을 위한 조건에 대해서는 통계자료가 없으므로 1960년 이전의 각 국가가 연구개발한 노력을 조사하는 데 도움이 될 만한 자료가 거의 없다. 사실 정부는 이러한 자료의 편집이나 기획에 대하여 중요성을 인정하지 않았고, 기업 역시 일반적으로 그에 관한 자료를 제공하지도 않았다. 그런데 1965년에 C. 프리먼과 A. 영의 OECD의 보고서가 간행되어 개발자원에 대한 국가 간의 비교가 처음으로 시작되었다. 그 이후, 이러한 것은 급속한 발전을 이루었고, 지금과 같은 방법과 정의에 바탕을 둔 연구개발의 국제통계년보가 정기적으로 발행되기 시작하였다.

기술개발과 정부의 기능

정부의 보호와 지원　　군사적·경제적 목적을 달성하기 위한 직접한 기술개발은 정부의 부차적인 목표이다. 이를 위한 정부의 활동은 매우 다양하지만 대개의 경우 간접적이었다. 더욱이 정부는 노동 시장의 규제와 기술개발 과정의 여러 단계에서 개인 또는 기관에 원조하는 조치를 통하여 영향력을 행사하였다. 대부분 공업화 초기 단계의 국가는 수입을 대신하는 물품을 만들어 내고, 국제 수지를 요구하는 생산 공정에 우선하였다. 또한 정부는 별도의 단계에서 그 제품을 수출하여 외화를 벌어들이는 산업을 장려하기 위한 단서를 제공하고, 관세를 통해 취약한 새로운 기술 공정을 보호하였다. 정부의 방침은 대기 정화 조례, 지역 정책, 안전 규제, 기타 등 특별한 경우에 공공의 이익을 우선하였다.

한 국가의 기술 체제에는 기술혁신의 주요 담당자인 산업과 새로운 지식의 원천인 대학이 포함되어 있다. 그러나 기술 체제가 매우 복잡하여 기술혁신을 이루기 위하여 일반적으로 적용하는 정책은 없다. 일반적으로 정부의 유동적이고 유연성 있는 태도, 상품 가격의 변동, 이용되는 노동자 총수의 변화, 대외 경쟁의 변하기 쉬운 특성과 통상 협정 등 많은 요인이 필요하지만, 이것은 그리 간단하지 않다. 그러나 연구개발, 교육과 훈련에서의 국내 하부구조를 건실하게 육성하고 보존하는 것과, 항상 미래를 위하여 명확하게 계획하는 것은 기술에 관련한 정부의 기본적인 기능이라 말할 수 있다.

정보　생명력 있고 혁신적인 기술을 개발하고 유지하는 데 효율적인 방법은 정부가 기술혁신의 절차를 얼마만큼 이해하고 있는지에 달려 있다. 만일 정부가 산업을 최대의 세수입으로 본다면, 그 정책은 대개 근시안적이며 직접적인 기술혁신은 아니다. 사실 한 국가의 현실적이고 장기간에 걸친 기술적(덧붙여 경제적) 성공은 산업계(상업적인 성격)와 정부(장기간에 걸친 정세 이해와 분석) 사이의 공생관계에 달려 있다. 그러나 이것을 성취하는 국가는 매우 드물다. 다만 일본은 예외적이어서 다른 국가들은 많은 교훈을 얻고 있다. 정부는 기술개발을 위하여 인적 자원의 상태, 세계 시장에서의 국가의 업적, 과학기술의 성과와 그 산출량, 각 부분별 생산 업적 등에 관한 매우 수준 높은 통계적 서비스를 투명성 있게 준비할 필요가 있다.

교육과 훈련　정부는 20세기 초에 기술자, 전문가, 기능자, 과학자를 교육하는 데 있어서 주로 기술 개발을 지원하는 교육과 훈련을 하였다. 또한 지식의 확대를 위하여 전문 부서의 학부를 설립하는 노력도 하였다. 이러한 조치는 제2차 세계대전 말에 이르러 처음으로 인정되었다.

기술이 빠르게 진보하고 그것에 바탕을 두고 경쟁하기 때문에 정부는 많은 과학자와 기술자가 필요하다는 것을 깨달았다. 미국과 소련을 비롯한 유럽 국가들은 이것을 통해 자극을 받았다. 그 결과 각 정부는 과학자·기술자를 교육하는 시설을 대폭 늘렸다. 그것은 기술이 경제 성장에 영향을 미친다는 생각이 공업국가의 교육 발전에 주요한

토대가 되었기 때문이었다. 특히 경영관리의 교육에도 특별한 배려를
하기 시작하였다.

기초연구   정부의 또 하나의 기능은 국가가 충분한 기초연구 능
력을 갖추도록 하는 일이다. 이것은 기술 혁명을 달성하는 데 있어 꼭
필요하기 때문이다. 정부는 이를 위해 기초 연구를 담당하는 대학에
최상의 연구환경과 연구자금을 제공해야 한다. 즉 값비싼 장치, 연구
프로젝트의 재원, 장학금 등을 특별히 지급하여야 한다. 연구 장치가
더욱 정교해짐에 따라 연구 비용이 점점 높아지고 있다. 대학이 적은
예산으로 이를 감당할 경우에 큰 차질이 생긴다. 그래서 정부는 연구
자금을 지원할 필요성을 인정한 후, 이 자금을 분배하는 연구기관을
설치하고 있다. 이 기관에서는 객관적으로 판단하여 연구의 가치를
인정하고 자금을 분배한다. 이를 위해 영국은 DSIR의 뒤를 이어
1965년에 과학연구평의회를 설치하였다.

대학의 연구가 변변치 않았던 20세기 초, 연방제를 실시하던 몇몇
국가는 대개 이와 같은 기관을 통하여 연구를 조성하였다. 이 평의회
는 대개 거대한 독립 연구기관의 역할을 하였다. 과학기술연구조직은
매우 강력하고 막대한 권한을 가지고 있다. 그러나 대개의 경우 국립
연구소는 어떤 프로젝트를 선정하는 것보다 학술적인 연구에 비중을
두었다. 그럴수록 그 질은 높아졌다. 기초연구는 이런 의미에서 '자유
상품'이라 할 수 있다. 그러나 그것을 응용하고 변형하며, 과학기술의
경계를 넘어 이를 이전하는 데에는 많은 연구자금이 든다. 더욱 진보
된 과학에 기초를 두는 산업 차원의 개발은 최전선의 지식에서 이루
어져야 한다. 그러므로 정부와 산업계가 계약을 통하여 기초연구를
대학에 위임하는 것은 현실적으로 '방향이 결정된 연구'로, 본질적으

로는 기술혁신의 한 과정이다.

정부는 자금을 지원할 분야를 선별하고, 때로는 자금이 부족한 새로운 분야를 선별하여 지원해야 한다. 영국에서는 농업연구회의(ARC)와 의학연구회의(MRC)가 이러한 분야에 특별 연구자금을 지원한다. 그리고 다른 국가들도 특별기금으로 고급센터를 창설하거나 확장하려 하였는데, 프랑스는 풍부한 자금을 지원받는 '공공연구활동'(actions concrets)을 수행하고, 독일은 '중점적 연구조성금'(scherpumkt)을 만들었다.

보이지 않는 정부의 연구   많은 국가들은 그 직속 기관 안에서 대규모의 응용연구를 하고 있다. 이는 본래 이들 대부분이 뒤에서 산업 전체를 지원한다는 이유로 정당화되었다. 이러한 정부의 주된 임무 중 하나는 척도의 기준에서부터 방사능의 기준에 이르는 모든 종류의 기준을 정하고 유지하는 일이다. 이러한 목적을 지닌 커다란 연구소는 20세기 초에 만들어졌다. 영국의 국립물리학연구소(1899년), 독일의 카이저 빌헬름 연구소(1910년, 후의 막스 플랑크 연구소), 미국의 국립표준국(1901년) 등이 그것이다. 이들은 매우 폭넓은 영역에 걸쳐 중요한 연구를 하였다. 특히 영국의 국립물리학연구소의 초기 연구는 상률(相律)에 관한 것으로, 야금학에서 큰 의의가 있었다.

정부는 공공산업에 관한 연구를 위해 연구소를 창립하는 경우가 있다. 예를 들면 공기나 물의 성질, 연료의 연구, 수리학(水利學), 병충해 구제, 식료품 보존 등이 이것에 포함된다. 또한 정부는 대부분 건축, 목재 등을 연구하는 산업연구소나 농업시험소를 설치하고 있다. 그것은 대체적으로 이들 연구소의 단위가 작아서 자력으로 연구할 수 없기 때문이다. 제2차 세계대전 말 이후에 정부는 원자력의 평화 이용에 관한 연구를 강화하였다. 이런 활동은 대부분의 경우 산업계와의 긴밀한 협력을 바탕으로 이루어지고 있다.

연구소는 우수한 기술혁신의 기록을 많이 남기지만, 이러한 연구소는 해를 거듭할수록 별 효과가 없다고 일반적으로 인식하고 있다. 그 한 가지 이유는 이런 연구소가 이용자와 너무 동떨어져 활동하고 있어서이다. 다시 말하면 그러한 연구소의 활동이 연구개발의 변화나 요구의 기회, 특히 상품화의 과정에서 고립되어 있기 때문이다. 또 한 가지는 공무원이라는 조직 속에서 연구자는 대학이나 산업계에 비해 이동성이 적다는 것이다. 또한 대규모 국립연구소는 다른 연구기관에 비해 가령 그 본래의 임무를 거의 완성하거나, 그 중요성을 잃더라도, 새로운 연구로의 방향 전환이 어렵다는 단점이 입증되고 있기 때문이다.

산업연구　　산업 분야에서 개발이 효과적으로 이루어지고 있는 곳은 상호 경쟁하고 있는 기업체이다. 그러나 정부는 국방과 같은 정부에 속하는 기능에 관하여, 또한 산업개발의 일반적 정책의 일부에 대하여 직접 이를 조성하고 자극할 필요성을 인정하고 있다. 정부가 산업연구를 자극하는 방법은 매우 다양하다. 그 안에는 이윤을 기초로 한 특별 연구에 대한 계약, 일반 조성금, 재정적인 자극, 연구 대부금(상업적으로 성공한 경우에는 상환한다), 정부 연구소 내의 연구 실시 등 모든 종류의 제도적 방안이 포함되어 있다.

영국 연방의 RA 방식은 일찍부터 시작되었고, 매우 포괄적이었다. 분야마다 조직된 이들 협회는 당시 과학기술청을 통하여 정부의 주도 아래 연구를 장려하고, 정부 기관은 공동 연구를 하려는 개인기업에 대하여 적절한 기금을 제공하였다. DSIR은 정부의 이익에 대하여 감독하였지만, 연구계획에 대해서는 결코 간섭하지 않았다. 여러 RA가 시도한 연구의 질은 매우 다양하였다. 대다수의 계획은 재정적인 궁핍으로 인하여 계획된 결과를 내놓는 데까지 이르지 못하였다. 그러나 회원 기업이 이룬 기술적 능률에서의 공헌은 매우 컸다.

그러나 이에 따르는 어려운 점은, 이렇게 해서 얻어진 산업상의 재산은 회원 기업 전체에 속해 있어서 개개의 기업이 이를 개발하려는 의도가 미약했다는 것이다. 연구협회는 그의 정보와 산업계의 연락 서비스라는 기여를 하였다. 이것은 관련 기술정보를 각 회원에게 전달하고, 기술 능력의 일반 수준을 증대시켰다.

다른 국가에서도 이와 비슷한 방식이 개발되었다. 그 예로 네덜란드는 산업과 국방을 포함한 폭넓은 분야의 응용연구를 하고, 여러 산업 분야를 위하여 일련의 중요한 연구기관을 운영하였다. 이 기능은 많은 점에서 영국의 RA와 비슷한데, 이 제도에 의해서 산업 분야의 기술 수준이 향상되었다. 그리고 전반적인 개발에 그 연구 결과를 유익하게 이용하도록 유도하고, 이에 덧붙여 기밀을 지키는 조건으로 개인 기업을 후원하고 있다. 이것은 기업이 산업의 절실한 문제에 눈을 뜨도록 하고, 그 일반적인 연구가 훨씬 현실적이도록 유도하고 있다.

미국의 바텔기념연구소(1925년)나 스탠퍼드 연구소(1964년) 등은 후원자가 있는 연구기관으로 비영리적인 성격이 강하다. 그것은 이 연구소들이 개개의 기업 요구에 따르지 않고, 그 수입의 대부분이 정부 계약에 의해 생겼다. 미국 정부는 고도로 훈련된 과학자들을 '고용하고 해고하는' 것이 연구소를 많이 만드는 데 사실상 유리하다고 생각하였다. 이러한 연구기관 중에는 고등교육기관과 원만하게 결합해야 할 필요를 느껴, 대학 캠퍼스 부근에 위치한 것도 있다. 별도로 랜드 코퍼레이션(1946년에 더글러스 항공기 회사의 일부로 만들어진)처럼 정부 계약에 의존하고 있으면서 완전히 독립된 기관도 있다. 미국에는 새로운 연구기관이 많이 생겼지만 유럽 국가들은 아직 그렇지 못하다. 한편 일본은 미국을 본받아 '싱크 탱크'를 만들고, 기업 또는 정부를 위한 연구를 하고 있다. 그곳은 경제기획청이나 통상산업성과 같은 정부 기관의 지원을 받고 있다. 기타 연구는 대기업이 기획하여 수행되고 있다.

대규모 기술 계획   정부는 최근 20~30년 동안 대규모 기술 계획에 직접 앞장 서거나 깊이 개입하였다. 특히 이 점은 국방, 우주, 원자력 및 그에 관련된 분야에서 나타난 주요한 특색이나. 예를 들어 미국은 전쟁 당시에 맨하탄계획을 수립하고, 그것을 성공적으로 수행하였다. 그 후 인간이 달에 착륙(아폴로계획)하였고, 최근에는 사람 유전자 계획(HGP)이 진행되고 있다.

이와 달리 주로 경제적인 목적으로 생긴 일관 생산계획은 비록 그 규모는 작으나 정부의 군사 기술개발에 관련된 많은 산업 부문, 예를 들어 원자력, 레이더, 전자산업, 위성통신 등은 기술과 경제 수준의 개선에 커다란 자극을 주고 있다. 그러나 경제적 목적을 지닌 대규모 기술 계획은 일반적으로 정부와 각 기업 사이의 협력, 또는 초음속 여객기인 '콩코드'의 경우처럼 정부간의 협력에 의하여 이루어진다.

그러나 이러한 접근은 많은 비난을 받았다. 그것은 주로 거액을 요하는 계획의 선택에 대한 지혜, 자금 배분의 왜곡과 관련된다. 이처럼 거액이 필요한 계획이 때로는 필요하지만, 새로운 형태의 정부만이 대규모 공공사업에서 관료주의를 최소화하여 그 사업을 성공적으로 이끌 수 있다.

기술개발 풍토의 조성   정부는 기술혁신을 수행하는 면에서 책임이 없고 그 성과에 대해서는 간접적이라고 흔히 거론된다. 그러나 정부는 매우 중대하고 다양한 기능을 수행하고 있다. 정부는 교육과 연구의 적절한 구성을 확보하고, 적절한 경제적·사회적·재정적 조건을 확립하고 있다. 그러나 이에 따르는 정책 수단의 대부분이 기술혁신과 언뜻 보아 관계가 없는 것처럼 보이지만, 정부는 기술혁신의 성공에 자극을 주고 있다. 따라서 정부는 효과적으로 육성 가능한 연구개발 정책을 창조하기 위하여 연구나 기술혁신 시스템이 어떤 영향을 주는가를 충분히 인식하고, 변화하는 환경에 신속하게 적응하지 않으면 안 된다.

특히 기초연구에 있어 국가적 노력과 응용연구가 균형을 이루도록 하는 것이 중요하다. 제2차 세계대전 이전에 유럽은 기초연구에서 뛰어났지만, 이를 응용하는 면에서는 얼마간 뒤처져 있었다. 반대로 미국은 기술개발에 있어 다른 국가의 기초과학에 거의 의존하고 있었지만, 응용 면에서는 뛰어났다. 미국의 시험공장에서의 원형개발은 기본적인 착상을 내놓은 국가보다 훨씬 앞서 있었다. 당시 통계에 따르면, 영국은 기초연구자 한 사람당 응용연구자 또는 개발기술자가 1.1명이었는 데 반하여, 미국은 기초연구자 한 사람당 개발기술자가 2.5명이었다.

또 역사적으로 볼 때 한 가지 중요한 양상은 기술개발에 대한 국가의 태도가 변한다는 사실이다. 고도의 과학에 기초를 두고 있는 산업에서 기술혁신의 성공 여부는, 새로운 장치나 화학제품에 안성맞춤인 시장이 존재하느냐의 여부에 달려 있다. 대체로 유럽 국가는 자신의 국가가 이러한 시장을 제공하는 데는 그 규모가 작다고 판단하고, 새로운 기술혁신이 성공하는 데 미국의 시장에 대한 침투가 불가결한 요소라고 생각하였다. 기술적으로 성공한 유럽 국가 중에서 스웨덴과 스위스는 국내시장을 뛰어넘어, 세계 시장에 수출할 수 있는 새로운 개발이 가능한 시험 지역으로 꼽힌다.

한 국가의 기술이 성공하기 위하여 개개인의 과학자나 기술자는 어느 정도 유동성이 있어야 한다. 이것은 주로 각 기업의 문제이지만, 정부는 이에 커다란 영향을 미칠 수 있다. 예를 들어 정부는 연구소에 근무하는 연구자가 쉽게 이동하거나 떠나도록 하여 산업, 대학, 정부 간의 관계를 자극할 수 있다. 또한 많은 산업제품의 적절한 고객인 정부는 그의 조달 방침에 의하여 기술혁신과 질이 높은 제품의 수요에 중대한 영향을 미쳐 왔다. 이것은 제품이 과학적으로 정교함을 요구하면 요구할수록 점차 그 중요성이 커지고 있다. 특히 국방, 우주, 원자력의 경우 뿐만 아니라 고속수송, 전자계산기, 공공산업, 교육, 새로운 에너지의 경우에도 잘 들어맞는다.

따라서 정부는 기술을 혁신하고 그 질을 높이기 위하여 유리한 정책을 발전시켜야 하는 불가결한 임무를 가지고 있다. 그러므로 정부가 앞으로 요구하는 것은, 현존하는 지식에 맞추어 새로운 기술적 가능성을 정확하게 결정하고, 실험계획이나 공공 실험계획이 잘 진행되도록 장려하고 지원하는 일이다. 또한 정부의 기준, 규제, 좋은 습관, 세제, 다양한 수단을 통한 자극은 기술혁신의 성공에 커다란 영향을 미칠 수 있을 것이다.

11. 과학기술과 국제협력

국제협력 체제의 출현

최근 과학기술에 대한 국가 체제의 구축은 국제적인 여러 문제와 관련되어 제기되는 경우가 있다. 제2차 세계대전 이후 부흥기를 마치고 본격적으로 발전한 유럽 자본주의 국가들로 인하여 미국은 달러의 위기에 직면하여 그 지위가 떨어졌다. 유럽공동시장(EEC)이 1958년 1월에 발족되었는데, 이것은 EEC 가맹 국가들의 미국에 대한 도전이라 볼 수 있고, 한편으로 EEC의 발족은 점차 경제력을 축적하기 시작한 아시아 여러 국가들에 대한 대항 조치이기도 하였다. EEC는 발족에 즈음하여 기존의 유럽 원자력공동체와 유럽 석탄·강철 공동체를 포괄하고, 1967년에 이들 세 공동체를 일원화하였다. 이어서 여러 선진 자본주의 국가들은 경제적인 면과 후진국 문제를 포함하여 1961년 9월 EEC를 단계적으로 해체하고 경제협력개발기구(OE-CD)를 새로 조직하였다.

그런데 최근의 국제협력기구는 경제분야의 협력 뿐만 아니라 과학기술 분야의 협력에 관여하고 있다. OECD 조약에는 과학 및 기술의 개별적 또는 공동의 자원개발 촉진과 연구의 장려, 직업훈련의 촉진법이 포함되어 있다. OECD는 과학기술 관계 위원회를 설치하고 있다. 이 위원회는 1963년 10월 제1회 과학각료회의를 개최하고, 보다 높은 차원에서의 국가 과학정책 및 국제과학 협력과 경제성장을 의제로 삼았다. OECD에 가입한 선진 자본주의 국가들의 과학기술 진흥에 있어서 이해의 공통성을 확인하고, 이를 위하여 정보교환 등 협력체제의 확립을 시도하였다. 또한 공통의 입장을 바탕으로 후진국가의 원조 방식도 모색하였다.

선진 자본주의 국가들의 협력은, 특히 유럽을 중심으로 미국에 대한 대항 의식과 더불어 한 국가가 처리하기에는 벅찬 거대과학인 원자력과 우주개발이 중심이 되어 이루어져 있다. 원자핵 문제에 관하여 유럽핵연구센터(CERN)가 유네스코가 주장한 지역별 연구센터의 구상에 따라 1954년 9월에 발족하였다. OECD는 원자력의 평화 이용과 공동개발을 위하여 유럽원자력기관(ENEA)을 1957년에 발족시키고, 화학처리공장, 할렌 원자로, 드래곤 고온원자로 등을 공동으로 건설하여 연구를 시작하였다. 또 우주개발에 있어 유럽로켓개발기구(ELDC)에 관한 협정이 1962년 3월 런던에서, 유럽우주연구기구(ESRO) 조약이 6월에 파리에서 각각 조인되고 비준을 얻어 발족하였다.

이처럼 EEC와 OECD에 속하거나 이에 관련된 국제 연구개발 활동의 공동화는 선진 자본주의 국가들 간의 협력의 결과였다. 그리고 소속 국가들은 자신들의 공통 이익을 추구하기 위하여 협력하고, 서로 과학정보를 교환하며, 공동연구를 실시하고 있다. 그것은 과학연구의 실시에 즈음하여 국제지구관측년(IGY)의 공동연구사업에서 본 것처럼, 지리적 범위를 넘지 않고서는 실제 조사가 어렵고, 원자력이나 우주개발과 같은 거대과학은 규모가 커서 유럽의 선진 자본주의 국가들이라 할지라도 한 국가가 수행하기에는 너무 벅찼기 때문이었다. 또한 그것은 미국이 원자력이나 우주개발 분야에 막대한 연구투자로 인하여 우위에 섰고, 미국과 유럽 국가들 사이의 커다란 기술 격차가 일반 분야에서도 나타났기 때문이었다.

유럽공동체와 미국의 기술 격차를 정확하게 측정하는 기준은 없으나, 현재의 기술은 매매되는 것이어서 국제무역을 통해서 보면, 유럽 국가들은 모두 현저한 수입 초과국이다. 통계에 의하면 프랑스와 서독의 수입은 수출의 2.7배이다. 미국은 무역과 자본의 자유화를 배경으로 막대한 자본력과 뛰어난 기술로 유럽의 기업을 휩쓸고 있는 데 반하여, 이에 대한 유럽의 대책은 무력하다.

더욱이 두뇌유출 현상은 국제협력을 더욱 가속화시켰다. 이런 이유에서도 국제협력이 촉진되었다. 미국과 다른 국가들 간의 연구 활동의 격차는 풍부한 연구비, 연구시설, 정보망의 정비 등에서 드러났다. 미국의 연구자 우대정책으로 많은 외국 유학생들이 미국에 그대로 남아 있으며, 우수한 과학기술자들의 유입으로 이른바 '두뇌유출의 문제'가 발생하고 있다. 특히 동일 언어권의 영국이나 낡은 제도에 매력을 잃은 서독의 두뇌유출 문제는 국내외의 정치 논쟁으로까지 번지고 있다. 국내에서는 두뇌유출을 막기 위하여 연구체제의 정비를 촉진하고, 동시에 두뇌유출로 인한 미국과 유럽 국가의 기술 격차를 줄이기 위하여 유럽 지역 내에서 공동연구 시설의 창설과 추진정책이 실시되었다.

기술 격차나 두뇌유출 문제는 과학연구의 추진을 위한 국제협력이라는 일반론과 함께, 국가 및 기업 간의 자본주의 경쟁에 의한다는 현실도 무시할 수 없다. 이와 같은 국제적 이해는 국제협력 관계를 위축시키고 있다는 사실을 보여주는 것이다. 그러므로 국가 과학기술의 진흥을 위한 장기적 계획과 국가체제의 구축은 국제 공동연구에도 영향을 미치고 있으며, 나아가 국가 간의 대립과 모순을 격화하고 촉진하는 결과를 가져왔다.

과학기술의 연구개발은 이제 국경을 넘어 국제적인 문제가 되었다. 이것은 제2차 세계대전 이후 유네스코의 창설로 이미 인식되었다. 유네스코는 저개발국가의 교육과 의료를 원조하고, 지역별 연구센터의 설립을 구상하였으며, 국제 공동연구사업을 실시하였다. 이 이외에 국제원자력기구(IAEA)과 과학과 문화에 한정되지 않는 기관, 그 예로 국제전문기관인 국제노동기구(ILO)나 식량농업기구(FAO) 등도 그 사업에 과학기술을 하나의 항목으로 포함하기도 하였다.

OECD는 1963년에 발표한 보고서『과학, 경제성장, 정부의 정책』에서 정부가 과학정책의 주된 책임을 부담할 것과, 경제 성장에 정책의 기본 목표를 둘 것을 강조하였다. 반면에 전인류의 과학기술정책을 위하여 사회 복지와 생활의 질적 향상을 중심 목표로 삼았다. 이것은 닉슨 독트린과 시기를 같이 하였다. OECD는 1971년에 『과학, 성장, 사회—새로운 전망』(Science, Growth and Society—A New Prospective)을 발행하였다. OECD는 이 보고서 중에서 과학정책에 관하여 다음과 같은 여러 사항을 권고하였다.

1) 사회정책, 경제정책, 과학정책의 종합화 : 각국 및 국제기관은 정책의 실시에 즈음하여 과학기술의 요인을 보다 중요시한다.

2) 과학정책과 전체적 계획 : 장기적인 정책 문제의 조사에 책임을 지고 특정한 시간을 주어, 정부 수뇌의 전면적인 지지를 얻어 활동하는 정부기구를 창설한다.

3) 과학과 저개발 : 가맹국은 과학기술과 저개발의 여러 문제를 국내 과학정책에 없어서는 안 되는 일부로 생각한다.

국제협력과 국제기관

국제연합(United Nation)은 전지구적 범위에서 해결해야 할 필요가 있는 천연자원, 에너지, 식량, 환경 등 여러 문제에 대하여 각종 위원회나 기관을 통해 활발한 연구활동을 전개하고 있으며, 특히 남북문제를 해결하기 위하여 개발도상국가의 과학기술 능력을 강화하는 데 노력하고 있다.

유엔무역회의(UNCTAO)는 주로 개발도상국가가 빠른 경제개발을 이룩할 수 있도록 유엔무역의 진흥을 시도하는 일 등을 한다. 또한 UNCTAO는 신국제경제질서(NIEO)의 수립, 제2차 유엔개발 10개년 계획, 여러 국가의 경제적 권리의무헌장, 1975년의 제7회 특별총회에서 채택된 개발과 국제경제협력에 관한 결의 실현을 위하여 중요한 역할을 하였다. 현재 UNCTAO는 국제적 기술이전을 위한 행동규범, 경제사회의 공업소유권제도의 역할, 개발도상국가의 과학기술 능력의 강화를 위한 국제협력 등을 심의한다.

유엔공업개발기구(UNIDO)는 공업발전을 촉진하고 개발도상국의 공업화, 특히 제조 부문의 개발을 향상시키기 위하여 1975년 제2회 총회에서 개발도상국가가 세계의 공업생산에서 점유하는 비율을 2,000년까지 7%에서 25%까지 증대할 것을 목표로 한다고 선언하고 행동계획을 승인하였다. 이와 같은 공업개발 프로젝트의 협력에 덧붙여 개발도상국가의 기술능력을 향상시켜 자립적 연구개발을 북돋우기 위하여 기술 이전을 위한 여러 조치를 실행하고 있다.

'유엔개발을 위한 과학기술회의'(UNCSTO)가 1979년 빈에서 개최되고, '개발을 위한 과학기술 빈 행동계획'이 채택되었다. UNCSTO를 위하여 설립된 '개발을 위한 과학기술의 정부 간 위원회'(ICSTD)는 빈 행동계획의 실행안을 책정하기 위하여, 우선 1) 과학기술을 위한 인재 개발, 2) 과학기술 정보의 유통 촉진, 3) 개발도상국가의 연구개발 강화, 4) 개발도상국 간, 옛 개발도상국가와 선진국가의 과학기술협력의 강화 등에 관한 필요한 조치를 취할 것을 확인하였다.

국제원자력기관(IAEA)은 세계 평화·건강 및 번영을 위하여 원자력의 공헌을 촉진·증대하는 것을 목표로 삼고 있다. IAEA는 이 목표를 바탕으로 원자력의 평화 이용을 적극적으로 촉진·원조하는 동시에 이 원조가 군사 목적으로 쓰이지 않도록 조정하는 여러 활동도 펴고 있다.

국제대학(UNU)은 일본에 본부를 둔 국제기관이다. UNU는 대학 본부를 중심으로 세계 각지에 설치된 같은 목적의 대학 연구센터 및 연구계획의 활동 등을 촉진하고, 각국의 기존 연구·연수기관과 제휴하고 협력하고 있다. UNU는 인류의 존속·발전 및 복지에 관한 긴급하고 국제적인 문제를 해결하는 데 그 목적이 있다. 당면한 연구에 착수할 프로그램으로 '세계의 기아', '인간과 사회 개발', '천연자원의 이용과 관리' 등 세 가지 영역을 결정하고, 세계 각지의 제휴기관과 협력하여 연구를 추진하고 있다.

유네스코(UNESCO)의 자연과학 분과는 국제협력을 통하여 과학의 진보를 촉진할 목적으로 생물학, 화학, 물리학 등 기초과학에 관하여 국제회의를 열거나 정보를 교환하고 있다. 또한 해양학, 천연자원 등에 관하여 국제공동연구를 하고 있으며, 특히 과학기술을 개발하고 활용하기 위하여 개발도상국의 과학자, 기술자 양성을 지원하고 있다. 한편 사회과학 분과는 인권과 평화 문제, 사회개발이나 사회과학의 국제적 발전시책 등에 대하여 연구조사, 회의개최, 정보교환 등을 하고 있다.

1976년에 개최된 유엔경제사회이사회(ECDSO)는 UNCSTO의 회의 의제로 다음 네 가지 범주를 결정하였다. 그것은 1) 개발을 위한 과학기술, 2) 국제협력에 과학기술을 적용하기 위한 제도의 준비와 새로운 형태, 3) 현존하는 유엔 시스템 및 기타 국제기관의 이용, 4) 과학기술과 그 미래 등이다.

또 1978년에 제네바에서 개최된 제2회 준비회의는 UNCSTO의 주제 분야로 다음 다섯 가지를 결정하였다. 그것은 1) 식량·농업, 2) 천연자원·에너지, 3) 보건·인간주거·환경, 4) 수송·통신, 5) 공업화 등이다.

유럽연합(EU)

유럽연합은 제4차 연구개발 프레임 워크계획(1994~98)을 바탕으로 유럽 산업 경쟁력의 강화 등을 위하여 유럽 여러 국가의 기업 등에 대한 지원을 구상하고 있다. 또한 이 분야에 파급 효과를 가져올 연구개발 프로젝트를 추진하였다. 한편 유럽위원회(EC)는 1995년 12월 기술혁신을 촉진하는 방법에 관하여 폭넓은 의견을 수렴한 보고서를 발표하였다.

EU는 이 보고서에서 1) 노동인구 1,000명당 연구자는 4명으로 미국의 8명, 일본의 9명에 비하여 적다, 2) 전체 투자 중 1985년에 34%였던 첨단 부문에 대한 투자 비율이 1992년에는 16%, 1994년에는 10%로 떨어졌다, 3) 발명은 했지만 중소기업의 2/3가 특허를 받지 못했다, 4) 미국에 비하여 기술혁신에 대한 세제 혜택이 낮다는 점을 거론하고 있다. 그래서 개선 방안으로 다음을 결정하였다. 1) 기술혁신을 위한 연구의 중점화, 2) 인적 자원의 확보 강화, 3) 자금 조달 시의 조건 개선, 4) 법률·규제 개선, 5) 정부 개입의 역할 등이다.

그리고 위 다섯 가지 사항의 필요를 전제하고 다음 13개 항을 제안하였다. 1) 기술 모니터링, 기술 예측의 강화, 2) 기술혁신 중심의 연구, 3) 교육·훈련의 강화, 4) 학생 및 연구자의 교류 촉진, 5) 기술혁신의 유익성 개발, 6) 기술혁신을 위한 재원 확대, 7) 기술혁신을 촉진하는 세제 확립, 8) 지적·공업 소유권의 보호, 9) 행정수단의 간소화, 10) 법이나 규제 범위의 적정화, 11)『이코노믹 인텔리전스』활동(경제 활동을 하는 데 있어서 유익한 정보의 수집, 처리, 유통)의 촉진, 12) 중소기업을 비롯한 기업의 기술혁신 촉진과 지역 전개 강화, 13) 기술혁신 촉진을 위한 공적 부문의 역할 개선 등이다.

OECD와 과학기술정책

OECD는 주요 목표를 경제성장, 저개발국 원조, 무역의 확대로 삼고 있다. OECD는 이러한 것들을 달성하기 위하여 가맹국(24개국) 상호 간의 정보교환과 공동연구를 추진하고 있다. 우리나라는 1996 년 가입하였다.

OECD의 기본 활동은 다음과 같다. 1) 지식집약경제(knowledge based economy) 아래 경제성장을 위한 과학기술의 역할을 명확히 규명하고, 이를 토대로 연구방법을 추진할 것인가를 모색한다. 2) 정보기술의 발전이 제조 분야는 물론 서비스 분야에 대한 구조조정과, EU 국가가 안고 있는 실업문제에 어떠한 영향을 주는가에 대하여 연구한다. 3) 과학기술의 발전과 산업의 발전이 긴밀하게 연관되어 있음을 인식하고, 과학기술과 산업발전에 영향을 미치는 혁신과 규제완화에 대하여 국가·국제 간의 비교연구를 수행한다. 그래서 OECD 는 과학기술정책위원회(CSTP), 정보통신정책위원회(CICP), 산업정책위원회(CIP)를 산하에 두고 공동연구를 추진하고 있다.

OECD는 다음과 같은 과학 관계 조직을 두고, 각기 목적에 따라 활발한 활동을 전개하고 있다. 과학각료회의(Ministerial Meeting on Science)는 각국의 과학담당 장관이 4년에 1번 정도 회합하고, 과학정책의 일반을 검토하여 과학기술정책위원회의 작업 방향을 결정해 주고 있다.

과학기술정책위원회(Committee for Scientific and Technology Policy: CSTP)는 1972년부터 1977년까지 5년 동안 시한부로 설치된 위원회인데, 그 후 설치 기간이 1982년까지 연장되었다. 가맹국은 당시 24개국으로 CSTP는 다음과 같은 목적으로 활동하였다. 1) 가맹국 간의 과학기술정책에 관한 경험과 정보교환을 촉진한다. 2) 과학기술 연구개발의 효과적인 국내적·국제적 협력의 조정방법을 제안한다. 3) 공공 부문의 새로운 필요에 따라 사회과학의 공헌을 배려하고, 혁신에 대하여 가맹국의 주의를 환기시킨다. 4) 기술의 진보와 그에 따르는 경제적·사회적·문화적 영향에 대하여 가맹국의 주의를 환기시킨다.

CSTP는 이러한 목적을 달성하기 위하여 각국의 과학기술정책에 관하여 의견을 교환하고, 전자기 이용, 정보, 사회과학의 이용 등에 관한 정책의 발전, 산업과 공공 부문의 기술혁신, 과학의 국제협력 등 여러 분야에 걸쳐 특별작업부서를 설치하였다.

CSTP는 1980년의 사업계획으로 1) 과학기술과 경제·산업정책, 2) 정부정책과 연구 시스템의 강화, 3) 정보·전산기·통신정책, 4) 개발도상국과의 과학기술 관계, 5) 과학기술 지표 등을 추진하였다. 특히 과학기술과 경제·산업정책으로 새로운 사회경제 질서 아래 과학기술이라는 관점에서 기술변화와 고용, 정부의 규제와 기술혁신, 중소기업의 혁신 능력에 미치는 정부의 정책과 요소, OECD 여러 국가의 과학기술과 국제경쟁, 개발도상국에 대한 기술이전, 과학기술정책의 의미, 동서 기술이전의 여러 문제가 채택되었다.

원자력기관(Nuclear Energy Agency: NEA)은 1959년에 설립되었다. NEA는 유럽원자력기관(ENEA)의 전신으로 원자력의 평화 이용을 위하여 협력과 발전을 목적으로 한다. NEA는 이를 위하여 공동사업, 공동서비스, 기술협력, 행정상·규제상의 문제 검토, 각국 법의 조사, 경제 면의 연구, 각종 공동사업, 과학협력 등을 하고 있다.

국제에너지기관(Internaltional Energy Agency, IEA)은 국제 에너지계획 실시기관으로 1974년에 설립되었다. IEA는 주요 석유 소비국 간의 석유공급 부족에 대처하기 위하여 석유비축, 절약, 상호 석유유통, 신규 에너지개발 등의 국제협력을 추진하고 있다. 이러한 목적을 달성하기 위하여 긴급상태 문제, 장기협력 문제, 석유시장 문제,

생산국과의 관계, 에너지 연구개발 등 다섯 개의 상설부서가 설치되어 있다.

개발도상국과 과학기술 협력

1974년에 경제문제, 특히 '원료와 개발'에 관한 최초의 유엔특별총회는 국제경제질서가 변하지 않는 한 선진국과 개발도상국 간의 격차가 점점 확대되어 간다는 것을 인식하여 '신국제질서(The New International Economic Order, NIEO)의 수립에 관한 선언과 행동'을 채택하였다. 즉 총회는 선진국과 개발도상국 간의 격차를 해소하고, 현재 및 미래 세대를 위한 평화롭고 정의로운 경제사회의 발전을 촉진하기 위하여 신국제경제질서를 수립한다고 선언하였다. 이것은 남북간의 기술 문제를 해결하기 위한 첫걸음이었다.

OECD 개발원조위원회(DAC)의 자료에 의하면, OECD 가맹국 중 선진국가의 1인당 평균 GNP는 6,110달러인 데 비하여, 아프리카, 아시아 등의 개발도상국은 160달러로 선진국가의 40분의 1에도 미치지 못하였다. 또 선진국가와 선발 개발도상국가(DC)나 후발 개발도상국가(LDC)의 연구 상황을 비교해 보면, 선진국가가 전세계 과학자 및 기술자(2,978,000명)의 약 94%를 차지하는 반면, 선발 개발도상국가와 후발 개발도상국가는 각각 5.8%와 0.3%에 불과하였다. 또한 연구개발비에서도 선진국가들이 전세계 연구개발비(10,178,500만 달러)의 약 97% 이상을 차지하고 있는 반면, 선발 개발도상국가는 겨우 2.5%, 후발 개발도상국가는 0.1%에 불과하였다. 그리고 GNP 대 연구개발비도 전후 선진국가는 약 2.3%인 데 비하여 선발 개발도상국가와 후발 개발도상국가는 0.3%에 불과하였다(1974년).

개발도상국에 대한 국제적 과학기술협력은 유엔개발계획(UNDP),

유엔브랜티어계획(UNV), FAO, ILO, WHO, UNESCO 및 OECD 등의 여러 국제기관 이외에, 아시아 생산성기구(APO), 동남아시아 어업개발센터(SEAFDEC) 등에 의하여 추진되고 있다. 이외에도 중요한 과학기술 협력으로 콜롬보계획이 있다. 이 계획은 동남아시아의 협동적 경제개발계획으로 1950년에 발족하였으며 가맹국은 27개국이다.

OECD의 DAC 주요 가맹국의 개발도상국에 대한 2개국 간 정부개발원조(ODA)는 1978년에 미국이 347,400만 달러, 프랑스 235,100만 달러, 서독 156,100만 달러, 일본 153,100만 달러였다. ODA에 점유하는 기술협력 비율은 프랑스, 서독, 영국이 높으며, 특히 프랑스는 2개국 간의 기술협력을 중시한다. 기술협력의 모습을 보면 일본과 영국은 전문가나 조사단의 파견에, 서독은 기계공여에 비중을 두고 있다. 한편 개발도상국에 대한 주요 선진국가들의 연구협력은 실적에서 볼 때, 프랑스의 원조액이 크다.

기술이전 - 중간기술과 적정기술

1966년 MIT에서 개최된 기술이전에 관한 국제회의는 기술이전이란 "과학기술 및 그 실용화의 과정에서 특정 전문 분야를 넘어 정보, 기술과 같은 경제 영역에 대하여 다면적으로 유출하는 상태"라고 정의하였다. 기술이전에는 국내 기술이전과, 개발도상국가에 대한 기술이전과 같은 국외 기술이전이 있다.

여러 선진국가와 개발도상국가 사이의 사회 경제의 발전 격차는 크게 과학기술의 격차에서 비롯된다. 그러므로 여러 선진국가들이 개발도상국가로 과학기술의 이전을 촉진하여 사회경제 발전의 격차를 줄일 수 있다. 기술이전 및 기술협력은 이러한 인식을 토대로 제2차 국제개발 10년 중에서도 개발도상국가의 개발전략의 핵심이 될 것이다.

그래서 기술이전은 남북문제를 해결하기 위한 유력한 수단이다.

선진국가에서 개발도상국가로의 기술이전이 적절하고 원활하기 위하여 과학기술정책에 관련하여 다음과 같은 일이 이룩되지 않으면 안 된다.

1) 기술이전이 순조롭게 진행되기 위한 전제 조건으로 기술 공여국가와 기술 수입국가 간에 긴밀한 협력관계가 확립되어야 한다. 따라서 공여국가는 수입국가 국민의 요구를 잘 파악하고 이에 따라 기술이전을 해야 한다.

2) 기술 수입국가는 이것을 받아들여 소화할 정치적·경제적·사회적 기반이 형성되어야 한다. 예를 들어 기술이전에 즈음하여 충분한 인적·물적 자원이 조달될 수 있도록 경제 기반이 확립되어 있어야 하며, 이를 위하여 과학기술 인적자원의 달성을 포함하여 여러 선진국가의 기술·교육협력을 적극 추진해야 한다.

3) 기술 수입국가는 과학기술정책 담당 기관이나 이전될 기술을 수입국가의 정보 시스템에 잘 적용하기 위하여 연구개발 담당 기관 등이 정비되어 있어야 한다.

4) 기술 수입국가는 경제사회 개발계획 안에서 이전된 기술을 활용할 수 있는 체제가 마련되어 있어야 한다.

5) 이러한 기술이 기술 수입국가에 보급되지 않으면 아무런 소용이 없으므로 이전된 기술이 국내에 잘 전파될 수 있도록 기구를 마련하는 것이 중요하다.

현재 개발도상국가에 대한 기술이전은 2개국 간, 또는 다국 간 협력으로 이루어지고 있다. 이러한 협력사업을 한층 적극적으로 추진하고, 개발도상국가에 기술이전을 하기 위하여 통로를 확대하기 위한 노력이 적극 요구되고 있다.

현재 개발도상국가 사이에서는 서구형 선진기술은 개발도상국가의 국민 생활향상에 효과가 없는 것은 아닌가, 아니면 그것이 부자와 가난한 사람의 격차를 점점 넓히는 것은 아닌가 하고 의심하는 소리가 커지고 있다.

선진국가의 개발도상국가에 대한 기술이전에 대하여 문제점이 지적되고 있다. 그것은 공여국가의 자본 집약적 기술이 가끔 수입국가의 노동 집약적 기술을 몰아내고, 노동인구의 급증에 대처하여 필요한 고용을 창출하지 못하고 있다는 점이다. 또 기술이전을 한다 해도 빈곤이나 영양실조, 생활수준 저하 등 여러 사회 문제가 해결되지 않고 있다.

따라서 영국의 경제학자 G. F. 슈마하는 1973년에 발행된 『작은 것이 아름답다』(*Small is Beautiful*)에서 개발도상국가에 기술이전을 하기 위하여 중점 기술로 '중간기술'(intermediate technology)이 가장 적당하다고 주장하였다. 또 그와 생각을 같이 하는 D. 딕슨은 중간기술이란 "공업국가가 저개발국가에 수출하는 자본 집약형 기술과 저개발국가가 이미 가지고 있는 토착기술의 중간에 위치하는 기술의 집합"이라고 주장하였다.

슈마하는 제3세계에 대한 원조의 기본 이념은 급격한 '비약'이 아니라 단계적인 '진화'이어야 한다고 생각하고, 이것을 바탕으로 공장 단위의 설비비를 예로 들어 중간기술에 대하여 다음과 같이 설명하였다. 즉 전형적인 개발도상국가의 고유한 기술을 '1파운드 기술'이라 한다면 선진국가의 기술은 '1,000파운드 기술'이다. 개발도상국가를 가장 효과적으로 원조하기 위하여 이 '1 파운드 기술'과 '1,000파운드 기술'의 중간에 있는 '100파운드 기술'이 필요하다. 중간기술을 도입함으로써 이것과 개발도상국가의 전통 문화와의 조화를 시도하면서 단계적으로 사회경제를 발전시키는 것이 비로소 가능하다고 강조하였다.

그런데 선진국가가 개발도상국가에 최고의 기술 대신 열악한 기술이나 시대에 뒤떨어진 기술을 이전하고 있다는 비난이 일었으며, 그래서 이것의 대응책으로 '적정기술'(appropriate technology)이 생겨났다. 적정기술은 기술 수입국가의 개발을 위한 기술적 필요를 만족시킨다. 따라서 적정기술이란 수입국가의 생산요소의 보존상태, 시장규모, 문화적·사회적 환경, 현존하는 기술상태 등 관련된 모든 면의 최종 효과를 최대로 하는 기술이고, 어떤 면에서는 지역 주민의 복지와 창조성을 최대로 하는 기술이다. 기술 공여국가인 미국은 개발도상국가를 기술적으로 협력하기 위하여 1976년 적정기술 기금을 창설하고, 적정기술의 보급을 도왔다.

기술 수입국가인 인도는 공업개발성 안에 적정기술부를 설치하고 피혁, 도자기, 식품가공, 농업설비 등의 분야에서 적정기술의 가능성을 검토하였다. 그러나 인도의 정책 입안자들은 우주개발이나 원자력개발과 같은 거대기술이 적정기술이며, 이것이 인도의 개발을 위하여 정말로 필요한 것이라고 주장하였다. 그 결과 인도의 적정기술 도입은 실패하였다.

이처럼 개발도상국가에 기술이전을 할 경우, 기술 공여국가와 수입국가는 각각 다음과 같은 문제점을 안고 있다. 1) 공여국가는 수입국가인 개발도상국가의 기술 요구를 정확하게 파악하고 있지 않은 경우가 많으므로 공여국가는 수입국가의 사정에 맞지 않는 기술이전을 강요하지 않아야 한다. 2) 수입국가는 선진국가에서 개발된 기술을 도입한다 할지라도 그것을 국내에 보급, 정착시키기 위한 기반이 취약하다. 특히 과학기술의 인적·물적 자원이 매우 부족하고 도입기술을 소화하는 능력이 취약하다.

국가는 과학기술의 진흥을 위하여 여러 체제를 구축하고, 경제발전을 위한 여러 시책 중 기술의 진보를 목표로 하는 연구활동에 인재양성을 위하여 장기계획도 포함시켜 재정적으로 원조하고 있다. 그리고 이렇게 형성된 국가체제를 바탕으로 국제적 연구사업을 조직하고, 그 형태를 정비하여 국제적인 과학기술 진흥체제를 구축하는 방향으로 나아가고 있다.

지구 규모의 문제에 대한 대응

최근 지구 환경, 에너지, 식량 등 여러 지구 규모의 문제에 대한 대응이 예전보다 늘어남에 따라 국제적으로 이에 대한 대책이 강력히 요구되고 있다. 이러한 문제는 생활에 심각한 영향을 미치고 있으므로 대책을 강구해야 하는 것은 말할 나위가 없다. 따라서 이것을 해결하기 위한 적절한 방법을 찾아야 하고, 그러기 위해서 과학기술을 바탕으로 대응책을 세우지 않으면 안 된다. 따라서 각 국가는 국제적 면에서 강력하고 합리적이며 정확한 과학정책의 수립을 절실히 요구하고 있다.

지구 환경 문제   각 국가는 국제협력 아래 지구의 온난화, 오존층의 파괴, 열대림의 감소 등의 지구 환경 문제가 어떤 과정을 거쳐 발생하는가를 밝혀야 한다. 그러나 그 기구가 너무 복잡하고 미치는 영향이 너무 광범위하여 해결되지 않는 부분이 많으므로 일단 현상을 정확하게 파악하기 위한 노력과 환경에 대한 영향을 감소시키기 위한 대책이 더욱 시급하다.

정부간 패널(LPCC)은 1995년 12월 지구 온난화에 대하여 기후는 과거 1세기 동안 변화해 왔고, 이후에도 계속 변화할 것이며 이에 대하여 검출 가능한 인위적인 영향이 시사되고 있다는 보고서를 발표하였다. 불확실하지만 이 보고서는 지구의 평균 기온 및 평균 해수면이 과거 100년 동안에 $0.3 \sim 0.6℃$, $10 \sim 25cm$ 가량 높아지고, 2100년에는 현재보다 각각 약 $2℃$, 약 $50cm$ 정도 상승한다는 모델 분석을 내놓았다.

또한 정확한 예측을 위하여 1) 이산화탄소, 메탄, 화산 분화, 공장 등에서 발생하는 대기부유 미립자(에어졸)의 배출과 순환을 분석하고 앞으로의 영향을 예측하고, 2) 지구 전체의 기후를 예측하기 위하여 이용되고 있는 대기·해양 결합모델의 구름, 바다 해빙, 식물의 동태를 보다 정확하게 표현하고, 3) 태양 에너지, 대기 중의 에너지가 평형이 되기 위한 요인, 대류 순환, 해양의 특성, 생태계의 변화 등 기후계의 변수 관측치를 장기간에 걸쳐 조직적으로 수집해야 한다고 지적하였다.

LPCC 보고서는 오존층 파괴의 원인 물질 중 프레온가스(CFC)의 농도 증가가 거의 보이지 않고 있으므로 2050년까지 상당히 떨어질 것으로 예측하고 있다. 그러나 오존 구멍의 크기는 개선되지 않고 있으며, 조사 결과 남극 대륙의 약 1.6배에 달하는 최대 규모의 오존층 구멍이 발견되었다고 보고하고 있다. FAO는 열대림이 매년 약 1,540만 헥타르씩 감소하고 있다고 추정하고 있다.

지구 환경 문제는 인구 변화, 식량, 에너지, 자원 등의 생산·소비 형태 등 경제사회의 전반적인 요인에서 기인한다. 그러므로 자연과학뿐만 아니라 인문·사회과학을 포함한 종합적인 대책이 필요하다. 또 지구 전체를 파악하기 위하여 우주에서의 관측이나 지상 및 해양에서의 단면적인 대책이 필요하고 국제적 제휴도 요구된다.

1995년의 노벨 화학상은 대기화학 분야에서 오존의 생성·분해에 관하여 연구한 세 명의 교수에게 주어졌다. 이것은 대기화학에 대한 학문적 공헌에 덧붙여 지구 환경보전에 중대한 역할을 하였기 때문이었다. 그 중 독일 막스 플랑크 화학연구소의 P. 크루첸 교수는 성층권의 오존이 질소산화물과 반응하여 분해된다는 사실을 밝혔다. 또 캘리포니아대학 얼바인 분교의 로랜드(F. S. Roland) 교수는 냉장고의 냉매제로 사용되는 프레온가스가 성층권에서 분해될 때 방출되는 염소가 연쇄적으로 오존을 분해시켜 오존층을 파괴한다고 밝혔다. 이러한 연구 성과로 남극의 오존층에서 구멍이 확인되었고, 특정 가스(프레온가스) 등의 제조 규제 등에 관한 규정이 몬트리올 의정서에 제시되었다. 기초과학 지식의 누적이 지구 환경의 보전이라는 사회적 과제에 때를 맞춰 적용된 이와 같은 사실은 기초과학과 사회의 관계에 새로운 방향을 제시하였다고 말할 수 있다.

에너지 문제   IEA는 2010년의 세계 에너지 수요가 1992년에 비하여 35~45% 증가하고, 화석에너지가 에너지원의 약 90% 가량을 계속 점유할 것으로 내다보고 있다. 그 중 에너지 수요는 수력이 가장 적고, 원자력, 천연가스, 석탄 그리고 석유가 가장 많다. 또 한국을 포함한 아시아 국가들의 에너지 수요는 같은 기간에 100% 증가할 것으로 내다보고 있다.

에너지는 경제사회나 일상 생활을 밑받침하는 기초이지만 풍요롭고 평온한 생활을 이룩하기 위해서는 지구 환경에 신경을 써야 한다. 이후에 증가하는 세계 에너지 수요에 대하여 안정한 에너지 공급을 확보하는 것이 무엇보다 중요하다.

세계의 에너지 수급은 이후에 단기적으로 볼 때 안정적으로 이어질 가능성이 크다. 그러나 아시아 지역을 중심으로 하는 중진국의 에너지 수요의 대폭적인 증가와 중동 지역에 대한 에너지 의존도의 상승 등으로 인하여 중장기적으로 볼 때, 세계 에너지 수급이 무너질 가능성이 있다. 따라서 장기적 시점에서 에너지 연구개발을 서두를 필요가 있다. 또한 지구 환경의 보전과 에너지 이용을 포함하여 인간 활동을 어떻게 양립시켜 나가야 할 것인가는 중요한 과제이다.

에너지의 연구개발에 대하여 안전성의 확보를 전제로 한 원자력의 개발과 이용, 자연에너지의 연구개발 추진 등 에너지원의 다양화, 전체 사회시스템의 에너지 공급·이용의 효율화, 화석에너지의 이용 결과 배출되는 이산화탄소의 고정화 등에 의한 환경 부하의 감소, 지구적·장기적 시점에서 대책 및 협력이 요구되고 있다.

식량 문제   세계 식량 수요는 FAO의 예측에 의하면 2010년까지 전체 곡물 수급은 균형을 이룰 것으로 기대된다. 그러나 중진국의 식량부족이 심각해지고, 선진국에서의 수입은 계속 증가하고 있으므로 중장기적으로는 불안정한 국면이 나타날 것으로 예상된다.

지금의 기술로 경지면적을 확대하는 데는 한계가 있고, 과학기술의 발전이 단위면적당 생산량의 증가에 어디까지 공헌할 것인가가 해결되지 않은 문제로 남아 있다. 따라서 식량생산의 지속이 가능한 모습으로 확보될 필요가 있으며, 특히 증산으로 전개될 연구개발이 절실히 요구되고 있다.

에이즈 문제   에이즈는 인간면역 바이러스(HIV)를 병원체로 하는 감염증으로, 성행위나 약물 사용 등으로 인하여 폭발적으로 확대되고 있다. 세계적으로 1995년 12월 현재 약 129만 명 이상의 환자가 보고되어 있으며, 보고되지 않은 환자를 포함하면 총 600만 명에 이를 것으로 추산된다. 그리고 2000년에는 그 수가 3,000∼4,000만 명으로 증가할 것으로 예상된다. HIV는 혈액, 정액 등을 매개로 감염되는 것이므로 예방조치를 충분히 하면 감염 가능성이 매우 낮다. 따라서 충분한 홍보와 계몽이 요구된다.

위와 같은 지구 규모의 문제를 해결하기 위하여 새로운 종합적 대처 방법이 중요하다는 인식이 점점 높아지고 있다. 각각의 문제를 독립적으로 대처하는 것이 아니라, 여러 문제의 전체를 조감하여 그의 본질을 명확하게 정리하고 바로잡으며, 균형 있는 처방을 통하여 대응해 나가야 할 것이다. 지금까지 구축된 과학기술의 각 영역을 넘어 (trans-disciplinary) 안전이나 환경을 떠올려야 한다. 그러므로 각 국가는 물론 국제적인 과학정책의 수립이 이를 위하여 무엇보다도 중요하며 또한 시급하다.

참고문헌

■ 국외도서

1) Abelson, P. H. / Jinker, I., *Technology Transfer*, Science, Jan. 28. 1977.

2) Averch, H. A., *A Strategic Analysis of Science & Technology Policy*, Baltimore: The John Hopkins Univ. Pre. 1985.

3) Ben-David Joseph, *The Scientists Role in Society-Comparative Study*, Prentice-Hall Inc., 1971.

4) Beyerchen, A. R., *Scientists under Hitler*, Yale Univ. Pre. 1977.

5) Burger, E. A. *Science at the White House: A Political Liability*, Baltimore: John Hopkius Univ. Pre. 1980.

6) Bush, V., *Science, The Endless Frontier*, Washington D.C.: NSF, 1960.

7) Cardwell, D. S. L., *The Organisation of Science in England*, Heinemann, 1972.

8) Dickson, D., *The New Politics of Science*, Pantheon Books, 1984.

9) De Solla Price D. J., *Little Science, Big Science*, Columbia Univ. Press, 1963.

10) Dror Yehezkel, *Design for Policy Sciences*, American Publishing Company, 1975.

11) Dupré J. S. & Stanford Lakoff A., *Science and Nation*, Prentice-Hall. Inc., 1962

12) Goldsmith, M./Mackay, A. ed., *The Science of Science: Society in the Technological Age*, Souvenir Pre. Ltd, 1964.

13) Hogg, Q., *Science and Politics*, Faber & Faber Ltd. London, 1963.

14) Lerner Daniel & Lasswell, H. D. *The Policy Sciences: Resent Development in Scope and Method*, Standford Univ. Press, 1951.

15) Medredev, Z. A., *Soviet Science*, W. W. Norton & Company, Inc New York, 1978.

16) National Science Board, *Science Indicators*, 1980. NSF, 1981.

17) NSF, *National Patterns of Science and Technology Resourece*, 1981.

18) OECD, *The Condition for Success in Technological Innovation*, 1971.

19) OECD, *Science, Growth and Society-A New Prospetive*, 1971.

20) OECD, *Gaps in Technology-Analytical Report*. 1970.

21) OECD, *Science and the Policy of Government*, 1963.

22) Price, D. K., *The Scientific Estate*, Harvard Univ. Pre. 1965.

■ **국내도서**

1) 강철구, 『프랑스의 과학기술체제와 정책』, STEPI(국별과학기술정책분석 95-02), 1995.

2) 권용수, 『미국의 과학기술체제와 정책』, STEPI(국별과학기술정책분석 94-01), 1995.

3) 김갑수, 『일본의 과학기술체제와 정책』, STEPI(국별과학기술정책분석, 94-?), 1994.

4) 긴기국, 『영국의 과학기술체제와 정책』, STEPI(국별과학기술정책분석 94-04), 1995.

5) 김명자, 『현대사회와 과학』, 동아출판사, 1992.

6) 김종범, 『과학기술정책론』, 대영문화사, 1993.

7) 김환석, 「유럽의 과학기술정책」, 『과학사상』 제12호, 1995.

8) 김환석·송성수 옮김, 『과학기술과 사회』, 한울, 1998.

9) 서중해, 『OECD의 과학기술정책 활동과 한국의 대응』, STEPI(정책연구 97-23), 1997.

10) 서중해·박은진·송위진·이유숙, 「국제 거대과학 프로젝트의 현황분석과 정책과제」, STEPI(정책연구 97-32), 1997.

11) NSF편, 오진곤 편역, 『과학기술과 연구 시스템』, 1984.

12) 오진곤 편저, 『과학과 사회』, 전파과학사, 1993.

13) 오진곤 편저, 『과학사회학 입문』, 전파과학사, 1996.

14) 오진곤 편역, 『과학기술과 연구시스템』, 전파과학사, 1984.

15) 임경순, 「산업체의 연구개발과 기초과학」, 『20세기 과학의 쟁점』(137~158쪽), 민음사

16) 조만형, 「미국 과학기술체제의 변천과 구조」, 『과학사상』 제4호(69~87쪽), 1992

17) 존 자이먼 저, 오진곤 역, 『과학사회학』, 정음사, 1986.

18) 정선양, 『독일의 과학기술체제와 정책』, STEPI(국별과학기술정책분석 94-?), 1994.

19) 홍성범·서길원, 『러시아 과학기술체제와 정책』, STEPI(국별과학기술정책분석 97-05), 1997.

20) STEPI, 『과학기술정책』(월간).

21) STEPI, 『한국과학기술정책 50년의 발자취』, 1997

찾아보기

360